普通高等教育“十二五”创新型规划教材·电气工程及其自动化系列

计算机控制技术

胡家华　主　编
颜景斌　李艳东　副主编

哈爾濱工業大學出版社

内 容 简 介

本书系统地介绍了计算机控制系统分析、设计与工程实现的基本理论、过程和方法。全书共分9章,分别讲述了计算机控制系统的基本概念、基本组成、过程通道与信号采样及恢复、数字控制器的模拟化设计方法、离散化设计方法、状态空间设计方法及模糊控制的基本过程,并讨论了离散控制系统的计算机仿真技术及系统可靠性设计等问题,书中还给出了一些实际举例。

本书可作为高等院校电气工程及其自动化、计算机应用、电子信息、机电一体化等专业教材,也可供相关的工程技术人员参考。

图书在版编目(CIP)数据

计算机控制技术/胡家华主编. —哈尔滨:哈尔滨工业大学出版社,2012.3

ISBN 978-7-5603-3419-6

普通高等教育"十二五"创新型规划教材·电气工程及其自动化系列

Ⅰ.①计… Ⅱ.①胡… Ⅲ.①计算机控制-高等学校-教材 Ⅳ.①TP273

中国版本图书馆 CIP 数据核字(2012)第 023965 号

策划编辑 王桂芝 许雅莹
责任编辑 王桂芝 段余男
出版发行 哈尔滨工业大学出版社
社 址 哈尔滨市南岗区复华四道街10号 邮编 150006
传 真 0451-86414749
网 址 http://hitpress.hit.edu.cn
印 刷 哈尔滨市石桥印务有限公司
开 本 787mm×1092mm 1/16 印张 12.75 字数 338 千字
版 次 2012年3月第1版 2012年3月第1次印刷
书 号 ISBN 978-7-5603-3419-6
定 价 28.00 元

普通高等教育“十二五”创新型规划教材

电气工程及其自动化系列

编　委　会

序

随着产业国际竞争的加剧和电子信息科学技术的飞速发展，电气工程及其自动化领域的国际交流日益广泛，而对能够参与国际化工程项目的工程师的需求越来越迫切，这自然对高等学校电气工程及其自动化专业人才的培养提出了更高的要求。

根据《国家中长期教育改革和发展规划纲要（2010—2020）》及教育部“卓越工程师教育培养计划”文件精神，为适应当前课程教学改革与创新人才培养的需要，使“理论教学”与“实践能力培养”相结合，哈尔滨工业大学出版社邀请东北三省十几所高校电气工程及其自动化专业的优秀教师编写了《普通高等教育“十二五”创新型规划教材·电气工程及其自动化系列》教材。该系列教材具有以下特色：

1. 强调平台化完整的知识体系。系列教材涵盖电气工程及其自动化专业的主要技术理论基础课程与实践课程，以专业基础课程为平台，与专业应用课、实践课有机结合，构成了一个通识教育和专业教育的完整教学课程体系。

2. 突出实践思想。系列教材以“项目为牵引”，把科研、科技创新、工程实践成果纳入教材，以“问题、任务”为驱动，让学生带着问题主动学习，在“做中学”，进而将所学理论知识与实践统一起来，适应企业需要，适应社会需求。

3. 培养工程意识。系列教材结合企业需要，注重学生在校工程实践基础知识的学习和新工艺流程、标准规范方面的培训，以缩短学生由毕业生到工程技术人员转换的时间，尽快达到企业岗位目标需求。如从学校出发，为学生设置“专业课导论”之类的铺垫性课程；又如从企业工程实践出发，为学生设置“电气工程师导论”之类的引导性课程，帮助学生尽快熟悉工程知识，并与所学理论有机结合起来。同时注重仿真方法在教学中的应用，以解决教学实验设备因昂贵而不足、不全的问题，使学生容易理解实际工作过程。

本系列教材是哈尔滨工业大学等东北三省十几所高校多年从事电气工程及其自动化专业教学科研工作的多位教授、专家们集体智慧的结晶，也是他们长期教学经验、工作成果的总结与展示。

我深信：这套教材的出版，对于推动电气工程及其自动化专业的教学改革、提高人才培养质量，必将起到重要的推动作用。

教育部高等学校电子信息与电气学科教学指导委员会委员
电气工程及其自动化专业教学指导分委员会副主任委员

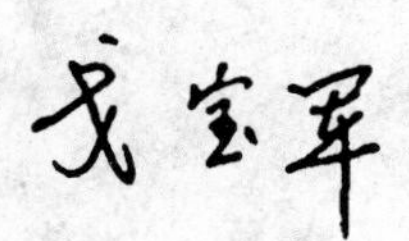

2011 年 7 月

前　言

本书是为大学本科学生编写的教材。本教材总结了编者十多年来教学、科研的工作经验，并参考了近年来国内外最新相关著作和文献，根据教学的要求及学时安排，尽量利用较少的篇幅，系统地介绍计算机控制系统最基本的内容和应用。

计算机控制是指利用计算机技术（包括硬件和软件）参与到闭环控制系统中。近年来，计算机技术和控制技术发展很快，两者的结合使计算机控制理论和控制技术得到了快速发展。而计算机控制技术在军事、航天航空技术、工业生产过程、能源开发和利用等方面都有广泛的应用，因此，计算机控制技术是大学本科相关专业学生必修的专业技术基础课。

本书从工程技术角度出发，突出基本理论、基本概念和基本方法，注重理论与应用结合，设计与实现结合，强调设计过程的系统性和实用性。本书系统地阐述了计算机控制系统的分析方法、设计方法和工程实际应用。其主要内容有：第 1 章介绍计算机控制系统的组成和分类及发展趋势。第 2 章介绍计算机控制系统的过程通道、信号的采样与恢复、数字滤波和标度变换。第 3 章介绍计算机控制系统设计和分析所涉及的数学工具和数学方法，以及系统稳定性的判断方法和依据。第 4 章讨论计算机控制系统模拟化设计方法，这些方法从连续控制系统的设计方法演变而来，并且重点介绍数字 PID 控制的设计过程。第 5 章讨论计算机控制系统的离散化设计方法。重点讨论按照某种特定条件设计好的系统，当输入信号发生变化后系统的适应性及性能的变化；并详细地介绍了快速有波纹系统和快速无波纹系统的设计过程，以及针对含有纯滞后环节的系统如何进行设计。第 6 章介绍计算机控制系统的状态空间设计法。现代控制理论与状态空间法是紧密相连的，在一些复杂的工业过程控制、航天航空、交通运输和能源开发等领域，系统复杂、性能要求高，经典控制理论已满足不了设计要求，而状态空间法可以解决时变和时不变系统、线性和非线性系统、单输入单输出和多输入多输出系统的设计和分析。状态空间法是现代控制理论的标志，在工程设计中使用的越来越多。第 7 章介绍计算机控制系统的模糊控制过程。针对被控对象的不确定性、无法建立精确的数学模型,采用模糊控制能获得满意的控制效果,因此,本章讨论模糊控制过程所涉及的数学工具、模糊控制原理,以及模糊控制器的设计过程。第8章介绍离散控制系统的计算机仿真技术,重点讨论Simulink的使用方法及模块的应用。第9章介绍计算机控制系统的可靠性设计。可靠性是系统设计的一个难题,只有设计的系统可靠,才能用到实际的生产过程中,否则将出现不可想象的后果,针对这样的问题,本章提出了一些设计方法。

本书由哈尔滨理工大学胡家华、颜景斌、刘健,以及齐齐哈尔大学李艳东和燕山大学谈宏莹共同编写。胡家华任主编并统稿,颜景斌、李艳东任副主编。具体编写分工如下:第1章、第9章由刘健编写,第2章、第8章由颜景斌编写,第3章、第5章由胡家华编写,第4章、第7章由李艳东编写,第6章由谈宏莹编写。

哈尔滨工业大学出版社对本书的出版给予了大力支持,并对本书进行了精心加工和修改,对此深表谢意。

由于作者的水平有限,书中难免存在疏漏及不妥之处,敬请读者批评指正。

编　者

2011年10月

目　　录

第 1 章　计算机控制系统概述 ········· 1

1.1　计算机控制系统的一般概念 ········· 1
1.2　计算机控制系统的组成 ········· 2
1.3　计算机控制系统的分类 ········· 4
1.4　计算机控制技术的发展趋势 ········· 6
本章小结 ········· 8
习　题 ········· 8

第 2 章　计算机控制系统的过程通道 ········· 9

2.1　接口与过程通道 ········· 9
2.1.1　接口电路 ········· 9
2.1.2　过程输入通道 ········· 10
2.1.3　过程输出通道 ········· 15
2.2　系统间的通信通道 ········· 19
2.2.1　串行总线的基本概念 ········· 19
2.2.2　串行通信的异步和同步方式 ········· 20
2.2.3　差错控制技术 ········· 21
2.2.4　串行通信标准总线 ········· 24
2.2.5　现场工业总线 ········· 26
2.3　计算机控制系统中信号采样与恢复 ········· 29
2.3.1　信号的采样过程 ········· 30
2.3.2　采样定理 ········· 31
2.3.3　量化过程和量化误差 ········· 32
2.3.4　信号的恢复和保持器 ········· 32
2.4　过程通道的干扰和数字滤波 ········· 34
2.4.1　串模干扰和共模干扰 ········· 34
2.4.2　数字滤波 ········· 35
2.5　标度变换 ········· 37
本章小结 ········· 38
习　题 ········· 39

第3章　系统设计的数学工具和数学分析 …… 40

3.1　差分方程 …… 40
3.2　z 变换及 z 传递函数 …… 43
3.2.1　z 变换 …… 43
3.2.2　z 变换的一些基本性质 …… 46
3.2.3　z 的反变换 …… 47
3.2.4　用 z 变换求解差分方程 …… 49
3.3　脉冲传递函数 …… 50
3.3.1　脉冲传递函数定义 …… 50
3.3.2　脉冲传递函数的求法 …… 51
3.4　z 域稳定性分析 …… 52
3.4.1　系统在 z 域稳定性条件 …… 52
3.4.2　系统在 z 域稳定性判据 …… 53
3.4.3　线性离散系统的动态响应分析 …… 55
3.4.4　线性离散系统的稳态误差 …… 57
本章小结 …… 60
习　题 …… 60

第4章　计算机控制的模拟化设计方法 …… 61

4.1　模拟控制器到数字控制器的实现 …… 61
4.1.1　模拟控制器到数字控制器的离散等效原理及条件 …… 62
4.1.2　模拟控制器转化为数字控制器的方法 …… 63
4.2　数字 PID 控制器的设计 …… 65
4.2.1　模拟 PID 控制规律的离散化 …… 65
4.2.2　数字 PID 控制算法的改进 …… 68
4.3　数字 PID 控制器参数的整定 …… 71
4.3.1　PID 参数变化对系统性能的影响 …… 71
4.3.2　采样周期 T 的选择 …… 72
4.3.3　简易工程法整定参数 …… 72
4.3.4　试凑法确定 PID 调节器参数 …… 74
4.3.5　PID 归一参数整定法 …… 75
4.4　设计举例 …… 76
本章小结 …… 78
习　题 …… 78

第5章　计算机控制系统的离散化设计 …… 79

5.1　最少拍无差计算机控制系统的设计 …… 80
5.1.1　最少拍无差控制系统的设计方法 …… 80

5.1.2　快速有波纹系统的设计 …… 84
5.1.3　快速无波纹系统的设计 …… 87
5.2　纯滞后控制系统的设计 …… 89
5.2.1　史密斯(Smith)预估控制 …… 89
5.2.2　大林(Dahlin)算法 …… 92
5.3　数字控制器的频域设计法 …… 97
5.3.1　数字控制器的频率特性 …… 97
5.3.2　w 变换法的设计步骤 …… 99
5.4　数字控制器的根轨迹设计法 …… 101
本章小结 …… 103
习　题 …… 103

第6章　计算机控制系统的状态空间设计法 …… 105

6.1　状态空间法的基本概念 …… 105
6.2　离散系统的状态空间描述 …… 106
6.2.1　由差分方程建立离散状态空间模型 …… 106
6.2.2　多输入多输出离散系统的状态空间描述 …… 109
6.2.3　离散状态方程的求解 …… 109
6.2.4　离散状态空间方程与 z 传递函数之间的转换 …… 111
6.3　离散系统的能控性和能观性 …… 114
6.3.1　能控性和能观性定义 …… 114
6.3.2　对偶原理 …… 118
6.4　离散系统的状态空间设计法 …… 119
6.4.1　极点配置设计法 …… 119
6.4.2　状态观测器设计法 …… 121
6.4.3　离散二次型最优设计法 …… 123
本章小结 …… 126
习　题 …… 126

第7章　计算机控制系统的模糊控制 …… 129

7.1　模糊控制的数学工具 …… 129
7.1.1　模糊集合 …… 129
7.1.2　模糊集合的表示方法 …… 130
7.1.3　模糊集合的运算 …… 131
7.1.4　隶属函数确定方法 …… 131
7.1.5　模糊关系 …… 132
7.2　模糊控制原理 …… 135
7.2.1　模糊控制器的组成 …… 135
7.2.2　模糊控制器设计 …… 139

7.3 双输入单输出模糊控制器设计 …… 142
7.4 模糊数字 PID 控制器 …… 145
本章小结 …… 147
习　题 …… 147

第 8 章　离散控制系统的计算机仿真 …… 148

8.1 MATLAB - Simulink 简介 …… 148
8.2 Simulink 结构程序设计 …… 150
8.3 离散系统仿真 …… 156
8.4 Simulink 仿真应用 …… 161
本章小结 …… 164
习　题 …… 164

第 9 章　计算机控制系统的可靠性与抗干扰技术 …… 166

9.1 可靠性的基本概念 …… 166
9.1.1 可靠性的含义 …… 166
9.1.2 可靠性的主要指标 …… 166
9.1.3 系统可靠性的计算方法 …… 170
9.2 改善计算机控制系统可靠性的方法 …… 172
9.2.1 影响计算机控制系统可靠性的因素及改善措施 …… 172
9.2.2 计算机控制系统的可靠性设计原则 …… 173
9.3 硬件抗干扰技术 …… 174
9.3.1 干扰的基本概念 …… 174
9.3.2 干扰的耦合方式 …… 174
9.3.3 抗干扰的主要技术手段 …… 175
9.3.4 串模干扰与共模干扰 …… 180
9.3.5 电源系统的干扰 …… 182
9.3.6 反射波的干扰 …… 183
9.4 软件抗干扰技术 …… 186
9.4.1 指令冗余技术 …… 186
9.4.2 软件陷阱技术 …… 187
9.4.3 故障自动恢复处理程序 …… 189
9.4.4 Watchdog 技术 …… 190
本章小结 …… 191
习　题 …… 191

参考文献 …… 192

第1章 计算机控制系统概述

本章重点：开环和闭环控制系统的基本概念；计算机控制系统的组成结构；计算机控制系统的分类及发展方向。

本章难点：计算机控制系统的输入、输出通道的概念。

计算机控制系统是在自动控制技术和计算机技术飞速发展的基础上产生的。20世纪50年代中期，经典的控制理论已经发展成熟和完备，并在不少工程技术领域中得到了成功应用，模拟式自动控制系统也达到了相当完善的程度。许多元件、过程仪表和系统都已形成了标准化和系列化产品，在工业生产过程中占有相当重要的地位。但是经典的控制理论也有明显的局限性，在对复杂系统的设计和复杂控制规律的实现上很难满足更高的要求。现代控制理论的发展为自动控制系统的分析、设计与综合提供了理论基础，而计算机技术的发展为复杂控制规律的实现提供了非常有效的手段，两者的结合极大地推动了计算机自动控制技术的发展。

1.1 计算机控制系统的一般概念

自动控制系统的组成方式可以是多种多样的。但从系统的输出对控制过程的影响来看，可以把自动控制系统归为两种，即开环控制系统和闭环控制系统。

开环控制是指系统的输出对控制过程没有影响，如图1.1所示。

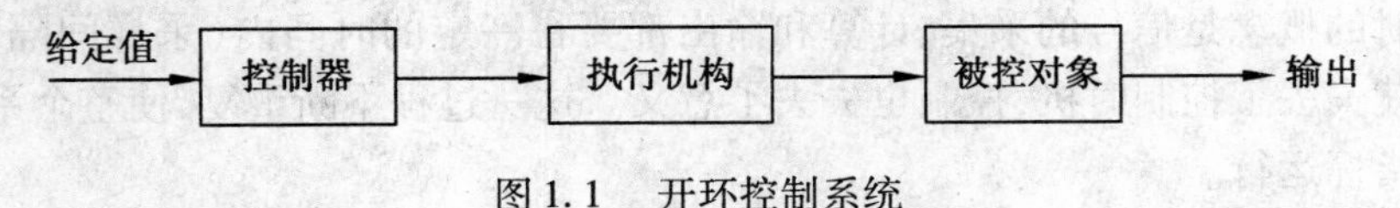

图1.1　开环控制系统

闭环控制是指系统的输出对控制过程有影响，如图1.2所示。

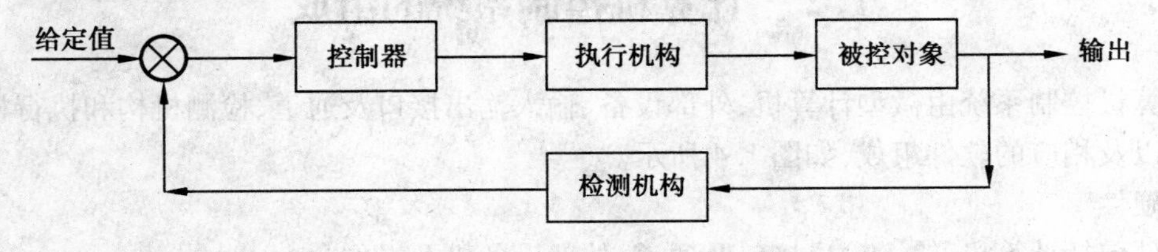

图1.2　闭环控制系统

开环控制和闭环控制在自动控制系统中都有应用，但是应用比较广泛的是闭环控制系统。

图1.2所示的闭环控制系统可以看成是连续控制系统的典型结构，系统中各处的信号均

为连续信号。图 1.2 中给定值与反馈值比较产生偏差,控制器对偏差进行调节计算,得到调节量,经过执行机构使被控参数达到期望值。其中控制器是控制系统的关键部分,它决定了控制系统的控制性能和应用范围。

将连续系统中的比较器和控制器的功能用计算机来实现,就组成了一个典型的计算机控制系统,其基本框图如图 1.3 所示。

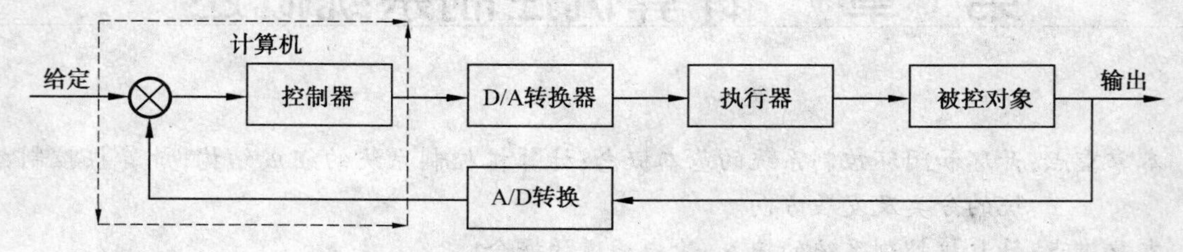

图 1.3　计算机控制系统的典型结构

在计算机控制系统中,计算机的输入输出都是数字信号,而被控对象的被控参数一般都是模拟量,执行机构的输入大都是模拟量,因此系统结构中需有将模拟量转换为数字量的 A/D 转换部分和将数字量转换为模拟量的 D/A 转换部分。因此可以说计算机控制系统是数字信号和模拟信号的混合系统。

在计算机控制系统中,除了包含数字信号外,由于被控对象是连续的,所以系统中也包含连续的信号。数字信号是指在时间上离散、幅值上量化的信号,因此计算机控制系统也称为数字控制系统。如果忽略幅值上的量化效应,数字信号就是离散信号,若将连续的被控对象连同保持器一起进行离散化处理,那么计算机控制系统就可以看成是离散控制系统。

计算机控制系统的控制过程通常可以归结为以下三个实时过程:

① 实时数据采集,即对被控量的瞬时值进行检测和输入。

② 实时决策,即按给定的控制与管理要求,根据实时采集的被控量和输入量进行控制行为的决策,产生控制指令。

③ 实时控制,即根据决策,适时地向执行机构发出控制指令。

上述实时的概念是信号的采集、计算和输出都要在一定的时间内(采样间隔)完成,超过一定的时间就失去了控制时机,控制也失去了意义。这一过程不断重复,使整个系统能够按照一定的品质指标运行。

1.2　计算机控制系统的组成

计算机控制系统由微型计算机、外部设备、输入输出接口及通道、检测机构和执行机构、被控对象以及相应的软件组成,如图 1.4 所示。

1. 硬件

硬件包括计算机、输入输出接口及通道、外部设备以及操作台。

(1) 计算机

计算机是计算机控制系统的核心,通过接口和通道可以向系统的功能部分发出各种指令,同时对被控对象的被控参数进行实时检测与处理。具体的功能是完成程序执行、数值计算、逻辑判断和数据处理以及数据保存等工作。

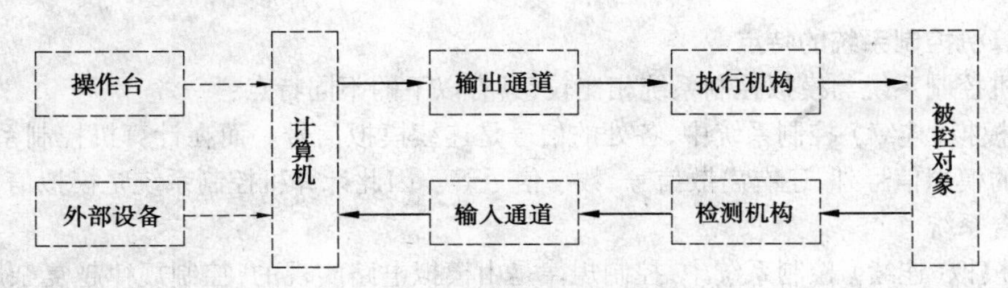

图 1.4　计算机控制系统的组成

(2) 输入输出接口及通道

接口电路是完成计算机与外部设备之间电气信号与数字信号的连接。计算机处理的信号电平是TTL电平,而外部设备的信号电平不一定是TTL电平,因此通过接口电路将其他信号电平转换为TTL电平,或将TTL电平转换为其他信号电平。接口和通道可以看成是一体的,一般来说接口电路和其他输入输出电路构成输入输出通道。通道是计算机和被控对象(或生产过程)之间信息传递和转换的连接通道。输入通道把被控对象的被控参数经过 A/D 转换变成数字信号传给计算机,或是将其他数字信号直接传给计算机;输出通道把计算机输出的控制命令和数据经 D/A 转换变成模拟信号传给被控对象,或将开关信号直接输出。输入输出通道一般分为:模拟量输入输出通道;数字量输入输出通道;开关量输入输出通道。

(3) 计算机外部设备

实现计算机和外界交换信息的设备统称为外部设备(外设)。外部设备包括信息存贮设备、输入输出设备以及串行通信设备等。

输入设备主要有键盘,用来输入命令和数据。

输出设备主要有 CRT 显示器和打印机等,用来向操作人员提供各种信息和数据,以便及时了解控制过程。

串行通信设备主要用来满足组建网络的要求,实现资源共享,信息共享。

(4) 操作台

操作台是操作人员与计算机控制系统进行“对话”的装置,主要包括以下几部分:

① 显示装置,如液晶显示器或数码管显示器,以显示操作人员要求实现的内容或报警信号以及过程曲线等。

② 功能键,通过功能键可以向主机申请中断服务,以完成特定功能的实现。功能键包括复位键、启动键、停止键、打印键、显示键等。

③ 数字键,用来输入某些数据或修改控制系统的某些参数。

2. 软件

软件是指能够完成各种功能的计算机控制系统的程序。它包括系统软件和应用软件。它是计算机系统的神经中枢,整个系统的动作,都是在软件的指挥下协调工作。

系统软件是指为提高计算机使用效率,扩大功能,为用户使用、维护和管理计算机提供方便的程序总称。系统软件一般包括操作系统、诊断系统和进行应用程序编辑、编译的环境软件等,具有一定的通用性。一般由计算机厂家提供。

应用软件是用户根据要解决的实际问题而编写的各种程序,一般是指在计算机控制系统中完成各种任务的程序,如数据采集和处理程序、输入输出控制程序、巡回检测和报警控制程序等。

3. 计算机控制系统的特点

计算机控制系统与模拟控制系统相比较,具有以下的不同特点:

① 在模拟(连续)控制系统中,各处的信号是连续模拟信号。而在计算机控制系统中,除仍有连续的模拟信号外,还有离散信号、数字信号等。因此计算机控制系统是模拟信号和数字信号的混合系统。

② 在模拟(连续)控制系统中,控制规律是由模拟电路实现的,控制规律越复杂所需要的模拟控制电路越复杂,设备越庞大。如果要修改控制规律,原有的控制电路的结构就要进行改变。而在计算机控制系统中,控制规律是通过计算机的控制程序来实现的,如果要修改控制规律,只要对控制程序进行修改就可以,而硬件电路一般不进行修改,因此计算机控制系统具有很好的灵活性和适应性。

③ 在模拟(连续)控制系统中,系统的给定值与反馈值的比较是连续进行的,调节器对偏差的调节也是连续进行。而在计算机控制系统中,计算机是每隔一定时间通过 A/D 转换器对连续信号进行采样,按照给定的控制规律进行计算处理,产生的控制信号经 D/A 转换成为离散的模拟信号,再经过保持器,将其变为连续信号作用在被控对象上。因此,计算机控制系统可以看成是离散控制系统。

④ 在模拟(连续)控制系统中,一个控制器一般只能控制一个回路。而在计算机控制系统中,由于计算机具有高速的处理能力,一个数字控制器通过分时控制的方式,可以同时控制多个被控回路。因此,计算机控制系统的控制效率非常高。

⑤ 计算机具有丰富的指令系统和很强的逻辑判断能力,可以实现模拟电路不能实现的复杂控制规律。

1.3 计算机控制系统的分类

根据计算机在控制系统中的控制功能和控制目的,可以将计算机控制系统分为以下几种类型。

1. 操作指导控制系统

操作指导(Operational Information,OI)控制系统是指计算机的输出不直接用来控制生产对象,而只对系统的过程参数进行采集和处理,然后输出控制结果,由操作人员根据控制结果去调节被控对象。这种控制系统是一种开环控制过程。其优点是结构简单,控制灵活和安全。缺点是要人工操作,速度受到限制,不适合快速系统的控制和多个对象的控制。它一般用在计算机控制系统的研制初级阶段,或者是用在新的数学模型试验以及新程序的调试阶段。

2. 直接数字控制系统

直接数字控制(Direct Digital Control,DDC)系统,是计算机用于工业过程控制最普遍的一种方式,其结构如图 1.5 所示。计算机通过检测部件对一个或多个被测量进行巡回检测,通过输入通道输入计算机。计算机根据设定的控制规律进行计算得到控制量,然后通过输出通道输出控制量去控制被控对象,使系统的被控参数达到预定的要求。直接数字控制系统是一种闭环控制过程,计算机不仅能完全取代模拟控制器,实现多回路的控制,而且不改变系统的硬件电路,只通过改变程序就能有效实现较复杂的控制规律,如前馈控制、自适应控制、最优控制等。

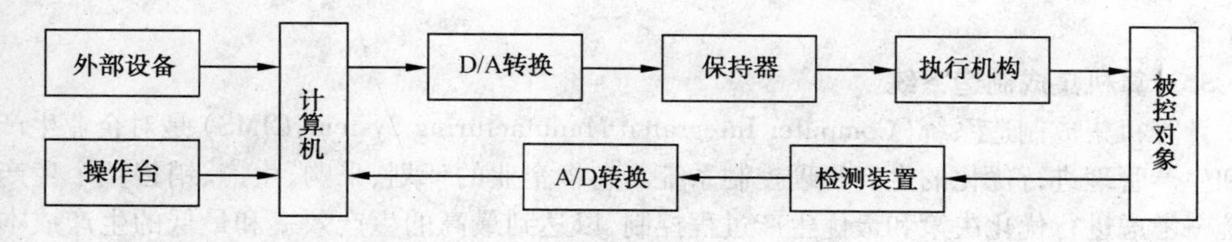

图 1.5　直接数字控制系统原理框图

3. 监督计算机控制系统

监督计算机控制(Supervisory Computer Control)系统,简称SCC系统。在SCC系统中,由一台计算机(称为SCC计算机)根据生产过程的数学模型,计算出最佳给定值,传给模拟调节器或是DDC计算机,由模拟调节器或是DDC计算机控制生产过程。

监督计算机控制系统有两种不同的结构形式:一种是SCC+模拟调节器系统;另一种是SCC+DDC系统。监督计算机控制系统的结构如图1.6所示。图1.6(a)是SCC+模拟调节器控制系统,图1.6(b)是SCC+DDC系统。监督计算机控制方式的控制效果,主要取决生产过程的数学模型的优劣,而这个模型一般是针对一个目标函数设计的,如果这个数学模型能使目标函数达到最优,则这种控制方式就能实现最优控制。监督计算机控制系统中SCC计算机输出是控制的最优给定值,不是人为给定的,因此这种控制系统又可以称为给定值控制。

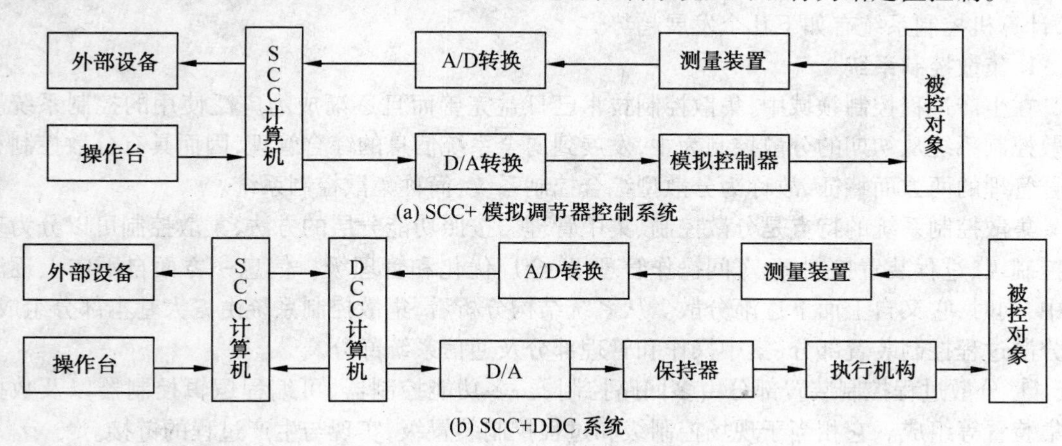

(a) SCC+模拟调节器控制系统

(b) SCC+DDC系统

图 1.6　监督计算机控制系统结构示意图

4. 分布控制系统(集散控制系统)

分布控制系统(Distributed Control System,DCS)也称为集散控制系统。在整个生产过程中,由于生产设备分布广,各设备、各工序同时并行工作且相互独立,故系统比较复杂。针对这种情况,分布控制系统将控制功能分散,用多台计算机分别执行不同的控制任务,而且把系统分三级管理:分散过程控制级、监督级、管理级。

① 分散过程控制级是底层,直接对生产过程进行检测和控制。

② 监督级是中间层,它根据生产管理级的要求,确定分散过程控制级的最优给定值。

③ 管理级是顶层,它根据下级的信息以及生产要求,编制整个系统的生产报表和最优控制策略等。

DCS是利用计算机技术对生产过程进行集中监督、管理和分散控制的一种新型控制技术。

5. 计算机集成制造系统

计算机集成制造系统(Computer Integrated Manufacturing System,CIMS)是对企业生产过程和生产管理进行优化的生产管理控制系统。它将企业的计划、采购、生产、销售整个生产过程统一考虑进行优化决策和最优生产过程控制,以达到最高的生产效率和最低的生产成本以及产品质量的高度可靠。

计算机集成制造系统是计算机技术、自动控制技术、制造技术、信息技术、管理技术、系统工程技术等新技术的综合。

1.4 计算机控制技术的发展趋势

计算机控制技术是自动控制理论与计算机技术相结合的产物。因此计算机控制系统的发展是与自动控制理论和计算机技术本身的发展密不可分。

从1946年第一台电子计算机诞生,人们就想到在工业生产中利用计算机。随着大规模及超大规模集成电路的发展,计算机的可靠性和性价比越来越高,这使得计算机控制系统的应用越来越广泛。同时,随着生产力及生产规模的发展,对计算机控制系统的要求也逐渐提高。目前,计算机控制系统有如下几个发展趋势。

1. 集散控制系统

在生产过程控制领域中,集散控制技术已日益完善而且逐渐成为广泛使用的控制系统。集散控制系统从初期的分散控制为主,发展到向全系统信息的综合管理,因而具有分散控制和综合管理的两方面特征,故称为分散型综合控制系统,简称集散控制系统。

集散控制系统的特点是分散控制、集中管理。按照功能分层的方法,集散控制可以分为现场控制级、过程装置控制级、车间操作管理级、全厂优化和管理级。信息一方面自下向上逐渐集中,同时,它又自上而下逐渐分散。从系统结构分析看,集散控制系统由三大基本部分组成,即分散过程控制装置部分、集中操作和管理部分及通信系统部分。

① 分散过程控制装置部分由多回路控制器、多功能控制器、可编程逻辑控制器以及数据采集装置等组成。它相当于现场控制级和过程控制装置级,实现与生产过程的链接。

② 集中操作和管理部分由操作站、管理机和外部设备等组成,它相当于车间操作管理级和全厂优化、调度管理级。

③ 通信系统部分是在每级之间以及每级内的计算机经过通信网络连接起来,进行有线数据通信。

在集散控制系统中,一台控制器控制一个回路或若干个回路,这样可以避免在采用集中计算机控制系统时,若计算机出现问题,将对整个生产装置或整个生产系统带来严重后果的影响。集散控制系统中用一台或几台计算机对全系统进行全面信息管理,这样便于实现生产过程的全局优化。

2. 计算机集成制造系统

计算机集成制造系统简称CIMS,是在自动化技术信息技术以及制造技术的基础上,通过计算机及其软件,将工厂的全部生产环节,包括产品设计、生产规划、生产设备、生产过程及生产材料和销售等有机地集成起来,统一决策,实现批量生产的总体高效率、高柔性的制造系统。

CIMS日渐成为制造工业的热点，是由于CIMS具有提高生产率、缩短生产周期以及提高产品质量等一系列的优点，同时还因CIMS是在新的生产组织原理和概念指导下形成的一种新型生产模式。

3. 可编程逻辑控制器

可编程逻辑控制器（Programmable Logical Controller，简称PLC），是早期的继电器逻辑控制系统与微型计算机技术相结合的产物，它吸收了微电子技术和微型计算机技术，发展迅速。如今的PLC无一例外地采用微处理器作为主控器，又采用大规模集成电路作为存储器及I/O接口，其性能各方面都达到了比较成熟的地步，在工业界已经普遍应用。

4. 智能控制系统

经典的反馈控制技术及控制理论在应用中碰到一些难题。首先，这些控制系统的设计和分析都是建立在精确的系统数学模型的基础上，而实际系统一般无法获得精确的数学模型；其次，为了提高控制性能，整个控制系统变得庞大而复杂，为了解决这个问题，智能控制技术产生了。

智能控制（intelligent controls）是在无人干预的情况下能自主地驱动智能机器实现控制目标的自动控制技术。智能控制理论的研究和应用是现代控制理论在深度和广度上的拓展。智能控制技术的主要方法有模糊控制、基于知识的专家控制、神经网络控制和集成智能控制等。常用的优化算法有：遗传算法、蚁群算法、免疫算法等。

智能控制主要应用于以下几个方面：

（1）工业过程中的智能控制

生产过程的智能控制主要包括两个方面：局部级和全局级。局部级的智能控制是指将智能引入工艺过程中的某一单元进行控制器设计，例如智能PID控制器、专家控制器、神经元网络控制器等。研究热点是智能PID控制器，因为其在参数的整定和在线自适应调整方面具有明显的优势，且可用于控制一些非线性的复杂对象。全局级的智能控制主要针对整个生产过程的自动化，包括整个操作工艺的控制、过程的故障诊断、规划过程操作处理异常等。

（2）机械制造中的智能控制

在现代先进制造系统中，需要依赖那些不够完备和不够精确的数据来解决难以或无法预测的情况，人工智能技术为解决这一难题提供了有效的解决方案。智能控制随之也被广泛地应用于机械制造行业，它利用模糊数学、神经网络的方法对制造过程进行动态环境建模，利用传感器融合技术来进行信息的预处理和综合。可采用专家系统的“Then-If”逆向推理作为反馈机构，修改控制机构或者选择较好的控制模式和参数。利用模糊集合和模糊关系的鲁棒性，将模糊信息集成到闭环控制的外环决策选取机构来选择控制动作。利用神经网络的学习功能和并行处理信息的能力，进行在线的模式识别，处理那些可能是残缺不全的信息。

（3）电力电子学研究领域中的智能控制

电力系统中发电机、变压器、电动机等电机电器设备的设计、生产、运行、控制是一个复杂的过程，国内外的电气工作者将人工智能技术引入到电气设备的优化设计、故障诊断及控制中，取得了良好的控制效果。遗传算法是一种先进的优化算法，采用此方法来对电器设备的设计进行优化，可以降低成本，缩短计算时间，提高产品设计的效率和质量。在电力电子学的众多应用领域中，智能控制在电流控制PWM技术中的应用是具有代表性的技术应用方向之一，也是研究的新热点之一。目前,信息技术、计算技术的快速发展以及相关学科的发展和相互渗透,也推动了控制科学与工程研究的不断深入,控制系统向智能控制系统的发展已成为一种趋势。

本章小结

计算机控制技术主要体现计算机技术在闭环控制系统中的应用,不同的控制系统其组成内容可能不尽相同,但是有些基本内容是相同的。因此要求掌握基本结构和分类,建立通道的概念。

习　　题

1. 计算机系统由哪几部分组成?各部分的作用是什么?
2. 计算机控制系统与模拟调解系统相比有什么特点?
3. DDC 系统与 SCC 系统之间有何联系和区别?
4. 计算机控制是以什么为基础的?
5. 简述计算机控制系统的发展方向?

第2章 计算机控制系统的过程通道

本章重点：计算机控制系统输入和输出通道的组成和作用；信号处理的概念和相关的变换电路；采样保持器的作用和组成结构及电路的特点；串行通信的基本概念和几种通信标准使用的通信电路结构形式的不同点；信号采样和恢复的基本概念，采样定理，零阶保持器概念及作用；标度变换的应用。

本章难点：信号处理的概念和相关的变换电路；信号采样和恢复的基本概念，采样定理，零阶保持器概念及作用。

计算机在计算机控制系统中是一个信息处理系统，它要通过一些渠道从被控对象或控制过程获得信息和数据，然后在计算机内部按照一定的数学模型或控制规律进行数据处理，得到控制数据和控制命令，再通过一些渠道向外部输出这些数据和命令，实现对被控对象的调解和控制。能够实现信息、数据、命令流通的接口和通道，就称为过程通道，显然这些通道分为输入过程通道和输出过程通道两大类。在大型的计算机控制系统中，为了实现信息、资源的共享，各个分控制系统的计算机或某控制系统中的上位机和下位机之间还要设置系统间的通信通道。

2.1 接口与过程通道

计算机在控制系统中从被控对象检测到信号和向被控对象发出控制信号，信号的基本形式分为两种，即模拟信号和数字信号（包含开关量信号）。信号的流向相对计算机来说分为输入和输出，因此过程通道就分为模拟量输入输出通道和数字量输入输出通道（包含开关量输入输出通道）。

2.1.1 接口电路

接口电路和通道应该是一个整体。通道是一个概念，接口是具体的电路，用来组成各种不同的通道。

计算机内部的电路和芯片等能够接受和处理的信号电平均是TTL电平，而计算机外部信号的电平不完全是TTL电平。因此非TTL电平的信号与计算机进行交换时，一定要通过接口电路完成电平的转换。另外，计算机只能接收和处理数字信息，而计算机外部的信号大多是模拟信号，因此要通过接口电路将信号的形式进行转变，计算机才能完成输入输出的操作。所以把接口电路看成是通道的一部分。有了接口电路，才能形成某种通道。

目前接口电路已经是集成电路的芯片了，如8155、8255、7279、ADC0809、AD574、ADC0832

等,通过这些接口芯片就可以形成各种不同用处的输入输出过程通道。

2.1.2 过程输入通道

输入通道分为数字量输入通道和模拟量输入通道。

1. 数字量输入通道

数字信号包括二进制数字信号、开关信号和脉冲信号。而在计算机控制系统中,开关信号和脉冲信号是大量存在的,这些信号的逻辑电平分为高电平和低电平,故可以用数字“1”和数字“0”来描述。控制现场的开关信号和脉冲信号的波形和幅值不尽相同,因此要通过输入电路进行波形的整形以及幅值的调整,以适合计算机系统的接收。

(1) 开关信号的调理

开关量输入时一定要进行信号调理,才能通过接口芯片传给计算机。从被控现场得到的开关量,在逻辑上表现为逻辑“1”或逻辑“0”,而信号的形式可能是电压、电流以及开关触点的通断,信号幅值的范围也不满足接口电路的要求,必须进行信号的调理。图 2.1 是一种开关信号输入电路,它将开关的状态转换为 0 V 或是 5 V 的电压信号。图 2.2 是电压电流输入转换电路。如果输入的是电压信号,图中的 R_1、R_2 是分压电阻,通过分压将输入电压衰减;如果输入的是电流信号,则电阻 R_2 是将电流信号转换为电压的作用。

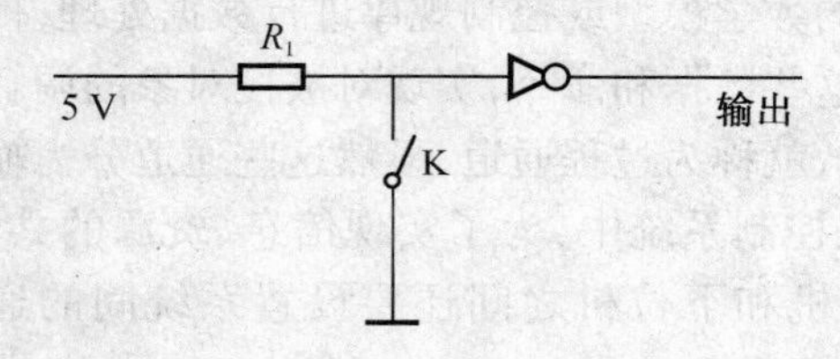

图 2.1 开关量转换电路

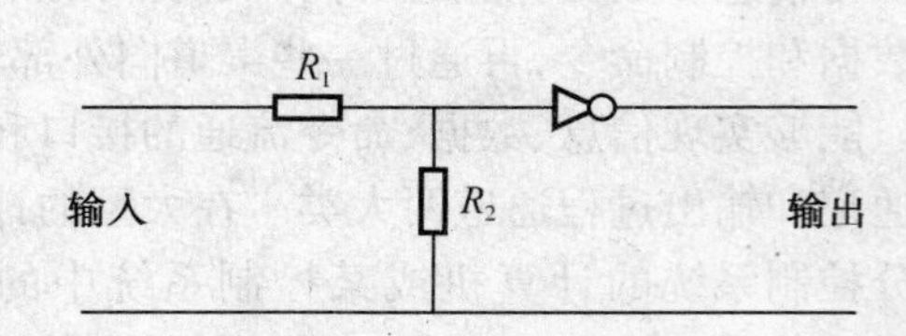

图 2.2 电压电流输入电路

控制现场的操作按钮、继电器的触点、行程开关等机械触点在接通和断开时都要产生机械抖动,这些抖动体现在计算机的输入上就是输入信号在 0 和 1 之间多次振荡,计算机会产生多次误读,这种情况要采用防抖电路进行处理。图 2.3 是 *RC* 积分器吸收防抖电路;图 2.4 是常用的 *RS* 触发器防抖电路。

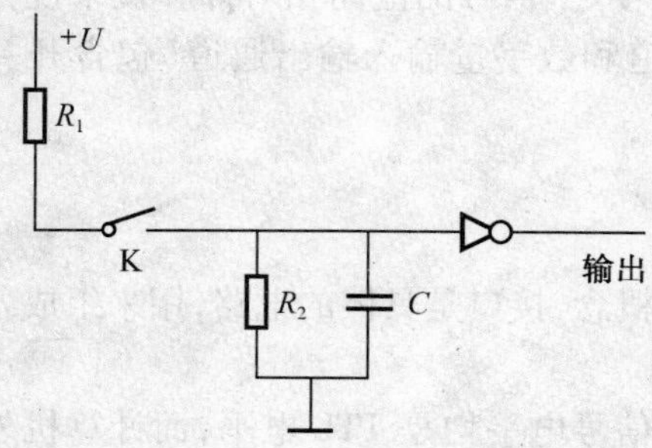

图 2.3 *RC* 吸收防抖电路

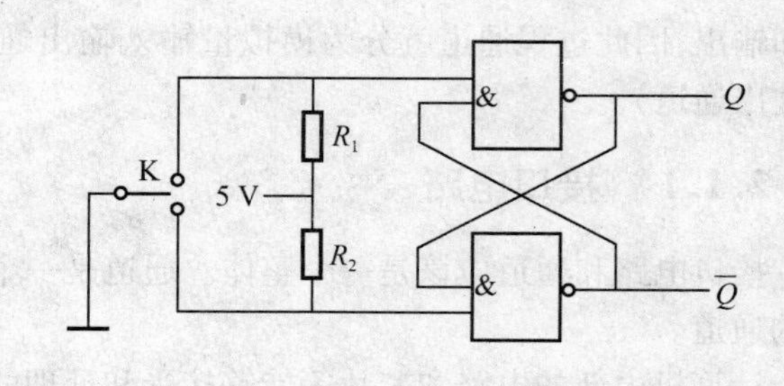

图 2.4 *RS* 触发器防抖电路

(2) 开关信号的隔离

从控制现场获得的开关量的信号电平往往高于计算机系统的逻辑电平。如果开关量的电压本身不高,也可能会随着开关的吸合和释放而将高电压意外引入计算机系统,因此要采用电气隔离手段,保证计算机系统的安全。常用的手段是采用光电耦合器或是电磁隔离手段。图

2.5 是开关量光电耦合输入电路,从电路上可以看到光电耦合器的输入端、输出端的电源和地都是相互独立的,没有电气上的联系,信号是通过光来实现传递的。光电耦合器的内部结构是由发光二极管和光控三极管或光控可控硅组成,因此该电路除了实现电气隔离外还具有电平转换的功能。

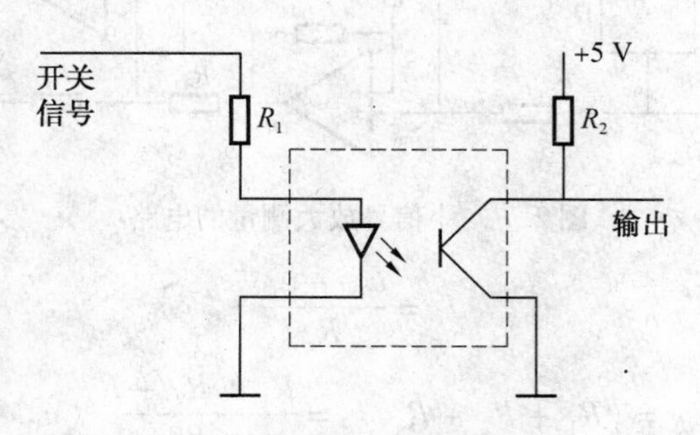

图 2.5　开关量隔离电路

2. 模拟量输入通道

被控现场中随时间连续变化的物理量,如电流、电压、温度、压力、流量、转速等,由传感器或检测电路检测并转换为模拟的电压或电流信号。而计算机只能接受数字信号,为了获得信息就应该设置将模拟信号转换为数字信号的通道 —— 模拟量输入通道。典型的模拟量输入通道的结构示意图如图 2.6 所示。

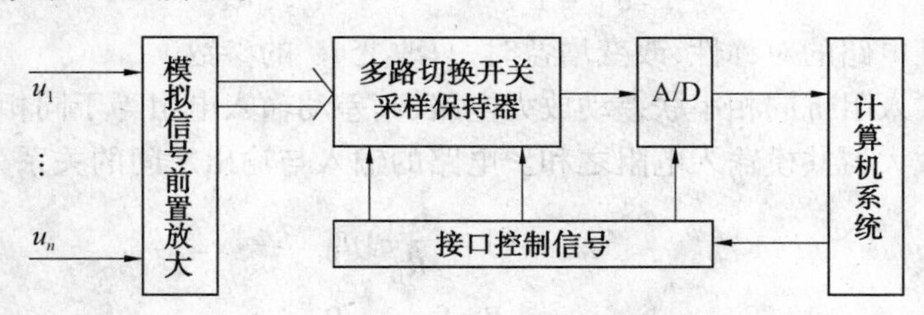

图 2.6　模拟量输入通道结构原理图

模拟量输入通道一般由模拟信号前置放大电路、多路模拟转换开关、信号采样保持器、A/D 转换器以及接口控制电路等几部分组成。

(1) 模拟信号前置放大电路

前置放大电路的作用是将现场的检测电路或传感器输出的微小毫伏级的信号放大到与 A/D 转换电路相匹配的电压,或对变送器输出的标准电压电流信号进行阻抗匹配,同时对传输过程中引入的高频噪声进行滤波设计。

传感器输出的信号一般都是毫伏级的信号,该信号必须经过前置信号放大电路放大到与 A/D 转换电路输入电压相匹配的电压,才能进行 A/D 转换。这种毫伏信号放大电路对电路的输入阻抗、放大倍数、放大器的零点漂移以及高频噪声的抑制有较严格的要求。通常采用低零漂的运算放大器(如 OP07、OP27、7650 等)组成信号前置放大电路。

图 2.7 是一种专门用于小信号放大测量的电路,3 个运算放大器构成对称式差动放大电路。电路的输入端是 A_1、A_2 的同相输入端且结构相同,因此整个电路的输入阻抗很高,具有很高的抑制共模干扰信号的能力,A_3 是差动输入。电路中的参数可以取 $R_1 = R_2$,$R_3 = R_4$,$R_5 = R_6$,此时根据放大电路分析的基本概念有

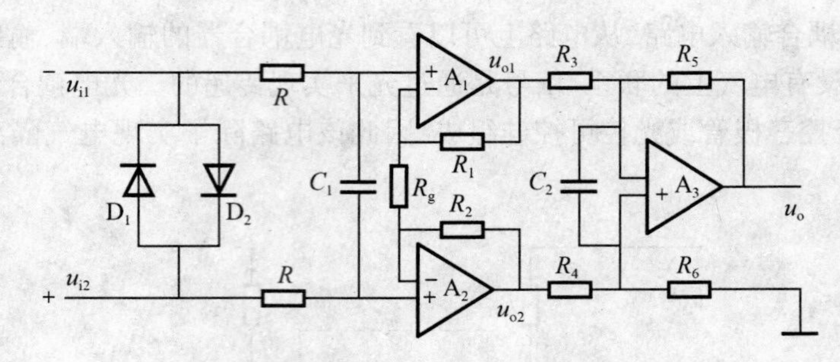

图 2.7　小信号放大测量的电路

$$I_g = \frac{u_{i1} - u_{i2}}{R_g} \tag{2.1}$$

$$u_{o1} - u_{o2} = (R_1 + R_2 + R_g) I_g = \frac{R_1 + R_2 + R_g}{R_g}(u_{i1} - u_{i2}) \tag{2.2}$$

放大电路的输出

$$u_o = -\frac{R_5}{R_3}(u_{o1} - u_{o2}) = -\frac{R_5}{R_3}(\frac{R_1 + R_2 + R_g}{R_g})(u_{i1} - u_{i2}) \tag{2.3}$$

故放大电路的闭环增益为

$$A_f = \frac{u_o}{u_{i1} - u_{i2}} = -(1 + \frac{2R_1}{R_g}) \frac{R_5}{R_3} \tag{2.4}$$

在使用中为了保证电路的对称性,改变增益时,只改变 R_g 的参数。

图 2.8 是高输入阻抗同相串联差动放大电路,其差动输入电阻等于同相输入电阻之和,近似等于两个运算放大器共模输入电阻之和。电路的输入与输出之间的关系为

$$u_{o1} = (1 + \frac{R_{F1}}{R_{f1}}) u_{i1} \tag{2.5}$$

$$u_o = (1 + \frac{R_{F2}}{R_{f2}}) u_{i2} - \frac{R_{F2}}{R_{f2}} u_{o1} \tag{2.6}$$

则电路的输出为

$$u_o = (1 + \frac{R_{F2}}{R_{f2}}) u_{i2} - (1 + \frac{R_{F1}}{R_{f1}}) \frac{R_{F2}}{R_{f2}} u_{i1} \tag{2.7}$$

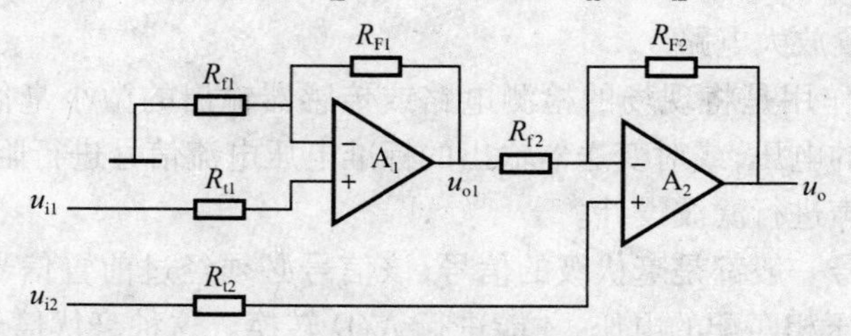

图 2.8　同相串联差动放大电路

目前由于芯片技术的发展,市场上已有许多集成单片测量放大器,如 AD521/AD522、AD620 等,AD620 是一种性能优良、价格低廉、使用范围广的测量放大器,推荐使用。

此外,为了提高输入电路的抗干扰性,也可以采用隔离放大器构成前置放大电路。隔离放大器的输入、输出和电源电路之间没有直接的电路耦合,在信号的传输过程中没有公共的接地端,在噪声的环境下以高阻抗、高共模抑制能力传输信号。隔离放大器输入、输出的隔离方式

主要有电磁隔离、光电隔离和电容隔离等。

(2) 模拟多路开关及采样保持器

在实际的计算机控制系统,往往有多路模拟信号输入,一般采用多通道复用一个 A/D 转换器的方案,以节省系统设计的费用,如图 2.9 所示。

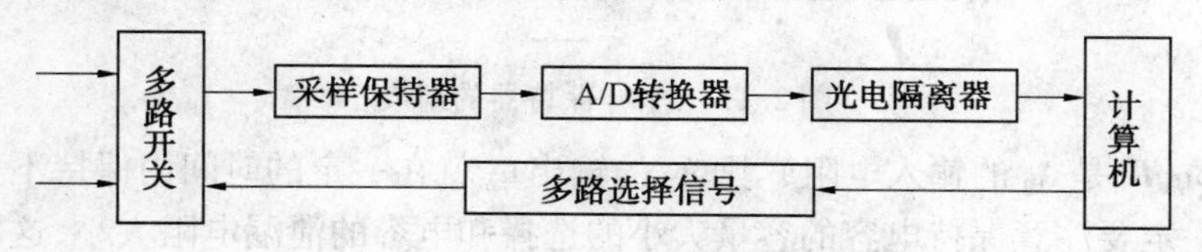

图 2.9　多通道复用一个 A/D 结构框图

多路复用一个 A/D 转换器的电路中要使用模拟多路开关。模拟多路开关的内部结构示意图如图 2.10 所示,芯片内部的多路开关 K 在控制信号 u_a、u_b 的作用下可以合到触点 1、触点 2、触点 3 或触点 4 上,形成不同的通道,见表 2.1。如果信号的流向是从 u_o 方向流向 u_i 方向,是完成一到多的转换,称为多路分配器;如果信号的流向是从 u_i 流向 u_o 方向,是完成多到一的转换,称为多路转换开关。

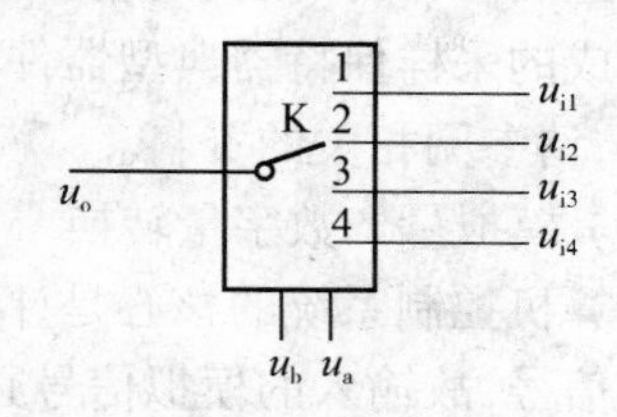

图 2.10　多路开关内部结构示意图

表 2.1　多路开关吸合情形

u_b	u_a	开关 K 吸合情况
0	0	K 与触点 1 吸合
0	1	K 与触点 2 吸合
1	0	K 与触点 3 吸合
1	1	K 与触点 4 吸合

常用的集成模拟多路开关有 CD4051、CD4052 等,其特点是切换速度快、体积小、使用方便,开关的导通电阻在几十到几百欧姆之间,通道切换时会存在一定的串扰,使用时要注意。

在进行模数转换的过程中应该保持输入信号不变,如果模拟信号的频率较高,就会由于 A/D 转换器的孔径时间(即转换时间)而造成较大的误差。克服的方法就是在 A/D 转换器之前设置采样保持器。采样保持器的作用就是抽取输入信号在某一瞬间的值并在一定的时间内保持不变。

采样保持器的组成如图 2.11 所示。它是由输入缓冲放大器 A_1、模拟开关 K、模拟信号存储电容 C_h、输出缓冲放大器 A_2 组成。运算放大器 A_1、A_2 接成射极跟随器的形式,使 A_1 的输出阻抗很低,A_2 的输入阻抗极高。

采样保持器有两个工作状态:采样状态和保持状态。

采样状态:当采样开关 K 在采样控制信号的控制下闭合时,电路进入采样状态,因为 A_1 的输出阻抗很小,故输入信号 u_i 通过 A_1 的输出端给保持电容 C_h 快速充电,充电的时间 $\tau = R_o * C_h$(R_o 是 A_1 的输出电阻),同时 A_2 的输出 u_o 跟踪输入信号 u_i 的变化。

保持状态:当采样开关 K 断开,电路进入保持状态。由于 A_2 的输入阻抗很大,流入 A_2 的电流几乎为零,则保持电容 C_h 就保持采样开关 K 断开瞬间的充电值,此时电容的放电时间常

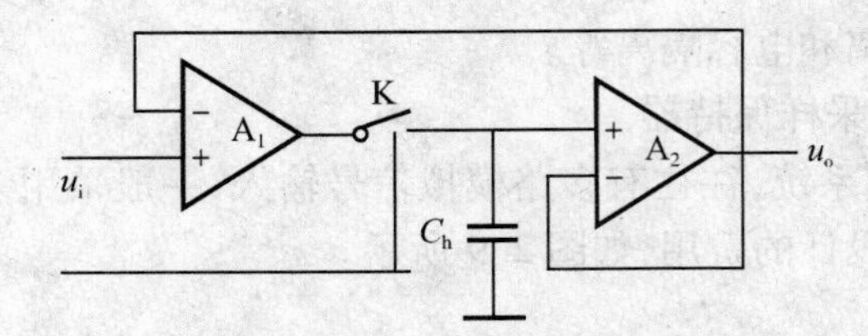

图 2.11　采样保持器的组成

数为$\tau=R_i*C_h$(R_i是A_2的输入电阻),则A_2的输出u_o就在一定的时间内保持不变。设计采样保持电路时,一定要注意保持电容的容量大小的选择和电容的泄漏电阻大小,这两个参数影响到采样速度和保持时间长度。

集成的采样保持器典型器件有 LF398,应用的比较多。关于 LF398 的原理以及参数和使用方法,请参阅相关的资料。

(3) 模拟量/数字量转换

计算机控制系统的核心是计算机,主要对系统进行控制和数据处理。计算机处理的信息是数字信号,故输入的模拟信号必须进行 A/D 转换,将采样后的离散的模拟信号进行量化转为离散的数字信号传给计算机。

A/D 转换是需要时间的,输入的模拟信号发生变化,会使 A/D 转换产生误差,而信号变化的快慢将影响到误差的大小,为了减小误差,在 A/D 之前应保持采样信号不变。

下面讨论输入模拟信号的变化对 A/D 转换的影响。

当输入的模拟信号是正弦信号$u_x=u_m\sin\omega t$时,而且要求对输入信号的瞬时值进行采样,为了使模拟信号变化产生的 A/D 转换误差小于 A/D 转换分辨率的$\frac{1}{2}$,则要满足下式,即

$$\left(\frac{\mathrm{d}u_x}{\mathrm{d}t}\right)_{\max}\cdot t_c=\frac{1}{2}\mathrm{LSM}=\frac{1}{2}\frac{u_{fs}}{2^n} \tag{2.8}$$

式中:u_{fs}是 A/D 转换的满度值;n是 A/D 转换器的位数;t_c是 A/D 转换器的转换时间。

将$u_x=v_m\sin\omega t$带入式(2.8)中有

$$(u_m\omega\cos\omega t)_{\max}t_c\leqslant\frac{u_{fs}}{2} \tag{2.9}$$

当$\cos\omega t=1$时,为最大值,即

$$u_m 2\pi f_x t_c\leqslant\frac{u_{fs}}{2^{n+1}} \tag{2.10}$$

则

$$f_x\leqslant\frac{u_{fs}}{2^{n+2}\pi u_m t_c} \tag{2.11}$$

若$u_{fs}=u_m$,有

$$f_x\leqslant\frac{1}{2^{n+2}\pi t_c} \tag{2.12}$$

式(2.12)反映了输入模拟信号最大变化率和 A/D 转化时间的关系。

如果 A/D 转换器使用的是 AD574,A/D 转换的时间是$t_c=25\ \mu s$,可以求得被测信号u_x的频率应为$f_x\leqslant 0.78$ Hz。由此可见,在保证精度的条件下,直接使用 A/D 转换器进行 A/D 转换,输入的模拟信号的频率是很低的。

但在实际的应用中,输入模拟信号的频率各不相同,高频低频的都有。比如工频信号,其

f_x = 50 Hz。所以为了保证 A/D 转换的精度,需要在 A/D 转换期间保证输入信号不变,就用采样保持器将输入的模拟信号锁住,避免在 A/D 转换期间由于信号变化而产生误差。

为了使大家对数据采集的过程有一个更明确的概念,我们将数据采集分为采样和量化两个必要过程:

① 采样过程:采样过程是将被测的连续信号离散化,从连续的信号中抽取采样时刻的信号值。采样过程是由模拟多路开关和采样保持器完成的。如果被测信号的变化频率很慢,也可以不用采样保持器。

② 量化过程:量化过程是将采样时刻得到的信号经过 A/D 转换变为数字信号,输入到计算机中。量化过程是由 A/D 转换器完成的。

A/D 转换器的典型器件有 AD0809、AD574 等。在选用 A/D 转换器时,要注意 A/D 转换器的位数、转换时间和接口方式等技术要求。

2.1.3　过程输出通道

过程输出通道也分为数字量输出通道和模拟量输出通道。数字量的输出主要指一些开关量信号的输出;模拟量的输出主要指计算机通过 D/A 转换,把数字信号转换为模拟信号,再通过零阶保持器将其变为连续的模拟信号,去调解被控对象的输出。

1. 开关信号输出通道

开关量信号输出通道的任务是将计算机通过逻辑运算处理后的开关信号送到开关执行机构(如接触器、继电器、报警指示器)。它实质是逻辑数字输出通道,即数字量输出通道。

计算机通过接口电路输出的开关量信号,往往是低电压直流信号。一般来说,这种信号无论是电压等级,还是输出功率均无法满足执行机构的要求,所以要进行电平转换和功率放大。许多执行机构是大功率设备,其中通过的高电压、大电流信号会产生强烈的电磁干扰,而且可能窜入计算机系统,导致系统误动作或损坏,因此需要采取隔离措施。

开关量输出的调理主要涉及的问题是信号的隔离和放大,如前所述,在计算机控制系统的开关量输出通道中,为了防止现场强电磁干扰和高电压通过输出控制通道进入计算机系统,一般要采用通道电气隔离技术。输出通道隔离最常用的技术是采用光电隔离技术或是电磁隔离技术。在光电隔离技术中信号的传递是通过光来完成的,而光信号的传输不受电场和磁场的干扰,可以有效地隔离电信号;而电磁隔离技术中信号的传递是通过磁来完成的,因此信号的传递可能要受到周围磁场的影响。

光电隔离器是常用的隔离器,根据输出级的不同,用于输出开关隔离的光电隔离器件可以分为三极管型、单向可控硅型和三相可控硅型等几种,隔离的原理都是采用光作为信号传输的媒介。

三极管型输出的光电隔离器件原理图如图 2.12 所示。当输入侧(发光二极管侧)流过一定值的电流 I_F 时,发光二极管开始发光,由此触发光敏三极管的基极使其导通,当撤去该电流时,发光二极管熄灭,三极管截止,由此达到输出开关量的控制目的。

使用光电隔离器件时,要注意以下几点:

① 输入侧导通电流。要使光电隔离器导通,必须在输入侧提供足够的导通电流使发光二极管发光。不同的光电隔离器件的导通电流也不同。典型的导通电流 I_F = 10 mA,考虑到驱动,一般采用集电极开路(OC)的门电路来驱动光电隔离器件。

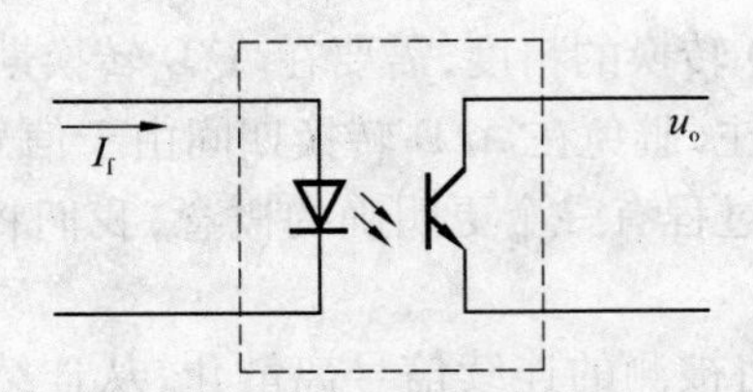

图 2. 12　光电隔离器件的原理图

② 频率特性。受发光二极管和光敏元件响应时间的影响,光电隔离器件只能通过一定频率以下的脉冲信号,因此在传输高频信号时,应该考虑光电隔离器件的频率特性,要选择通过频率较高的光电隔离器件。

③ 输出端工作电流。光电隔离器件输出端的灌电流不能超过额定值,否则就会击穿输出光敏元件。一般输出端额定电流在 mA 数量级,就是达林顿管输出型,也不能直接驱动大功率外部设备,因此通常从光电隔离器到外部设备之间还要设置驱动电路。

④ 电源隔离。光电隔离两侧的电源以及地必须完全隔离,电气上不能有任何联系,否则就起不到隔离作用了。

另外,在使用光电隔离器件时,还要注意器件输出端的暗电流和输入输出隔离电压等参数对使用的影响。

为了能够驱动现场的开关量执行机构,经过光电耦合器输出的开关量控制信号还要经过适当的放大。对于低压小功率开关量输出,可以采用晶体管、OC 门或运放等方式输出。图 2. 13 是有光电隔离的 OC 门输出电路,这种电路能提供几十毫安级的输出驱动电流,可以驱动低压电磁阀和指示灯等。

对于功率比较大的输出,可以采用继电器或可控硅输出技术,或者是采用固态继电器输出技术。可控硅是一种大功率半导体无触点开关器件,具有以较小的功率来驱动控制大功率的特点。因此在计算机控制系统被广泛地用作功率执行器件。利用继电器作为计算机输出的第一级执行机构,通过继电器的触点控制大功率接触器的通断,从而实现从直流低压到交流高压、从小功率到大功率的转换。图 2. 14 是一种继电器输出控制电路图。固态继电器目前应用的也比较多,固态继电器的使用请参阅相关的资料。

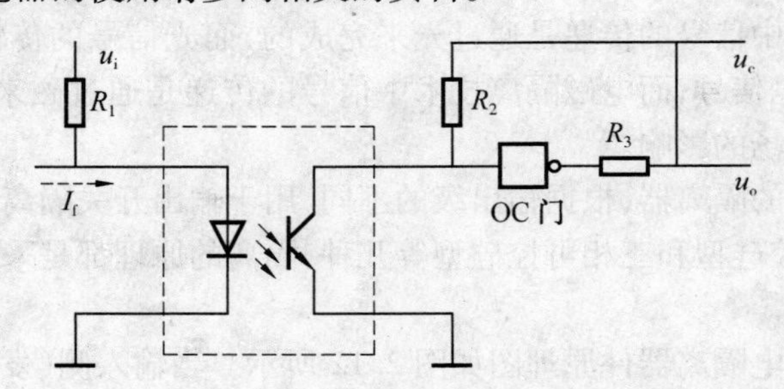

图 2. 13　有光电隔离的 OC 门输出电路图

2. 模拟信号输出通道

在计算机控制系统中,计算机除了向外发出开关量输出信号外,还经常要将控制运行所得到的数字量转换为模拟信号,再传给执行机构。

从数字量到模拟量的转换,一般采用集成 D/A 转换器实现。设计 D/A 转换电路时,应该

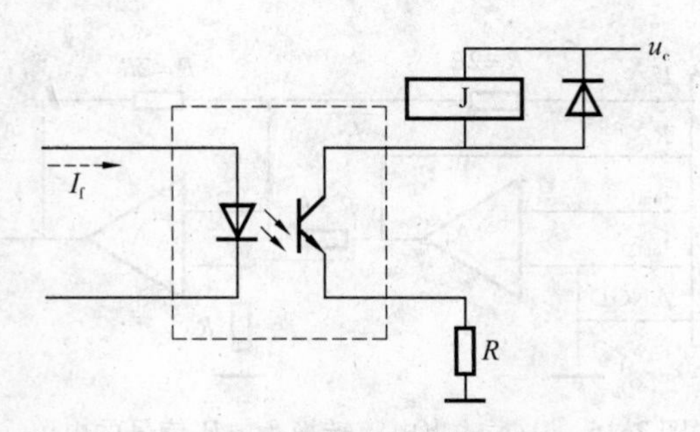

图2.14　继电器输出控制电路图

综合考虑转换精度、转换速度、接口通道数以及D/A转换的位数等因素。

一个实际的计算机控制系统中，往往需要多路的模拟量输出，其实现的方法有两种。一是每一个通道设置一个独立的D/A转换器，这种方法的优点是转换速度快，精度高，工作可靠，即使某一通道出现了故障也不会影响到其他通道的工作。但是，如果输出的模拟控制量比较多，通道数就要多，D/A转换器就要增加，尤其是D/A转换的位数比较高的情况下，系统设计的成本就可观了。二是多输出通道复用一个D/A转换器，并辅以多路模拟开关和零阶保持器来实现，如图2.15所示。

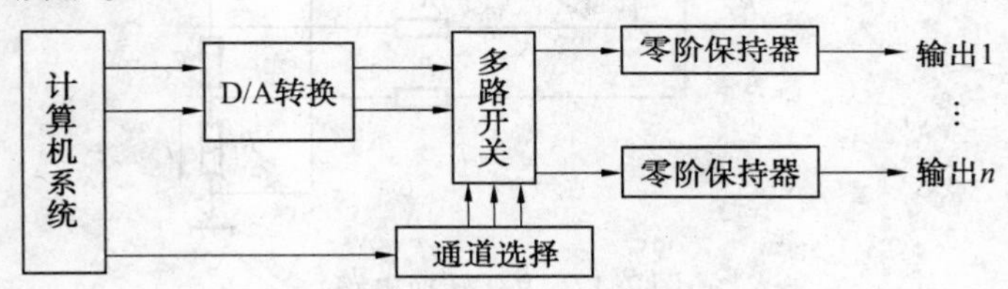

图2.15　多输出通道复用一个D/A转换器

多输出通道复用一个D/A转换器的电路工作时，由计算机通过多路模拟开关分时地把一个D/A转换器的输出送到各个零阶保持器，然后去控制不同的控制对象。这种控制方案的优点是成本较低，但电路结构比较复杂，程序设计要复杂一些，占用CPU的时间比较多，一般用在D/A输出通道不多及速度要求不高的场合。

在工业现场应用中，为了消除公共地线带来的相互干扰，提高系统的安全性和可靠性，应该将计算机系统和现场被控设备之间采用隔离措施进行隔离。同样，隔离措施可以采用光电隔离或电磁隔离。如果采用光电隔离，一般是在计算机与D/A转换器之间的数字接口部分进行隔离。如果多路输出通道共享一个D/A转换器，要注意在模拟通道的选择逻辑控制部分也应该采用光电隔离措施。

在进行模拟量输出通道设计时，要注意到D/A转换器输出是电流信号还是电压信号，大多数被控对象的执行机构的控制信号是电压信号。如果D/A转换器输出是电流信号，则要经过运算放大器电路将其转为电压信号，如图2.16所示。

常用的器件ADC0832的输出就是电流信号，经过第一级的运放，将电流信号转换为0～5 V的电压信号；经过第二级的运放输出将电压信号转换为－5～＋5 V之间的电压信号。

另外，在计算机控制系统中，当计算机远离控制现场时，为了便于信号的远距离传输，减少由于传输带来的干扰和衰减，需要将模拟电压信号转换为模拟电流信号的方式进行远距离传输。许多标准的工业化仪表和执行机构，一般是采用0～10 mA、4～20 mA的电流信号进行

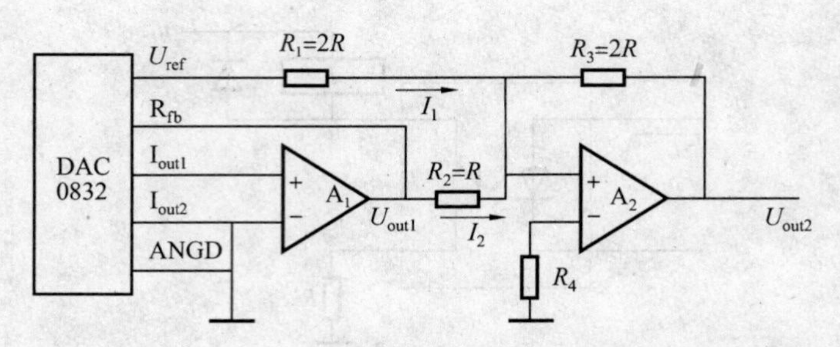

图 2.16 D/A 输出电流转换为电压信号的电路

驱动,这种情况下要采用 V/I 转换技术。图 2.17 是 V/I 转换电路。该电路由运放 A 及晶体管 T_1、T_2 组成,其中 T_1、T_2 组成倒相放大级,T_2 构成电流输出级。u_b 为偏置电压,用以进行零位平移。由于电路采用电流并联负反馈,因此具有较好的恒流性能。

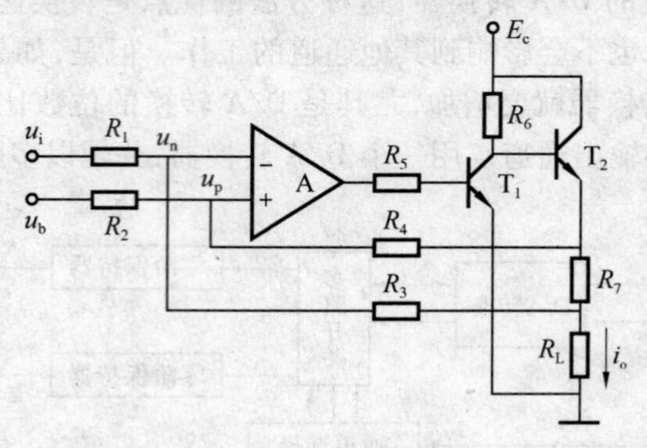

图 2.17 V/I 转换电路

利用叠加原理,可以求出在 u_i,u_b 以及输出电流 i_o 的作用下,运放 A 的同相及反相输入端电压 u_p 及 u_n。考虑只有输入电压 u_i 作用时,当 $R_3 \gg R_L$ 时,对 n 点有

$$u_{n1} = \frac{R_3 u_i}{R_1 + R_3}$$

考虑只有输出电流 i_o 作用时,对 n 点有

$$u_{n2} = \frac{R_1}{R_1 + R_3} i_o R_L$$

对 p 点则有

$$u_{p1} = \frac{R_2}{R_2 + R_4} i_o (R_L + R_7)$$

在 u_b 作用下,当 $R_4 \gg R_7 + R_L$,对 p 点有

$$u_{p2} = \frac{R_2}{R_2 + R_4} u_b$$

如果运放 A 的开环增益及输入阻抗足够大,则有

$$u_p = u_n = u_{p1} + u_{p2} = u_{n1} + u_{n2}$$

设 $R_1 = R_2$,$R_3 = R_4$,则有

$$i_o = \frac{R_4}{R_2 R_7}(u_i - u_p) \tag{2.13}$$

可见,输出电流 i_o 与负载电阻无关,i_o 恒流。

2.2　系统间的通信通道

对大规模的计算机控制系统,被控对象很多,控制任务繁重,控制算法复杂,此时采用单台计算机进行控制,很难满足控制要求,一般采用多台计算机并行进行处理,各计算机系统之间通过通信通道进行联系,达到信息共享,协调工作,完成整体的生产控制任务。

计算机之间通信都是数字信号,而且通道接口已经实现总线化。总线是信息传送中的通道,是各部件之间、系统之间的实际互连线。在计算机系统中常用的接口总线有并行总线和串行总线两种。并行总线是 n 位数据一次传送的总线,因此传送速度快,但它需要 n 条信号线,一般用于模块与模块之间的连接。串行总线只需要两根信号线,数据是一位一位地传送,传送的速度比并行总线慢。串行总线主要用于远距离通信。

到目前为止,无论是并行总线还是串行总线,都有很多种。下面重点介绍几种工业过程控制中常用的串行总线。

2.2.1　串行总线的基本概念

随着计算机技术的发展,计算机的应用已经形成网络化,网络化的关键是互相通信,特别是远距离通信。远距离通信都是用串行通信。最常用的串行通信总线有 RS－232C,RS－422,RS－485 等。目前现场总线应用的也越来越多。

1. 数据传送方式

串行通信中数据传送的方式有3种:单工方式、半双工方式、全双工方式。

(1) 单工方式

在这种方式中,数据传送只能按一个固定的方向传送。如图2.18(a) 所示。图中 A 只能发送数据,称为发送器;B 只能接收数据,称为接收器。数据不能从 B 向 A 发送。

(2) 半双工方式

在这种方式下,数据既可以从 A 传向 B,也可以从 B 传送到 A。如图2.18(b) 所示。由于通信双方只有一根信号传输线,所以双方只能分时进行收发工作,即在同一时刻只能进行一个方向传送,不能双方同时进行发送,需要一个收发切换的过程,因此称为半双工方式。

(3) 全双工方式

全双工方式如图2.18(c) 所示,它需要两根信号线,双方可以同时进行收发的操作,用不着进行收发切换,所以通信效率高,数据传送速率可以成倍增长。

全双工方式与半双工方式比较,虽然通信速度提高了,但通信用的信号线要增加一根。在实际应用中,特别是在异步通信中,大多数情况都是采用半双工方式。虽然通信效率低一些,但线路简单、实用、经济,对一般的系统也基本能满足要求。

2. 波特率和收/发时钟

(1) 波特率

在数据传送方式确定以后,以多大的速率进行数据的收/发,是实现串行通信的必要条件。串行通信的数据是一位一位传送的,衡量数据传送快慢的物理量称为波特率。即每秒钟传送二进制数据的位数就是波特率,单位是比特每秒(bit/s),常用 bps 表示。

在实际应用中,波特率是可以选择的。常用的波特率有 19 200,9 600,4 800,2 400,

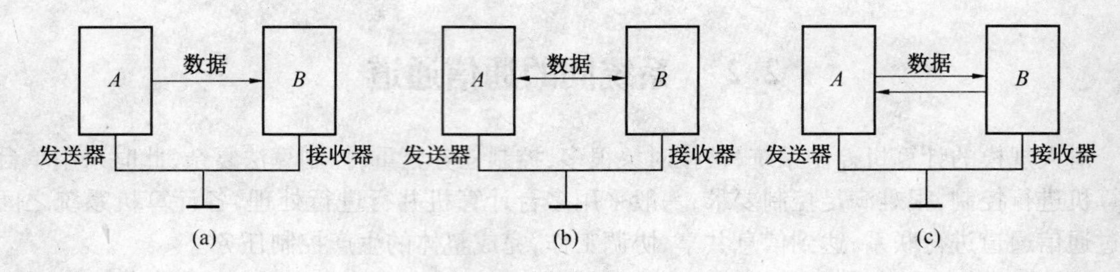

图 2.18　数据传送方式

1 200 bit/s 等几种。一般来讲波特率越大,传送数据的速度越快。在有些通信中,波特率可以达到 10 Mbit/s 或 100 Mbit/s。

(2) 收/发时钟

在串行通信中,无论是发送还是接收,都必须有时钟脉冲信号对传送的数据进行定位和同步控制。在发送端由发送时钟的下降沿,使输出移位寄存器中的数据串行移位到信号线上,实现发送;而接收端在时钟的上升沿将信号线上的数据逐位移到输入移位寄存器中。收/发时钟不仅关系到数据线上传送数据的速率,也关系到收/发双方之间的数据同步问题。

2.2.2　串行通信的异步和同步方式

根据串行通信中数据定时和同步的方式不同,串行通信的基本方式有两种,即异步通信和同步通信。

1. 异步通信

在异步通信中,传送的数据是以字符为单位进行收发的。收发双方使用各自的数据定位时钟,即双方的时钟不同步。在通信的过程中,如果没有收发字符的启、停位,由于时钟的差异,可能导致收方辨认字符的位错误。因此在这种方式中,在发送字符时要加上启、停位的信息;为了减少误码的出现,一般在数据之后还要加上奇偶校验位。

因此,异步通信发送数据的格式为:在发送一个字符代码时,字符前要加 1 位起始位,逻辑为0;字符本身的位数为5 ~ 8位,视传送的数据而定;字符后面跟一位奇偶校验位,或0或1;然后是1 ~ 2 位的停止位,数字逻辑为1。字符数据位发送的顺序是先低后高。传送时字符可以连续发送,也可以断续发送。发送的字符与字符之间是异步的,而字符内部每位的数据是同步的,图 2.19 是异步通信的字符数据帧格式。

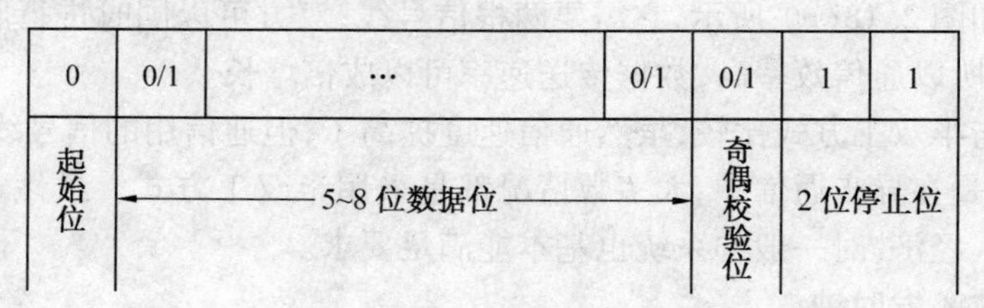

图 2.19　异步通信的字符数据帧格式

2. 同步通信

同步通信方式,收发双方必须有准确的定位时钟信号,即双方的时钟频率要严格一致;数据格式上,每个字符不增加任何附加位,字符和字符是连续发送的。传送的数据要分成组(帧),一组含多个字符代码,在数据或字符开始处用同步字符来指示(一般约定 1 ~ 2 个字符),以实现发送端和接受端同步,接收方一旦检测到同步字符,就连续地按顺序接收数据,在数据之后用CRC码检验同步传送的数据是否出错。同步传送的一帧数据格式如图2.20所示。

同步字符	同步字符	数据	…	数据	CRC1	CRC2

图2.20　同步传送的一帧数据格式

同步通信需要与数据一起传送时钟信息。数据流中每一连续不断的数据位要由一个基本数据时钟控制,并定时在某一个特定的时间间隔上。时钟信息可以以一根信号线进行传送,也可以通过将信息中的时钟代码化来实现,从而在传送的数据中包含时钟信息,如曼切斯特编码。

3. 信号的调制与解调

串行通信的数据都是由"0"和"1"序列组成的数字信号,这种信号含有的谐波成分很多,因此要求信号线的频率特性很高。用普通线进行远距离传输时,必然产生很大的畸变,使得接受方无法正确接收信号,导致通信失败。由于电话线很普遍,因此可以用普通的电话线进行数据传送。普通的电话线频率特性有限,直接用来传输数字信号是不行的,因此需要用到调制解调技术,发送端把数字信号调制到适合电话线传输的模拟信号,这一过程称为调制;在接收端则利用解调电路把模拟信号还原成数字信号,这一过程称为解调;能够完成调制和解调的设备就称为模拟调制解调器(MODEM)。

按照调制技术的分类,调制解调的方法分为频移键控法(FSK)、相移键控法(PSK)、相移幅度调制法(PAM)。目前计算机通信中应用广泛的是频移键控法,这种方法的基本思想是把数字信号的"1"和"0"分别调制成不同的信号频率"f_1"和"f_2",再耦合到电话线上去。

2.2.3　差错控制技术

串行通信在传输线路上传送信息时,由于外界各种因素的影响,使接收端出现错误的信息,所以要采取一定的措施尽量使误码减少。提高信号传输质量的方法有两种:一是改善传输信号和传输线路的电气性能,提高信息传输的可靠性,使误码率达到要求;二是采用检错纠错技术,使接收方检验出错误后,自动修正错误,或让发送方重新发送,直到收方接收到正确的信息为止。我们把第二种方法称为差错控制技术。

差错控制技术包括两部分内容:一是对要传送的信息数据进行可靠有效的编码;二是一旦发现传送的信息有错误,如何补救。

1. 纠错编码

纠错编码是差错控制技术的核心。只要有好的纠错编码方法,才能达到更好的差错控制,使误码率达到最低。纠错编码的方法,是在有效数据信息的基础上附加一定的冗余信息位,利用每个信息位的组合来监督信息码的传送情况。一般来说,附加的冗余位越多,验错纠错的能力就越强。但通信的效率就越低。而且冗余位本身出错的机会也增加。

纠错编码的方法很多,最常用的两种方法是奇偶校验码和循环冗余校验码。

(1) 奇偶校验码

奇偶校验码是一个字符校验一次。方法是在信息码组之后附加一位监督码,即奇偶校验码，分为奇校验和偶校验。奇校验的编码方法是使整个码组中“1”的个数为奇数，如传输的信息码中“1”的个数为奇数，则监督位为“0”，否则监督位为“1”。偶校验的编码方法是使整个码组中“1”的个数为偶数，如传输的信息码中“1”的个数为偶数，则监督位为“0”，否则监督位为“1”。

图2.21是利用RS－232C串行口传送数据6的奇偶校验的波形图。RS－232C串行通信数据的发送采用负逻辑驱动，即“1”对应着负电平，“0”对应着正电平，同时注意数据位发送时是低位在先高位在后。每位数据要用ASCII码字符来表示。

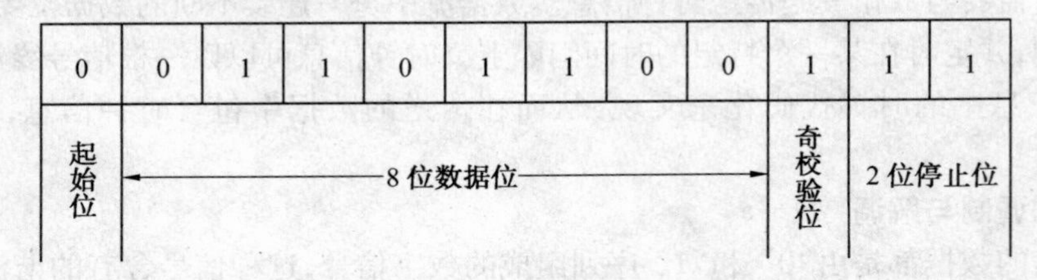

图2.21　数据6的奇偶校验码的波形图

(2) 循环冗余校验码CRC

循环冗余校验码CRC的基本原理：在k位信息码后，再拼接R位的校验码，整个编码长度为n位。可以证明存在一个最高次幂为$n-k=r$的多项式$G(x)$，通过$G(x)$可以生成k位信息的校验码，而$G(x)$称为这个CRC码的生成多项式。生成多项式是收发双方的一个约定，也是一个二进制数，在整个数据的传送过程中，这个数据始终不变。图2.22是CRC码的结构示意图。

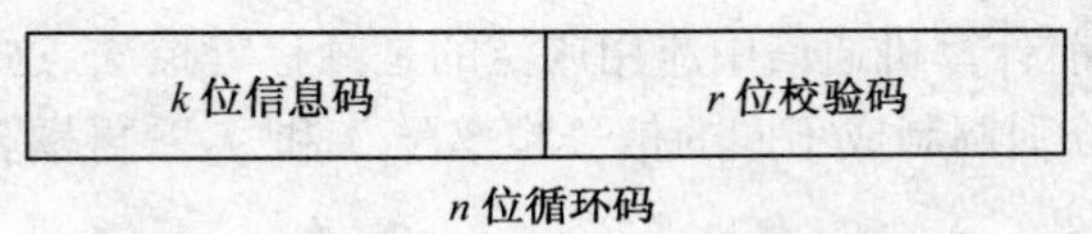

图2.22　CRC码的结构示意图

校验码的具体生成过程：设发送信息用多项式$C(x)$表示(注：任何一个n位二进制数都可以用一个$(n-1)$次的多项式来表示，如$C(x)=C_{n-1}x^{n-1}+C_{n-2}x^{n-2}+\cdots+C_1x^1+C_0x^0$)。将$C(x)$左移$r$位，则可以表示为$C(x)*2r$(左移一位相当于乘2，左移$r$位相当于乘$2r$)，这样$C(x)$的右边会出现$r$位空位，这些空位就是校验码的位置。通过$C(x)*2r$除以生成多项式$G(x)$得到余数就是校验码。

在发送方，利用生成多项式对信息多项式做模2的除，生成校验码，连同信息码和校验码形成新的n位循环码一起发送；在接收端利用生成多项式对接收到的n位编码信息进行模2的除法，若能除尽，说明传送正确，否则说明出错。

模2除法与算术除法类似，但每一位除的结果不影响其他位，即不向上一位进位、借位，故为异或操作。一直除到被除数补位的位数少于除数位数一位时所得到余数时，该余数就是最终的余数为校验码。

下面通过举例说明CRC码的生成过程。

已知要发送的二进制信息码为11101010001，设生成多项式$G(x)=x^4+x+1$，则可以利用多项式模2的除法求出余数，即校验码，算式为

```
           11111010110
10011)111010100010000
       10011
        11100
        10011
         11111
         10011
          11000
          10011
           10110
           10011
             10101
             10011
               11000
               10011
                10110
                10011
                  1010
```

余数1010即为校验码,于是可求得该信息码的循环校验码为111010100011010。

上面只是对CRC码的生成做一简单介绍,实际应用中的CRC码的实现还是比较复杂的。这里给出两种常用的生成多项式:

SDLC生成多项式:$G(x)=x^{16}+x^{12}+x^{5}+1$。

CRC-16生成多项式:$G(x)=x^{16}+x^{15}+x^{2}+1$。

CRC码在发送端生成,在接收端检验,码的生成可以用软件技术产生,也可以用硬件电路生成。目前已经有专用芯片供选用。

2. 纠错方法

常用的纠错方法有3种,即重发纠错、自动纠错和混合纠错。

(1)重发纠错方式

重发纠错方式的工作原理是:发送端发送能检验错误码的信息码(如奇偶校验码),接收端根据该码的编码规则,判断信息传输中有无错误,并把判断的结果反馈给发送端。如果发现有错误,则请求再次发送,直到接收端认为正确为止。

重发纠错系统一般采用两种方式工作。一种是采用半双工通信方式,发送端只有在反馈应答的判决信号后,才能决定是否继续发送下一组数据,一般应用于面向字符的传送控制中。另一种是采用全双工通信方式,这种方式中把需要应答的判决信号插到双方发送的信息帧中,它是一个连续发送系统,是面向一个数据块的传输过程。

(2)自动纠错方式

自动纠错方式的原理是:发送端发送的信息码中要包含检错的信息码和纠错的信息码。接收端接到这些编码后,进行译码,通过译码能够自动发现错误,而且要能够自动纠正传输中的错误。但是纠错位数有限,如果为了纠错增加比较多的位数,则附加的冗余码要比基本信息码多,造成传输效率低。如果采用硬件电路译码,则译码设备复杂,若采用软件译码,则要用去CPU大量的时间。

(3) 混合纠错方式

混合纠错方式是重发纠错和自动纠错两种方式的结合。其工作原理是:发送端发生的信息编码中有一定的检错和纠错能力;接收端收到编码后,进行解码,若发现错误位数,且在纠错能力范围内,则自动纠错;如果错误位数较多,超过了纠错能力则发出反馈信息,要求发送端重新发送。这种方式在一定程度上弥补了重发纠错和自动纠错的两种方式的不足。

2.2.4 串行通信标准总线

在进行串行通信接口设计时,主要考虑的是接口方法、传输线路以及电平转换等问题。目前已经推出了多种串行通信的标准总线,如 RS－232C,RS－422A,RS－423A,RS－485 以及 20 mA 电流环等。目前应用比较多的是现场总线,同时市场上还出现了许多种适合标准总线用的接口芯片。

通信数据传输线路通常分为两种,即不平衡方式和平衡方式。不平衡方式是用单线传输信号,以地线作为信号的回路,发送端和接收端是单端驱动和单端接收,信号线上所感应到的干扰和地线上的干扰将叠加到传输信号上,对传输的信号有影响;平衡方式是用双绞线传输信号,信号在双绞线中自成回路,发送端和接收端采用的是双端驱动和差分接收,双绞线上所感应的干扰相互抵消,地线上干扰又不影响接收端,因此这种方式有良好的抗干扰性,适合远距离的数据传送。

1. RS－232C 标准总线

RS－232C 是使用最早、流行最广的一种异步串行通信总线,由美国电子工业协会(EIA)公布。其中 RS 是缩写符,232 是标识符,C 是最后一次修订。

RS－232C 定义了计算机系统中的数据终端设备(DTE)和数据通信设备(DCE)之间的接口形式和电气性能以及机械要求。这里只谈一下接口形式和电气性能。

主要的电气性能有:规定高电平的范围是 +5 ~ +15 V 之间,低电平的范围是 －15 ~ －5 V之间,－3 ~ +3 V之间是过渡区禁用。收发数据采用负逻辑,即低电平表示逻辑1,高电平表示0,其他控制线采用正逻辑。

因此 RS－232C 使用时,不能直接与 TTL 电路连接,要加电平转换器。如电平转换芯片 MC1488,MC1489:其中 MC1488 是将 TTL 电平转换为 232 电平;MC1489 是将 232 电平转换为 TTL 电平。目前市场上有许多集成芯片供使用,如 MAX232A 等芯片,一片该芯片就可以完成发送和接收数据的电平转换。

RS－232C 收发的接口形式是采用单端驱动和单端接收的形式,其接口线路示意图如图 2.23 所示。

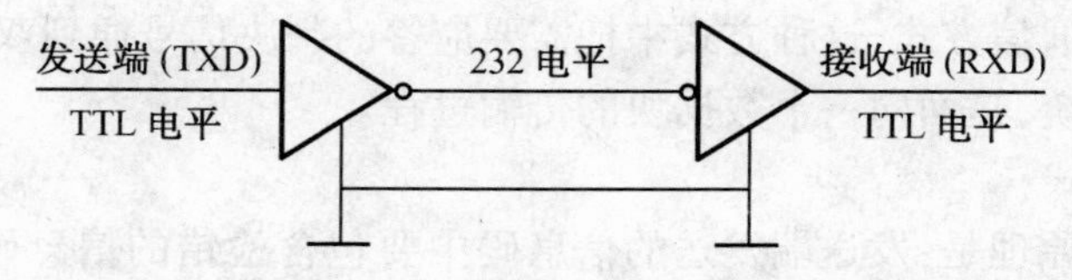

图 2.23 RS－232C 收发接口线路示意图

由图可见,收发双方公用一根地线,故共模干扰信号要进入信号传输系统。为了克服这个缺点,RS－232C 用大幅度的电平摆动范围来克服干扰信号的影响。信号传输的距离不超过 15 m。信号的发送端用 TXD 表示,接收端用 RXD 表示,另外还有一些联络信号。

最简单的RS－232C连接方式如图2.24所示，只需将双方的收发端相互对接，双方共地，就可以通信了。

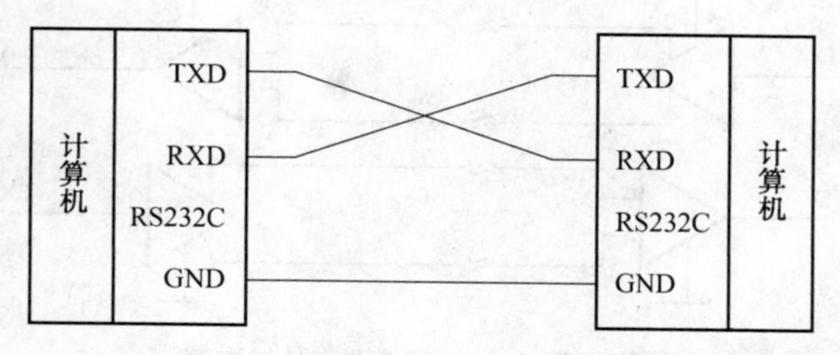

图2.24　最简单的RS－232C连接方式

2. RS－423A/422A、RS－485总线

RS－232C推出的时间比较早，经过使用发现了许多问题，如传输的距离不远，传送的速率不高，接口线路不好，非平衡发送方式，另外连接器不规范。为了克服这些缺点，EIA在RS－232C的基础上做了不同的改进，推出了新标准RS－499。新标准除了保留与RS－232C兼容的特点外，还在提高传输速率、增加距离、改进电气性能以及规范连接器等方面进行了努力。与RS－499一起推出的还有RS－423A和RS－422A，实际上它们是RS－499的子集。

(1)RS－423A/RS－422A

RS－423A与RS－232C相比较做了一些改进，在信号接口线路上采用了单端驱动，差分接收的电路形式，可以减少地线信号的影响，如图2.25所示。

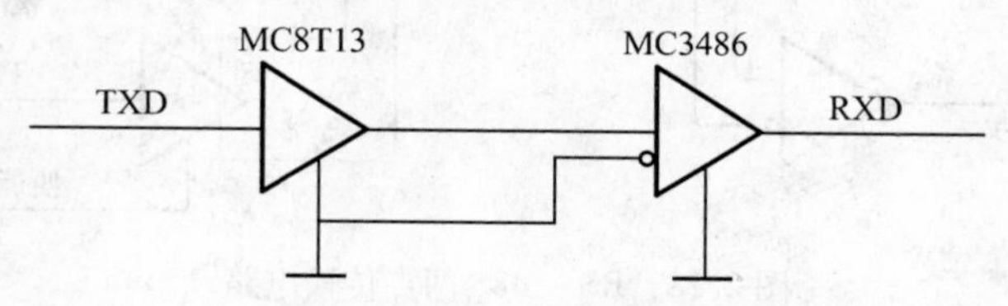

图2.25　RS－423A单端驱动差分接收电路

RS－422A则更进一步采用平衡驱动和差分接收的方法，从根本上消除了信号地线的影响，如图2.26所示。

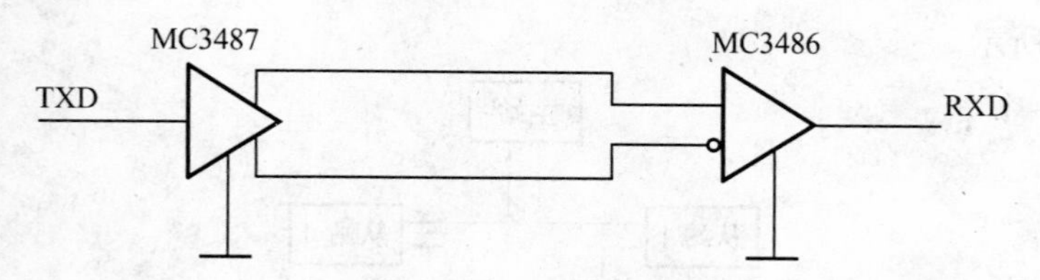

图2.26　RS－422A的平衡驱动差分接收电路

两者都提高了传输速率和传输距离，RS－423A在速率为3 kbit/s时，距离可达1 000 m；RS－422A在速率为100 kbit/s时，距离可达1 200 m。两者仍然采用负逻辑驱动，参考电平为地，逻辑电平的范围是－6～＋6 V之间，“0”对应着＋6 V，“1”对应着－6 V。RS－423A的噪音余量为3.8 V，RS－422A的噪音余量为1.8 V。另外，两者另一个优点是可以在传输线上连接多个接收器，一台发送器可以挂接10台接收器。

(2)RS－485

采用RS－422A实现两点之间远距离时，连接线路如图2.27所示，可以看到完成全双工通信时需要两对平衡差分电路。

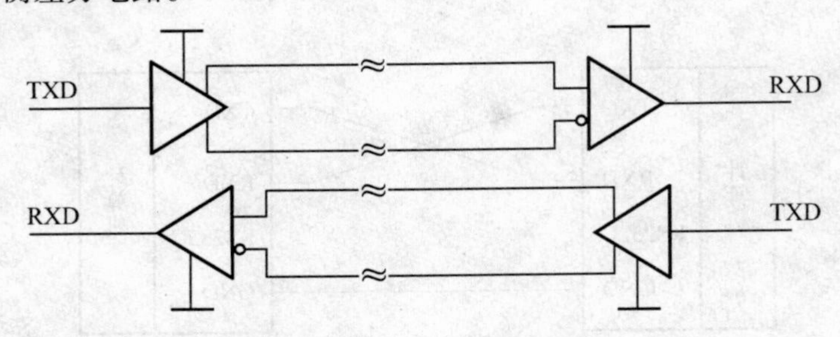

图 2.27　RS - 422A 两点传输电路

在许多工业控制过程中及通信联络中,要求用最少的信号线来完成通信任务。另外工业生产控制过程中大多数情况,在任意时刻只有一个主控站发送数据,其他站点处在接收数据状态,于是就产生了主从结构形式的 RS - 485 标准。RS - 485 实际上是 RS - 422A 总线的变形,两者的不同处:第一,RS - 422A 为全双工方式,RS - 485 是半双工方式;第二,RS - 422A 采用两对平衡差分接收信号线路,而 RS - 485 只是用一对信号线路。RS - 485 的一个发送驱动器最多可以挂接 32 台接收器。RS - 485 的两点传输电路如图 2.28 所示。

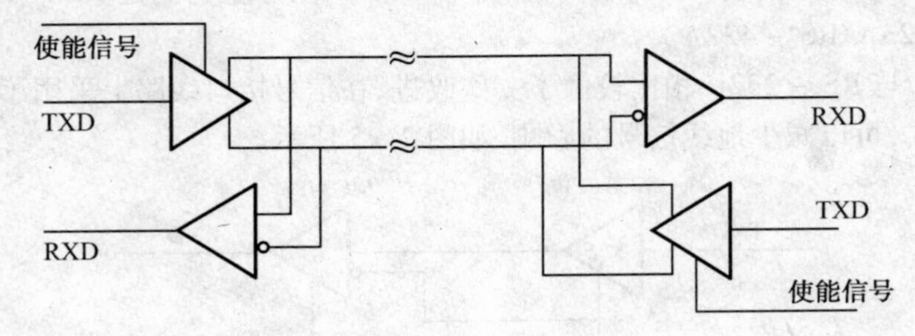

图 2.28　RS - 485 两点传输电路

RS - 485 的标准允许最多并联 32 台驱动器和 32 台接收器,故用 RS - 485 形成的多点互连时非常方便,可以省去许多信号线,应用 RS - 485 可以构成分布式系统。

RS - 422A 和 RS - 485 的发送驱动器和接收驱动器在电路上没有太大的区别,两者可以互连,如图 2.29 所示。

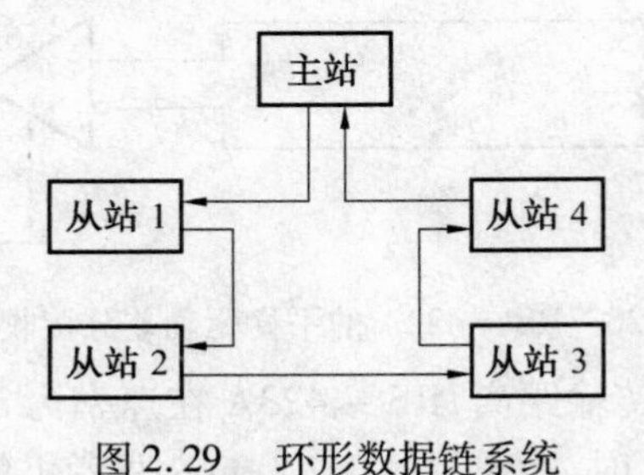

图 2.29　环形数据链系统

2.2.5　现场工业总线

现场总线技术是 20 世纪 90 年代兴起的一种先进的工业技术,它将当今网络通信与管理的概念引入工业控制领域。它是控制技术、仪表工业技术和计算机网络技术三者结合的产物,完全适应了目前工业界的应用。

传统的控制系统难于实现设备之间以及系统与外界之间的信息交换，是一个"信息孤岛"。要满足自动控制技术现代化的要求，同时实现整个企业的信息集成，实施综合自动化，就必须设计出一种能在工业现场环境中运行、性能可靠，造价低廉的通信系统，形成工厂底层网络，完成现场自动化设备之间的多点数字通信，实现底层现场设备之间以及生产现场与外界的信息交换。现场总线就是在这种实际需求的驱动下应运而生。所谓现场总线技术，顾名思义就是应用在生产最底层的一种总线型拓扑网络。进一步讲，这种总线是用做现场控制系统的、直接与所受控制（设备）节点串行相连的通信网络。工业自动化控制的现场范围可以从一台家电设备到一个车间、一个工厂。受控设备和网络所处的处境可能很特殊，对信号的干扰往往是多方面的，而要求控制必须实时性很强。这就决定了现场总线有别于一般的网络。现场总线控制系统既是一个开放通信网络，又是一种全分布式控制系统。它作为智能设备的联系纽带，把挂接在总线上、作为网络节点的智能设备连接为网络系统，并进一步构成自动化系统，实现基本控制、补偿计算、参数修改、报警、显示、监控、优化及控管一体化的综合自动化功能。这是一项集嵌入式系统、控制、计算机、数字通信、网络为一体的综合技术。

现场总线也可以说是工业控制与计算机网络两者的边缘产物。从纯理论的角度看，它应属于网络范畴。但是，现有的网络技术不能完全适应工业现场控制系统的要求。无论是从网络的结构、协议、实时性，还是适应性、灵活性、可靠性乃至成本等，工业控制的底层都有它的特殊性。现场总线其规模应属于局域网、总线型结构，它简单但能满足现场的需要。它要传输的信息帧都短小，要求实时性很强、可靠性高（网络结构层次少，信息帧短小有利于提高实时性和降低受干扰的概率）。然而现场的环境干扰因数众多，有些很强烈且带冲突性。这些都决定了现场总线必须是有自已特色的一个新型领域。目前应用比较广泛且技术成熟的现场总线主要有：基金会现场总线，LonWorks 总线，PROFIBUS，HART 总线及 CAN（Controller Area Network）总线。在我国，CAN 总线以其通信协议标准化和独到的特点而得到了普遍的推广和应用。

下面介绍比较主流的现场总线：

1. 基金会现场总线（FoundationFieldbus，FF）

基金会现场总线是以美国 Fisher - Rousemount 公司为首的联合了横河、ABB、西门子、英维斯等 80 家公司制定的 ISP 协议和以 Honeywell 公司为首的联合了欧洲等地 150 余家公司制定的 WorldFIP 协议，并于 1994 年 9 月合并。该总线在过程自动化领域得到了广泛的应用，具有良好的发展前景。

基金会现场总线采用国际标准化组织 ISO 的开放化系统互联 OSI 的简化模型（1，2，7 层），即物理层、数据链路层、应用层，另外增加了用户层。FF 分为低速 H_1 和高速 H_2 两种通信速率，前者传输速率为 31.25 kbit/s，通信距离可达 1 900 m，可支持总线供电和本质安全防爆环境。后者传输速率为 1 Mbit/s 和 2.5 Mbit/s，通信距离为 750 m 和 500 m，支持双绞线、光缆和无线发射，协议符合 IEC1158 - 2 标准。FF 物理媒介的传输信号采用曼切斯特编码。

2. CAN（ControllerAreaNetwork 控制器局域网）

CAN 最早由德国 BOSCH 公司推出，它广泛用于离散控制领域，其总线规范已被 ISO 国际标准组织制定为国际标准，得到了 Intel、Motorola、NEC 等公司的支持。CAN 协议分为两层：物理层和数据链路层。CAN 的信号传输采用短帧结构，传输时间短，具有自动关闭功能，具有较强的抗干扰能力。CAN 支持多种工作方式，并采用了非破坏性总线仲裁技术，通过设置优先级来避免冲突,通信距离最远可达10 km,波特率为5 kbit/s,通信速率最高可达1 Mbit/s,网络节点数实际可达110个。目前已有多家公司开发了符合CAN协议的通信芯片。

3. Lonworks

Lonworks由美国 Echelon 公司推出,并由 Motorola、Toshiba 公司共同倡导。它采用ISO/OSI模型的全部7层通信协议,采用面向对象的设计方法,通过网络变量把网络通信设计简化为参数设置。支持双绞线、同轴电缆、光缆和红外线等多种通信介质,通信速率从300 bit/s 至1.5 Mbit/s 不等,直接通信距离可达2 700 m(78 kbit/s),被称为通用控制网络。Lonworks技术采用的LonTalk协议被封装到Neuron(神经元)的芯片中,并得以实现。采用Lonworks技术和神经元芯片的产品,被广泛应用于楼宇自动化、家庭自动化、保安系统、办公设备、交通运输、工业过程控制等领域。

4. DeviceNet

DeviceNet是一种低成本的通信连接,也是一种简单的网络解决方案,有着开放的网络标准。DeviceNet具有的直接互联性不仅改善了设备间的通信而且提供了相当重要的设备级阵地功能。DebiceNet基于CAN技术,传输率为125 kbit/s至500 kbit/s,每个网络的最大节点为64个,其通信模式为生产者/客户(Producer/Consumer),采用多信道广播信息发送方式。位于DeviceNet网络上的设备可以自由连接或断开,不影响网上的其他设备,而且其设备的安装布线成本也较低。DeviceNet总线的组织结构是 Open DeviceNet Vendor Association(开放式设备网络供应商协会,简称“ODVA”)

5. PROFIBUS

PROFIBUS是德国标准(DIN19245)和欧洲标准(EN50170)的现场总线标准。由PROFIBUS - DP、PROFIBUS - FMS、PROFIBUS - PA系列组成。DP用于分散外设间高速数据传输,适用于加工自动化领域。FMS适用于纺织、楼宇自动化、可编程控制器、低压开关等。PA用于过程自动化的总线类型,服从IEC1158 - 2标准。PROFIBUS支持主 - 从系统、主站系统、多主多从混合系统等几种传输方式。PROFIBUS的传输速率为9.6 kbit/s 至12 Mbit/s,最大传输距离在9.6 kbit/s下为1 200 m,在12 Mbit/s下为200 m,可采用中继器延长至10 km,传输介质为双绞线或者光缆,最多可挂接127个站点。

6. HART

HART是Highway Addressable Remote Transducer的缩写,最早由Rosemount公司开发。其特点是在现有模拟信号传输线上实现数字信号通信,属于模拟系统向数字系统转变的过渡产品。其通信模型采用物理层、数据链路层和应用层三层,支持点对点主从应答方式和多点广播方式。由于它采用模拟数字信号混合,难以开发通用的通信接口芯片。HART能利用总线供电,可满足本质安全防爆的要求,并可用于由手持编程器与管理系统主机作为主设备的双主设备系统。

7. CC - Link

CC - Link是Control & Communication Link(控制与通信链路系统)的缩写,在1996年11月,由三菱电机为主导的多家公司推出,其增长势头迅猛,在亚洲占有较大份额。在其系统中,可以将控制和信息数据以10 Mbit/s高速传送至现场网络,具有性能卓越、使用简单、节省成本等优点。不仅解决了工业现场配线复杂的问题,同时具有优异的抗噪性能和兼容性。CC - Link是一个以设备层为主的网络,同时也可覆盖较高层次的控制层和较低层次的传感层。

2005 年 7 月 CC－Link 被中国国家标准委员会批准为中国国家标准指导性技术文件。

8. WorldFIP

WorldFIP 的北美部分与 ISP 合并为 FF 以后，WorldFIP 的欧洲部分仍保持独立，总部设在法国。其在欧洲市场占有重要地位，特别是在法国占有率大约为 60%。WorldFIP 的特点是具有单一的总线结构来适用不同的应用领域的需求，而且没有任何网关或网桥，用软件的办法来解决高速和低速的衔接。WorldFIP 与 FFHSE 可以实现"透明连接"，并对 FF 的 H_1 进行了技术拓展，如速率等。在与 IEC61158 等同类型的连接方面，WorldFIP 做得最好，走在世界前列。

9. INTERBUS

INTERBUS 是德国 Phoenix 公司推出的较早的现场总线，2000 年 2 月成为国际标准 IEC61158。INTERBUS 采用国际标准化组织 ISO 的开放化系统互联 OSI 的简化模型（1，2，7 层），即物理层、数据链路层、应用层，具有较好的可靠性、可诊断性和易维护性。采用集总帧型的数据环通信，具有低速度、高效率的特点，并严格保证了数据传输的同步性和周期性；该总线的实时性、抗干扰性和可维护性也非常出色。INTERBUS 广泛地应用到汽车、烟草、仓储、造纸、包装、食品等工业，成为国际现场总线的领先者。

此外较有影响的现场总线还有丹麦公司 Process－Data A/S 提出的 P－Net，该总线主要应用于农业、林业、水利、食品等行业；SwiftNet 现场总线主要使用在航空航天等领域，还有一些其他的现场总线这里就不再赘述了。

2.3　计算机控制系统中信号采样与恢复

典型的计算机工业控制系统结构如图 2.30 所示。其中计算机（数字控制器）只能接收和处理数字信号，其输出的也是数字信号。因此，从现场检测到的连续模拟信号必须经过采样和量化处理变为数字信号，才能传给计算机（数字控制器）进行处理，计算机输出的数字信号也要经过 D/A 转换和保持器形成连续信号，才能传给被控对象，从而达到调解和控制的目的。

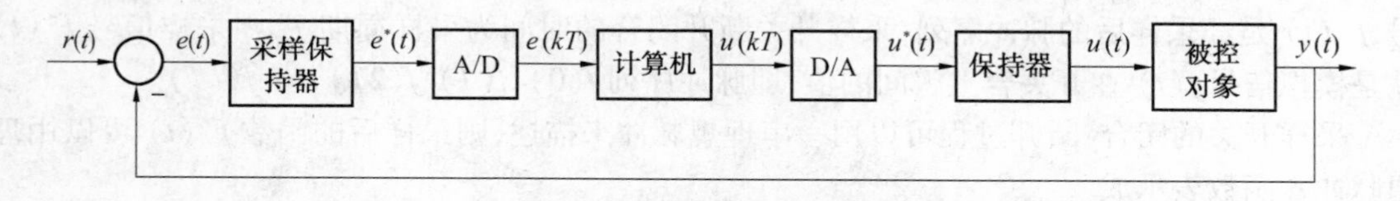

图 2.30　典型计算机控制系统结构图

图中：$r(t)$—— 系统的输入信号；

$e(t)$—— 误差（偏差）信号；

$e^*(t)$—— 采样后误差（偏差）离散模拟信号；

$e(kT)$—— 经采样 A/D 后的误差（偏差）离散数字信号；

$u(kT)$—— 计算机（数字控制器）输出的控制数字信号；

$u^*(t)$—— 输出的经 D/A 后的离散模拟控制信号；

$U(t)$—— 连续的模拟控制信号。

在设计和分析计算机控制系统时，为了方便于数学上分析和综合，假定 A/D、D/A 转换精度足够高，量化过程的量化误差可以忽略，则数字信号与采样信号看成是等价的，即 $e(kT)$ 与

$e^*(t)$ 等价,$u(kT)$ 与 $u^*(t)$ 等价,于是典型计算机控制系统的结构可以简化为如图 2.31 所示。

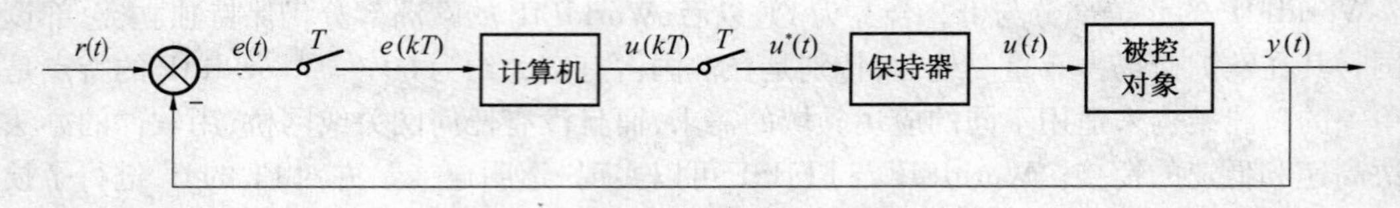

图 2.31　典型计算机控制系统简化结构图

2.3.1　信号的采样过程

计算机控制系统中的信号主要有 3 种类型:模拟信号(时间、幅值上均连续的信号,如图中 $r(t)$,$e(t)$,$y(t)$ 等);离散的模拟信号(时间上不连续而幅值上连续的信号如图中的 $e^*(t)$,$u^*(t)$ 等);数字信号(时间和幅值上均不连续的信号,如图中 $e(kT)$、$u(kT)$ 等)。

把时间上连续和幅值上也连续的模拟信号,按一定的时间间隔 T 转换为在瞬时 $0,T,2T,3T,\cdots,NT$ 的一连串脉冲序列的过程称为采样过程,实现采样的装置称为采样器或采样开关。采样过程的原理图如图 2.32 所示。

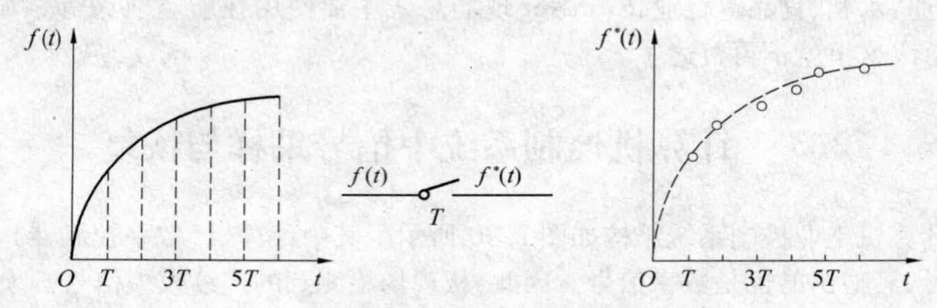

图 2.32　信号的采样过程

如图2.32 所示,我们将采样开关理想化(即开关的动作时间为0),$f(t)$ 为被采样的连续信号,$f^*(t)$ 是经采样后的脉冲序列,采样开关断开闭合的时间为采样周期 T,则采样信号 $f^*(t)$ 就是模拟信号 $f(t)$ 在开关合上瞬间的值,即脉冲序列 $f(0)$,$f(T)$,$f(2T)$,$\cdots$,$f(kT)$。

采样开关的闭合、断开过程可以用一串理想脉冲来描述,则采样后的函数 $f^*(t)$ 可以用理想脉冲 δ 函数表示成

$$f^*(t)=f(0)\cdot\delta(t)+f(T)\cdot\delta(t-T)+f(2T)\cdot\delta(t-2T)+\cdots=$$

$$\sum_{K=0}^{\infty}f(kT)\cdot\delta(t-kT);\quad k=0,1,2,\cdots \tag{2.14}$$

对于实际系统,当 $t<0$ 时,$f(t)=0$,故有

$$f^*(t)=\sum_{k=-\infty}^{\infty}f(kT)\cdot\delta(t-kT);\quad k=0,1,2,\cdots \tag{2.15}$$

根据 δ 函数的性质有

$$f^*(t)=f(t)\cdot\sum_{k=-\infty}^{\infty}\delta(t-kT);\quad k=0,1,2,\cdots \tag{2.16}$$

可见,采样信号 $f^*(t)$ 是由理想脉冲序列组成,脉冲的幅值由 $f(t)$ 在 $t=kT$ 时刻的值确定。

2.3.2　采样定理

计算机控制是利用离散的数字信号进行控制运算的，此时，我们就会想到这些离散信号能否包含连续信号的全部信息；另外，通过离散信号能否重构原来的连续信号。这个问题是和采样周期密切相关的。如果采样周期过大，采样信号含有原来连续信号的信息量少，以至无法从采样信号反映连续信号的特征；如果采样周期足够小，损失的信号量少，从而可以从采样得到的离散信号重构原来的连续信号。那么，一个离散信号 $f^*(t)$ 如何能完全反映连续信号的全部特征？香农（Shannon）采样定理定量地描述了在什么条件下，一个连续时间信号可由它的采样信号唯一确定。

1. 香农采样定理

一个连续时间信号 $f(t)$，设其频率带宽有限。最高频率为 f_{max}，如果等间隔地对该信号进行连续采样得到离散时间信号 $f^*(t)$，为了使采样后的离散信号 $f^*(t)$ 能够包含原来连续信号 $f(t)$ 的全部信息，则要求采样频率要满足下面的条件，即

$$f_s \geqslant 2f_{max} \tag{2.17}$$

式中：f_s 是信号的采样频率；f_{max} 是被采样信号中的最高频率。

这样，采样后的离散信号 $f^*(t)$ 才能不失真地复现连续信号 $f(t)$，否则不能从 $f^*(t)$ 中恢复 $f(t)$。

关于香农定理的证明，请参阅相关的资料。

2. 采样周期

采样定理只是作为控制系统确定采样周期的理论指导原则。若将其直接应用到实际系统中还存在一些问题，比如被采样模拟信号的最高频率不好确定。因此实际应用中，采样周期的确定都是根据设计者的实践经验来取值，然后通过实际运行最后确定。

显然，采样频率越高（采样周期越短），采样信号就越能反映被采样信号，对计算机而言，其工作量就要大量增加，采样周期太长，就不能很好地反映系统的动态情况。

在工程应用中，一般是根据具体问题和实际条件采用实验和分析的方法确定。比如，温度控制系统响应慢，时滞大，采样周期就可以选得大一些；流量控制系统响应快，采样周期可以小一点。另外，系统中的扰动（噪声）的大小和频率也对采样周期有影响，在扰动小的时候，采样周期可以取得长一些，但要小于扰动的周期。在使用PID控制算法的场合，采样周期的选择应与积分时间常数和微分时间常数一起统一考虑。表2.2列出了不同被控参数物理量的采样周期 T 的选择以供参考。

表2.2　常见被控对象采样周期参考

被控参量	采样周期 T/s	推荐值/s
流量（或液体压力）	1 ~ 5	2
气体压力	3 ~ 10	5
液位	5 ~ 8	5
温度	15 ~ 20	20
成分	15 ~ 20	20

表中建议的常用值是成整数倍的，这样在计算机上实施时便于安排。

2.3.3 量化过程和量化误差

对连续模拟量进行采样,得到离散模拟量,必须进行量化后才能得到二进制数字信号,这个转换过程称为量化过程,量化过程是由 A/D 转换器完成的,在转化过程中要求,模拟量要和数字量有一一对应的关系。

1. 量化单位 q

量化单位是由 A/D 转换器的位数决定,若 A/D 转换器的位数为 n 位,则量化单位 q 为

$$q = \frac{x_{max} - x_{min}}{2^n - 1} \tag{2.18}$$

式中:n 是 A/D 转换器的位数;x_{max} 是被测量的最大值;x_{min} 是被测量的最小值。

2. 量化误差

上述过程是以量化单位为当量把采样信号连续的幅值按四舍五入(舍入)的方法进行整量化处理,某些 A/D 转换器测量把不足一个量化单位的值舍去(或截断)的方法进行整量化处理。无论是舍入还是截断均会产生误差,称为量化误差。量化误差产生的根本原因,在于整量化时只能用有限字长的编码表示离散信号的幅值。如果 A/D 转换器转换后的数字量最低位是由四舍五入得到的,则最大量化误差为

$$e_{max} = \pm \frac{q}{2} \tag{2.19}$$

2.3.4 信号的恢复和保持器

在计算机控制系统中执行机构和被控对象的输入信号一般是连续信号,而计算机输出的数字信号序列是离散的,无法直接加到被控对象上或执行机构,这里就存在将离散信号转换为连续信号的过程,这就是信号的恢复过程或称为信号的重构。

1. 保持器

由于采样信号在采样点时刻才有值,而在两个采样点之间无值,为了使两个采样点之间为连续信号过渡,这在数学上就要解决任意两点之间的插值的问题,即已知 $y(t)\Big|_{t=kT} = y^*(kT)$,$y(t)\Big|_{t=(k+1)T} = y^*[(k+1)T]$,求 $y(t)\Big|_{t=kT+\Delta t}$,$0 \leqslant \Delta t \leqslant T$。这可以利用泰勒级数外推公式来完成,即以前一时刻的采样值为参考点外推,使得两个采样点之间的值不为零,这样来近似连续信号。将离散的模拟信号序列恢复成连续模拟信号的装置称为保持器。

根据泰勒级数展开有

$$y(kT + \Delta t) = b_0 + b_1 \Delta t + b_2 \Delta t^2 + \cdots + b_i (\Delta t)^i \tag{2.20}$$

式中的系数 $b_0, b_1, \cdots, b_i$ 可由过去时刻采样点的值 $y[(k-i)T]$ 确定。

上述外推的项数称为保持器的项数。

(1) 零阶保持器

取外推公式右端第一项近似有

$$y(kT + \Delta t) = b_0; \quad 0 \leqslant \Delta t \leqslant T \tag{2.21}$$

当 $\Delta t = 0$ 时,$y(kT) = b_0$,即可求得系数 $b_0 = y(kT)$。可见零阶保持器就是常数外推。

零阶保持器的功能是将 $t = kT$ 时刻的采样值不增不减地保持到下一个采样时刻 $(k+1)T$

之前。也就是说在区间$[kT,(k+1)T]$内零阶保持器的输出为常数,如图2.33所示。

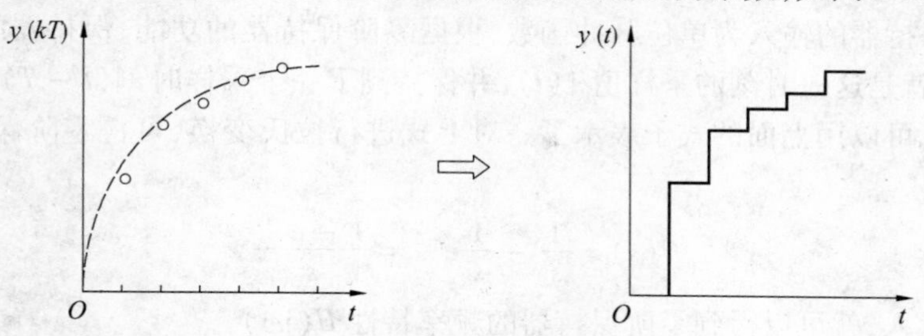

图2.33　用零阶保持器恢复的信号

由图可见,零阶保持器所得到的信号是阶梯形信号,它只能近似地恢复连续信号。

(2)一阶保持器

一阶保持器取泰勒级数外推公式右端的前两项,即

$$y(kT+\Delta t)=b_0+b_1\Delta t \tag{2.22}$$

系数b_0,b_1可由下式求得,即

$$\Delta t=0\text{ 时},b_0=y(kT)$$
$$\Delta t=-T\text{ 时},y[(k-1)T]=b_0-b_1T$$

代入$b_0=y(kT)$,有　$b_1=\dfrac{y(kT)-y[(k-1)T]}{T}$

将系数b_0,b_1代入外推公式,可得

$$y(kT+\Delta t)=y(kT)+\frac{y(kT)-y[(k-1)T]}{T}\Delta t;\quad 0\leqslant\Delta t\leqslant T \tag{2.23}$$

可见,一阶保持器是在kT时刻的值$y(kT)$的基础上,由kT时刻和$(k-1)T$时刻的采样值为斜率的直线外推,从而确定$y(kT+\Delta t)$值。

同样,可以取等式右端前n项之和,就构成了n阶保持器。

2. 保持器的传递函数

在设计和分析计算机控制系统时,要用到保持器的传递函数。由于在计算机控制系统中大量使用零阶保持器,所以下面只分析零阶保持器的传递函数。

由自动控制原理可知,一个环节的传递函数$W(s)$应为这个环节的输出拉氏变换$Y(s)$与该环节的输入拉氏变换$X(s)$之比,即$W(s)=\dfrac{Y(s)}{X(s)}$,如图2.34所示。

当环节的输入为一脉冲函数$\delta(t)$时,此时环节的输出称为脉冲响应函数$h(t)$。一个环节在$\delta(t)$作用下,输出响应$h(t)$的波形如图2.35所示。而$h(t)$又可以看成是单位阶跃函数$1(t)$与$1(t-T)$叠加,即

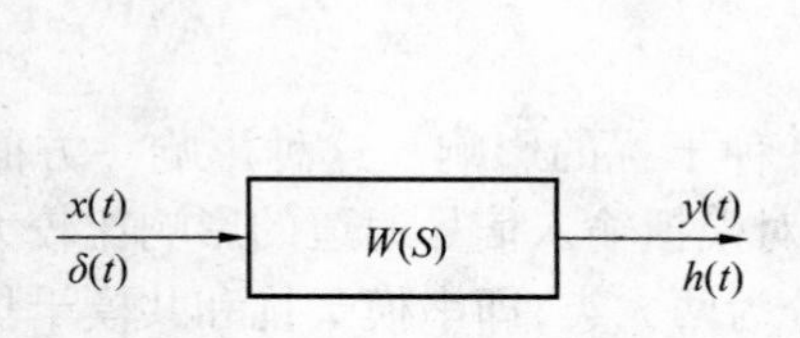

图2.34　环节的传递函数

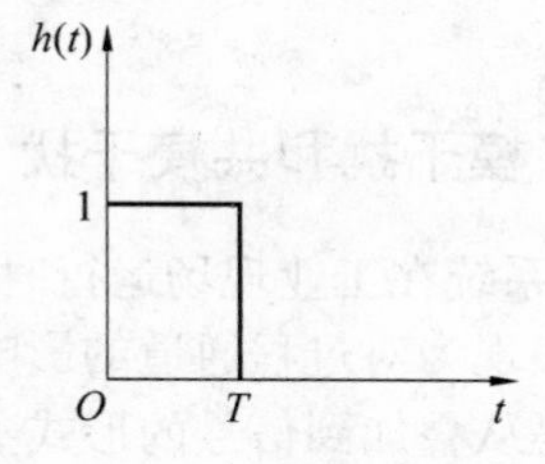

图2.35　脉冲响应波形

$$h(t)=1(t)-1(t-T) \tag{2.24}$$

假设零阶保持器的输入为单位脉冲函数,根据零阶保持器的功能,保持器的输出,即脉冲响应函数 $h(t)$ 就是这一时刻的采样值 $1(t)$,并保持到下一个采样时刻 $(t-T)$ 之前。则零阶保持器的输出就可以用上面的式子表示了。对上式进行拉氏变换,可得零阶保持器的传递函数 $H(s)$,即

$$H(s)=\frac{1}{s}-\frac{1}{s}e^{-Ts}=\frac{1-e^{-Ts}}{s} \tag{2.25}$$

将 $s=j\omega$ 代入,就可以得到零阶保持器的频率特性 $H(j\omega)$

$$H(j\omega)=\frac{1-e^{-j\omega T}}{j\omega}=T\frac{\sin(\frac{\omega T}{2})}{\frac{\omega T}{2}}e^{-j\omega T/2} \tag{2.26}$$

则幅频特性为

$$|H(j\omega)|=T\left|\frac{\sin\frac{\omega T}{2}}{\frac{\omega T}{2}}\right| \tag{2.27}$$

相频特性为

$$\angle H(j\omega)=\angle\sin(\frac{\omega T}{2})+\angle e^{-\frac{\omega T}{2}}=\angle\sin(\frac{\omega T}{2})-\frac{\omega T}{2} \tag{2.28}$$

由于有 $\omega_s=\frac{2\pi}{T}$,所以在频率为 $k\omega_s(k=1,2,3,\cdots)$ 的点前后 $\sin(\frac{\omega T}{2})$ 的值变号,这相当于在这些频率处产生 $\pm180°$ 的相位变化,则零阶保持器的幅频特性、相频特性如图 2.36 所示。从图中可以看到,零阶保持器是一个低通滤波器,性能劣于理想低通滤波器,高频信号通过零阶保持器不能完全滤除,同时产生相位滞后。

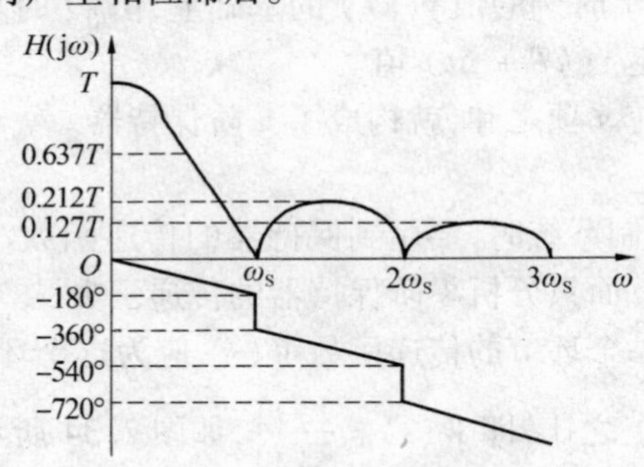

图 2.36 零阶保持器的频率响应曲线

2.4 过程通道的干扰和数字滤波

2.4.1 串模干扰和共模干扰

计算机控制系统在工业现场运行时,要受到各种干扰的影响。这种影响一方面体现在电源上,另一方面表现为对过程通道的影响,尤其是对模拟输入信号通道的影响比较大。干扰的形式比较多,但是从叠加到信号的形式上看可以分为两大类,即串模干扰和共模干扰。

串模干扰是指叠加在被测信号上的干扰噪声。这里的被测信号是指有用的直流信号或变

化缓慢的交变信号,而干扰噪声是指无用的变化较快的杂乱交变信号。串模干扰和被测信号在回路中所处的地电位是相同的,总是以两者之和作为输入信号。串模干扰也称为常态干扰,示意图如图 2.37 所示。

共模干扰是指 A/D 转换器两个输入端上的共有的干扰电压。这种干扰可能是直流电压,也可以是交流电压,其幅值可达几伏甚至更高,取决于现场产生干扰的环境和计算机等设备的接地情况。共模干扰也称为共态干扰。在计算机控制生产过程时,被控制和被测试的参数很多,而且分布在各个现场,一般都用长导线把计算机发出的控制信号传送给现场的被控对象,或把某个被测参数送到计算机的 A/D 转换器。因此被测信号 u_s 的参考接地点与计算机输入信号的参考接地点之间往往存在一定的电位差 U_{cm},如图 2.38 所示。对于 A/D 转换器的两个输入端来说,分别有 U_s+U_{cm} 和 U_{cm} 两个输入信号,显然 U_{cm} 是共模干扰电压。

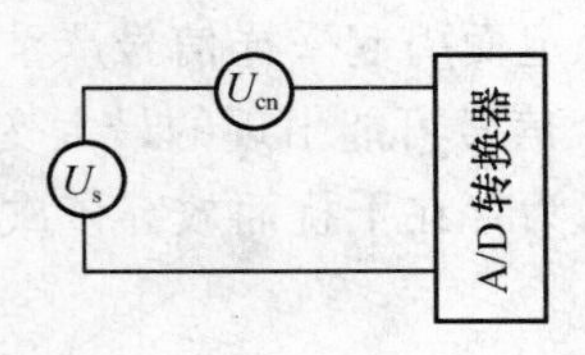

图 2.37　串模干扰示意图

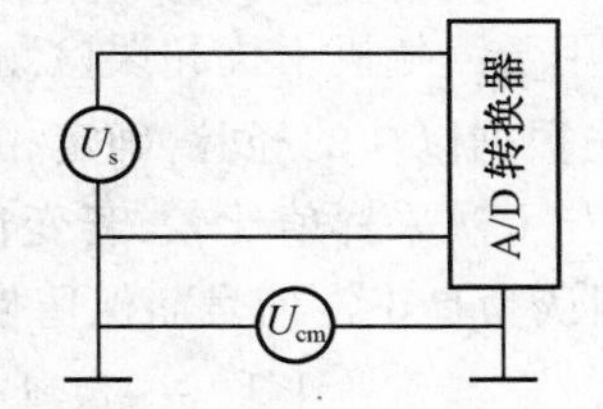

图 2.38　共模干扰示意图

在计算机控制系统中,被测信号有单端对地输入和双端不对地输入两种输入方式。对于存在共模干扰的场合,不能采用单端对地输入方式,因为此时的共模干扰电压将全部转成为串模干扰电压叠加到有用信号上,因此必须采用双端不对地输入方式。一般情况下,共模干扰电压 U_{cm} 总是要转化为一定的串模干扰电压 U_{cn} 出现在两个输入端之间。

为了衡量一个输入电路抑制共模干扰的能力,常用共模抑制比 CMRR(Common Mode Rejection Ration) 来表示,即

$$\mathrm{CMRR/dB} = 20\lg \frac{U_{cm}}{U_{cn}} \tag{2.29}$$

式中:U_{cm} 是共模干扰电压;U_{cn} 是共模干扰电压转换为串模的干扰电压。

上式说明,由共模干扰电压 U_{cm} 引入的串模干扰电压 U_{cn} 越小,CMRR 就越大,抗干扰的能力就越强。

2.4.2　数字滤波

解决干扰的方法有两种:一是采取抗干扰措施、对模拟输入信号进行硬件滤波;二是采取软件处理即数字滤波的方法加工采样数据。

所谓数字滤波,是把 A/D 转换得到的数据通过一定的程序、按照一定的算法进行平滑加工处理,再送给控制程序运算,以增强其有效信号、消除或减小各种干扰和噪音,从而提高控制精度和系统的可靠性与稳定性。

数字滤波器与硬件模拟滤波器相比,具有如下优点:

① 不需要增加硬件设备,不存在阻抗匹配的问题,因而系统的可靠性高。

② 采用模拟滤波器时,需要给每个模拟输入通道配一个硬件滤波器,系统造价较高,而数字滤波器不存在这个问题。

③ 截止频率极低的模拟滤波器实现困难而且造价极高,数字滤波器则很容易实现。

④ 可以根据需要选择不同的滤波方法和滤波器参数,使用灵活、方便。

当然,数字滤波器也存在缺点,如存在计算延迟,不能对信号连续滤波,由于数据采用有限字长表示而引入舍入或截断误差等。数字滤波器不能解决高于奈奎斯特频率 ω_n 的信号引起的混淆问题,它只适合对 $0 \sim \omega_n$ 的频率进行滤波。因此,数字滤波器不能完全取代模拟滤波器,往往是既在模拟输入通道配置模拟式的硬件滤波器,同时在软件中采取数字滤波处理。

数字滤波器的合理使用非常重要,滤波方法、滤波器参数等的不合理选择,往往导致控制性能下降,甚至会出现使有用信号的波动被滤掉,从而出现不能控制的现象。所以,数字滤波器的使用要根据具体情况来定,一般要通过实验来确定。

下面介绍几种常用的数字滤波方法。

1. 限幅滤波方法

限幅滤波用于因随机干扰和误检测或者变送器不稳定而引起采样信号严重失真的场合,其基本思想是:根据以往的经验,确定相应两次采样输入信号可能出现的最大变化量 ε,每次采样输入值均与上次采样值比较,若变化量大于 ε,则认为存在干扰而放弃该次采样值;而变化量小于 ε,则认为是正常信号而保留使用,即

$$\begin{aligned} &|Y_n - Y_{n-1}| \leqslant \varepsilon,\text{则 } Y_n = Y_n,\text{取本次采样值} \\ &|Y_n - Y_{n-1}| > \varepsilon,\text{则 } Y_n = Y_{n-1},\text{取上次采样值} \end{aligned} \tag{2.30}$$

式中:Y_n 是第 n 次采样值;Y_{n-1} 是第 $n-1$ 次采样值;ε 是两次采样值所允许的最大偏差,其大小取决于采样周期 T 及 Y 值的变化动态响应。

2. 中值滤波方法

中值滤波是对被测参数连续进行 n 次采样,n 取奇次,然后将这些采样数据按大小排序,最后取中间值作为在 kT 时刻的采样值 $Y(kT)$ 送给控制程序。

该方法对于滤除脉动干扰比较有效,但对快速变化的过程参数(如流量)则不宜采用。一般来说,n 越大滤波效果越好,但 n 过大会导致采样和滤波时间增加,所以 n 一般取 5 ~ 9 点比较合适。这种方法要使用排序程序,排序的方法比较多,由于数据量不是很大,可采用冒泡程序来排序。

3. 算术平均值滤波方法

对被测参数连续采样 n 次,然后取其平均值作为有效的采样值送给控制程序。计算公式为

$$Y_n = \frac{1}{n}\sum_{i=1}^{n} X_i \tag{2.31}$$

式中:Y_n 是 n 次采样的平均值;X_i 是第 i 次采样值;n 是采样次数。

该方法主要是对压力、流量等周期脉动的采样值进行平滑处理,平均次数 n 取决于平滑度和灵敏度要求。随着 n 的增大平滑度提高,但灵敏度下降,采样、滤波的时间增加。一般对流量参数处理时取 $n = 12$,对压力信号取 $n = 4$。

4. 加权平均滤波方法

在算术平均滤波方法中,n 个采样值在滤波结果中所占权重是均等的,为了提高滤波效果,可视具体情况使各采样值的权重不一致,一般是使后采入的信号值的权重较大,这种方法称为加权平均滤波方法。一个 n 项加权平均式为

$$Y_n = \sum_{i=1}^{n} C_i X_i \tag{2.32}$$

式中：$C_1, C_2, \cdots, C_n$ 为各次采样值的权重系数，均为常数项，且满足下列关系，即

$$\sum_{i=1}^{n} C_i = 1 \tag{2.33}$$

加权平均滤波方法的用途和特点类似算术平均滤波方法，其滤波效果优于算术平均值滤波方法。

5. 一阶滞后滤波方法

以上几种滤波方法基本上属于静态滤波方法，主要适用于变化过程比较快的参数，如压力、流量等。对于变化比较缓慢的参数，为了提高滤波效果，通常可采用动态滤波方法，即一阶滞后滤波方法，其表达式为

$$Y_n = (1 - \alpha) X_n + \alpha Y_{n-1} \tag{2.34}$$

式中：X_n 是第 n 次采样值；Y_{n-1} 是上次滤波结果输出值；Y_n 是第 n 次采样后滤波结果输出值；α 是滤波平滑系数，$\alpha = \dfrac{\tau}{\tau + T}$；$\tau$ 是滤波环节的时间常数；T 是采样周期；且 $0 \leqslant \tau \leqslant 1$。

通常采样周期远小于滤波环节的时间常数，也就是输入信号的频率快，而滤波环节时间常数相对大，这是一般滤波器的概念，所以这种滤波方法相当于 RC 滤波器。

6. 复合滤波方法

为了进一步提高滤波效果，还可以把两种以上的滤波方法结合使用，形成复合滤波。例如使用中值滤波和算术滤波结合可以得到一种复合滤波方法，即先把 n 个采样值按大小排序，然后去掉最大值和最小值，将余下的采样值的平均值作为本次滤波的输出值。

2.5　标度变换

被测物理参数，如温度、压力、流量、液位、气体、转速、电流、电压等，通过传感器或变送器变成对应的模拟量，送往 A/D 转换器，由计算机采样并转换成数字量，该数字量必须再转换为操作者所熟悉的工程量，这是因为被测参数的各种数据的量纲与 A/D 转换的输入值是不一样的。例如，温度的单位是 ℃，压力的单位是 P_a 或 MP_a 等。这些数字量不一定等于原来带有量纲的参数值，它仅仅对应参数值的大小，故必须把它转换成带有量纲的数值后才能参与运算、显示、打印和记录，这种转换称为标度变换。标度变换有各种类型，它取决于被测参数的传感器或变送器的类型。

1. 线性标度变换

这种标度变换的前提是参数值与 A/D 转换结果之间为线性关系，常用的线性标度变换公式为

$$A_x = A_0 + (A_m - A_0) \frac{N_x - N_0}{N_m - N_0} \tag{2.35}$$

式中：A_0 是一次仪表的下限；A_m 是一次仪表的上限；A_x 是实际测量值（工程量）；N_0 是仪表下限所对应的数字量；N_m 是仪表上限所对应的数字量；N_x 是测量值所对应的数字量。

其中 A_0, A_m, N_0, N_m 对某一个固定参数来说，它们是常数，不同的参数有不同的值。为了

计算简便,一般把被测参数的起点A_0(输入信号为零)所对应的A/D转换值为零,即$N_0=0$,这样标度变换的公式可写为

$$A_x = \frac{N_x}{N_m}(A_m - A_0) + A_0 \tag{2.36}$$

式(2.35)和式(2.36)即为参量标度变换公式。

【例题2.1】 某加热炉温度测量仪的量程为200 ~ 1 300 ℃。在某一时刻计算机采样得到的数字量为2 860,求此时的温度值时多少?(设仪表的量程是线性的,A/D转换的位数是12位)

解 $A_0=200$ ℃,$A_m=1\ 300$ ℃,$N_0=0$,$N_m=4\ 095$,$N_x=2\ 860$,此时采样得到的数字量2 860所对应的温度值为

$$A_x/℃ = \frac{N_x}{N_m}(A_m - A_0) + A_0 = \frac{2\ 860}{4\ 095}(1\ 300 - 200) + 200 = 968$$

2. 非线性标度变换

上面介绍的标度变换公式,它只适用具有线性刻度的参量,对被测量为非线性刻度时,其标度变换公式应根据具体问题具体分析。

例如,在流量测量中,其流量与压差的公式为

$$Q = K\sqrt{\Delta P} \tag{2.37}$$

式中:Q是流量;K是刻度系数,与流体的性质及节流装置的尺寸有关;ΔP是节流装置的压差。

根据上式,流体的流量与被测流体流过节流装置时前后的压力差的平方成正比,于是得到测量流量时的标度变换公式为

$$\frac{Q_x - Q_0}{Q_m - Q_0} = \frac{K\sqrt{N_x} - K\sqrt{N_0}}{K\sqrt{N_m} - K\sqrt{N_0}}$$
$$Q_x = \frac{\sqrt{N_x} - \sqrt{N_0}}{\sqrt{N_m} - \sqrt{N_0}}(Q_m - Q_0) + Q_0 \tag{2.38}$$

式中:Q_x是被测量的流量值;Q_m是流量仪表的上限值;Q_0是流量仪表的下限值;N_x是压差变送器所测得的压差值(数字量);N_m是压差变送器上限所对应的数字量;N_0是压差变送器下限所对应的数字量。

对于流量测量仪表,一般下限均取零,所以此时$Q_0=0$,$N_0=0$,故上式可简写为

$$Q_x = Q_m\sqrt{\frac{N_x}{N_m}} = Q_m\frac{\sqrt{N_x}}{\sqrt{N_m}} \tag{2.39}$$

本章小结

1. 计算机控制系统中的输入输出过程通道是一种概念,表明信号流通的路径,其组成是由各种不同的接口电路来完成,比如A/D转换器、D/A转换器、采样保持器、多路开关、零阶保持器等。

2. 信号的采样和恢复是计算机控制技术中的重要概念。采样涉及被测函数的信息是否完整,恢复则反映采样后的函数能否表征原函数的全部特征。

3. 串行通信中的异步通信方式,数据是以字符为单位发送,且低位在先,高位在后。每帧

数据中要有起始位、奇偶校验位、停止位。

4. 标度变换是完成量纲的恢复。

习　题

1. 简述接口和通道之间的关系。

2. 简述多路开关的工作原理。

3. 采样－保持器有什么作用？试说明保持电容的大小对数据采集的影响。

4. 采样－保持电路有何特点？说明采样－保持器的两个工作过程。

5. 香农定理的基本内容是什么？采样频率对采样有何影响？

6. 在数据采集系统中，是否所有的输入通道都需要加采样－保持器？

7. 光电耦合器是如何传递信号的？

8. 在串行通信中，数据传送的方式有几种？

9. 异步通信和同步通信的区别是什么？它们各有什么用途？

10. 按下列要求画出RS－232C异步串行通信传大写字母“A”(41H)和“B”(42H)的波形图。要求：8位数据位；偶校验；两位停止位。

11. 设某一循环码，其生成多项式为$G(x)=x^4+x+1$，试求出信息序列11101010001的循环校验码CRC(要求写出计算步骤)。

12. RS－422和RS－485总线各有什么特点？

13. 串模干扰和共模干扰有何不同？

14. 标度变换的意义是什么？

15. 一数字电压表的量限为0～100 V，用8位A/D转换器，某一时刻采样得到的数字量为A6H，求此时的电压值。

第3章　系统设计的数学工具和数学分析

本章重点：z 变换和 z 传递函数的获得；z 平面和 s 平面的对应关系；系统在 z 域的稳定性分析和稳定性判据；线性离散系统的动态响应分析；线性离散系统的稳态误差。

本章难点：z 变换的求法和 z 传递函数的获得；系统在 z 域的稳定性分析。

在研究分析一个实际的控制系统，首先要建立它的数学模型和明确应用什么样的数学工具才能达到目的。对于线性连续时间控制系统的动态特性可以用常系数线性微分方程来描述，并用拉氏变换这个数学工具来分析系统的动态和稳态性能。计算机控制系统是属于闭环的离散控制系统，系统的输入和输出之间的关系可以用差分方程来描述，用 z 传递函数对系统进行动态和稳态性能分析。

3.1　差分方程

目前，我们讨论的系统都是线性定常离散时间系统，用来描述系统的差分方程都是线性常系数差分方程。

下面讨论对一个单输入单输出的线性离散系统，如何建立它的差分方程。设输入脉冲序列用 $u(nT)(n=0,1,2,\cdots)$ 表示，输出脉冲序列用 $y(nT)(n=0,1,2,\cdots)$ 表示。为了简便，通常将 T 省略直接写成 $u(n)$ 和 $y(n)$。显然，系统在某一时刻的输出 $y(n)$ 除了与这一时刻的输入 $u(n)$ 有关，还与过去采样时刻的输入 $u(n-1)$，$u(n-2)$，$\cdots$ 有关，也与此时刻及以前的输出 $y(n)$，$y(n-1)$，$y(n-2)$，$\cdots$ 有关。这种关系可以表示为

$$\begin{aligned} &y(n)+a_1y(n-1)+a_2y(n-2)+\cdots+a_ny(n-N)= \\ &b_0u(n)+b_1u(n-1)+b_2u(n-2)+\cdots+b_mu(n-M) \end{aligned} \tag{3.1}$$

这就是 n 阶线性常系数差分方程，式中 n 是采样次数，a_i，b_i 是系数。上式也可以表示为

$$y(k)=\sum_{k=0}^{M}b_ku(n-k)-\sum_{k=1}^{N}a_ky(n-k) \tag{3.2}$$

该方程表明，现在时刻的输出 $y(k)$ 可以通过已知的输入序列 $u(n-k)$，$(k=0,1,2,\cdots)$ 和以前各时刻的输出序列 $y(n-k)$，$(k=1,2,3,\cdots)$ 来求得。

微分方程与差分方程之间的关系：以一阶常系数微分方程和一阶前向差分方程为例说明。

一阶微分方程：
$$\frac{\mathrm{d}y(t)}{\mathrm{d}t}=Ay(t)+x(t) \tag{3.3}$$

一阶差分方程：
$$y(n+1)=ay(n)+x(n) \tag{3.4}$$

在一定条件下
$$\frac{\mathrm{d}y(t)}{\mathrm{d}t}=\frac{y[(n+1)T]-y(nT)}{T} \tag{3.5}$$
代入微分方程中
$$\frac{y[(n+1)T]-y(nT)}{T}=Ay(n)+x(n) \tag{3.6}$$
取 $T=1$ 有
$$y(n+1)-y(n)=Ay(n)+x(n) \tag{3.7}$$
$$y(n+1)=(A+1)y(n)+x(n) \tag{3.8}$$

可见,当采样间隔 T 很小的时候,微分方程和差分方程可以互换。

求解线性定常系数差分方程的方法有经典法,迭代法和 z 变换法。下面先介绍经典法和迭代法。

1. 经典法

设线性常系数差分方程形式为
$$y(k)=\sum_{i=1}^{n}a_iy(k-i)+\sum_{i=0}^{m}b_iu(k-i) \tag{3.9}$$

差分方程的全解包含两部分,即对应齐次方程的通解(齐次解)和非齐次方程的一个特解。

(1) 通解(齐次解)

当系统无输入函数 $u(n)$ 作用时,系统可以由齐次方程描述,方程为
$$y(n)+a_1y(n-1)+a_2y(n-2)+\cdots+a_Ny(n-N)=0 \tag{3.10}$$
设齐次解的形式为 $y(n)=Aa^n$ 代入上式得
$$Aa^n+a_1Aa^{n-1}+a_2Aa^{n-2}+\cdots+a_NAa^{n-N}=0 \tag{3.11}$$
$$Aa^n(a^0+a_1a^{-1}+a_2a^{-2}+\cdots+a_Na^{-N})=0 \tag{3.12}$$
因为 $Aa^n\neq0$,所以两边乘以 a^N 后有
$$a^N+a_1a^{N-1}+a_2a^{N-2}+\cdots+a_Na^0=0 \tag{3.13}$$

此方程为齐次方程的特征方程。若特征方程有 N 个不为零的根 $a_1,a_2,\cdots,a_N$,称为特征根。当特征方程无重根时,齐次方程的一般解可由下式给出,即
$$y(n)=A_1a_1^n+A_2a_2^n+\cdots+A_Na_N^n=\sum_{i=1}^{N}A_ia_i^n \tag{3.14}$$
式中系数由初始条件来确定。

求齐次解的关键是由特征方程求得特征根,而特征方程式由差分方程得到的。对照式(3.9)和式(3.11),可以看出由齐次差分方程写出对应的特征方程并不困难。

齐次差分方程解得物理意义是:在无外界作用的情况下离散系统的自由运动,反映了系统自身的固有特性。

【例 3.1】 已知系统的差分方程为 $y(n)+3y(n-1)+2y(n-2)=u(n)$,求方程的齐次解。初始条件为 $y(1)=6,y(2)=12$。

解 齐次方程的特征方程为　$a^2+3a+2=0$

解特征方程得特征根　$a_1=-1,a_2=-2$

所以齐次方程的解　$y(n)=A_1(-1)^n+A_2(-2)^n$

代入初始条件
$$\begin{cases}A_1(-1)^1+A_2(-2)^1=6\\A_1(-1)^2+A_2(-2)^2=12\end{cases}$$

解得系数 $A_1=9, A_2=-24$

故方程的齐次解为 $y(n)=9(-1)^n-24(-2)^n$

若方程有 m 个重根，即当 $a_1=a_2=\cdots=a_m=a$ 时，与微分方程的特征方程有重根的情况类似，应对齐次解进行修正，即

$$y(n)=(A_1n^{m-1}+A_2n^{m-2}+\cdots+A_{m-1}n+A_m)a_1^n+A_{m+1}a_{m+1}^n+A_{m+2}a_{m+2}^n+\cdots+A_{N-1}a_{N-1}^n+A_Na_N^n=\sum_{i=1}^{m}A_in^{m-i}a_1^n+\sum_{j=m+1}^{N}A_ja_j^n \tag{3.15}$$

(2) 特解

当系统的输入 $u(n)$ 不为零时，描述系统的差分方程为非齐次方程。非齐次方程的完全解是由方程的齐次解和特解组成。求差分方程特解的方法与求微分方程特解的方法类似，解的形式需要经过试探后方能确定。

表 3.1 给出了当输入量 $u(n)$ 具有某些形式时特解的一般形式。选择含有待定系数的特解函数，并将此特解函数代入方程左端，依据方程两端对应系数相等原则，求出待定系数。

表 3.1 差分方程特解的形式

激励函数	特　解
n^m	$P_1n^m+P_2n^{m-1}+\cdots+P_n$
a^n，a 不等于任何特征根	Pa^n
a^n，a 等于特征根之一，且为相异根	$P_1na^n+P_2na^n$
a^n，a 等于特征根之一，根为 $(m-1)$ 重根	$P_1n^{m-1}a^n+P_2n^{m-2}a^n+\cdots+P_ma^n$

下面通过例题来说明特解的求法。

【**例 3.2**】 求解差分方程 $y(n)+2y(n-1)=u(n)-u(n-1)$ 的全解。其中激励函数 $u(n)=n^2, y(0)=1$。

解 齐次方程为 $y(n)+2y(n-1)=0$

则特征方程为 $\alpha+2=0$

解得特征根为 $\alpha=-2$

差分方程的齐次解为 $A(-2)^n$

将 $u(n)=n^2$ 代入差分方程的右端，计算结果为自由项，有

$$x(n)-x(n-1)=n^2-(n-1)^2=2n-1$$

根据自由项的形式，在表 3.1 中选取特解为 P_1n+P_2，代入差分方程的左端，可得

$$P_1n+P_2+2[P_1(n-1)+P_2]=2n-1$$

整理后比较两端的系数得 $\begin{cases}3P_1=2\\3P_2-2P_1=-1\end{cases}$

解得 $\begin{cases}P_1=\dfrac{2}{3}\\P_2=\dfrac{1}{9}\end{cases}$

则差分方程的完全解为 $y(n)=A(-2)^n+\dfrac{2}{3}n+\dfrac{1}{9}$

代入初始条件 $y(0)=1$，确定系数 A，即

$$y(0)=A(-2)^0+\frac{1}{9}=1$$

解得

$$A=\frac{8}{9}$$

故差分方程的完全解为 $y(n)=\frac{8}{9}(-2)^n+\frac{2}{3}n+\frac{1}{9}$

经典法的不足之处：

① 若激励信号发生变化，则需要全部重新求解。

② 若差分方程的右边激励项比较复杂，则难以处理。

③ 若初始条件发生变化，则需要全部重新求解。

2. 迭代法

设 N 阶差分方程的形式为

$$\begin{aligned}&a_0y(n)+a_1y(n-1)+a_2y(n-2)+\cdots+a_Ny(n-N)=\\&b_0x(n)+b_1x(n-1)+b_2x(n-2)+\cdots+b_Nx(n-N)\end{aligned}\tag{3.16}$$

若已知输入序列及输出序列的初始值，便可以用相应的已知项，求出后面的未知项，求出的未知项又成为已知项，用来求后面的未知项，如此递推求出后面的各项。

【例题3.3】 已知差分方程 $y(n)=ay(n-1)+x(n)$，且 $x(n)=\delta(n)$（单位脉冲序列），当 $n<0$ 时，$y(n)=0$，求解差分方程。

解 由初始条件有

$$\begin{aligned}&y(0)=ay(0-1)+\delta(n)=ay(-1)+1=0+1=1\\&y(1)=ay(1-1)+\delta(1)=ay(0)+0=a+0=a\\&y(2)=ay(2-1)+\delta(2)=ay(1)+0=a\times a=a^2\\&\qquad\vdots\end{aligned}$$

故

$$\begin{cases}y(n)=a^n;n\geqslant 0\\y(n)=0;n<0\end{cases}$$

当差分方程的项数比较多时，可用计算机编程求解，但只能得到数值解，不能得到 $y(n)$ 的通式。

3.2 z 变换及 z 传递函数

线性连续系统的动态及稳态性能，可以用拉氏变换的方法来分析。与此类似，线性离散系统的性能也可以用 z 变换的方法来分析。z 变换是从拉氏变换直接引申出来的一种变换方法，它是采样函数拉氏变换的变形。z 变换是研究离散系统的重要的数学工具。

3.2.1 z 变换

1. z 变换定义

对连续信号 $f(t)$ 进行采样，得到采样信号 $f^*(t)$，$f^*(t)$ 是离散的脉冲序列，即

$$f^*(t)=\sum_{k=0}^{\infty}f(kT)\delta(t-kT)\tag{3.17}$$

式中:T 是采样周期;k 是采样序号。

对上式进行拉氏变换得到

$$F^{*}(s)=L[f^{*}(t)]=\int_{-\infty}^{+\infty}f^{*}(t)\mathrm{e}^{-Ts}\mathrm{d}t=$$
$$\int_{-\infty}^{+\infty}[\sum_{k=0}^{\infty}f(kT)\delta(t-kT)]\mathrm{e}^{-Ts}\mathrm{d}t=\sum_{k=0}^{\infty}f(kT)[\int_{-\infty}^{+\infty}\delta(t-kT)]\mathrm{e}^{-Ts}\mathrm{d}t \tag{3.18}$$

根据广义脉冲函数 $\delta(t)$ 的性质有

$$\int_{-\infty}^{+\infty}\delta(t-kT)\mathrm{e}^{-Ts}\mathrm{d}t=\mathrm{e}^{-kTs}$$

所以

$$F^{*}(s)=\sum_{k=0}^{\infty}f(kT)\mathrm{e}^{-kTs} \tag{3.19}$$

上式中 $F^{*}(s)$ 是离散时间函数 $f^{*}(t)$ 的拉氏变换,因为变量 s 包含在指数中不便于计算,引入一个新的变量 z,令 $z=\mathrm{e}^{Ts}$,并将 $F^{*}(s)$ 记为 $F(z)$ 则有

$$F(z)=\sum_{k=0}^{\infty}f(kT)z^{-k} \tag{3.20}$$

$F(z)$ 称为离散时间函数 $f^{*}(t)$ 的 z 变换。z 变换实际是一个无穷级数形式,它必须是收敛的,即极限 $\lim\limits_{N\to\infty}\sum\limits_{k=0}^{N}f(kT)z^{-k}$ 存在时,$f^{*}(t)$ 的 z 变换才存在。

在 z 变换过程中,由于仅仅考虑 $f(t)$ 在采样瞬间的状态,所以上式只能表征连续函数 $f(t)$ 在采样时刻的特性,而不能反映采样点之间的特性,从这个意义上讲,连续时间函数 $f(t)$ 与相应的历史时间函数 $f^{*}(t)$ 具有相同的 z 变换,即

$$F(z)=L[f(t)]=L[f^{*}(t)]=\sum_{k=0}^{\infty}f(kT)z^{-k} \tag{3.21}$$

从 z 变换的推导过程可以看到,z 变换是拉氏变换的一种推广。

一般项 $f(kT)z^{-k}$ 的物理意义:$f(kT)$ 表示脉冲量的大小;z^{-k} 表示脉冲出现的时刻。即相对时间的起点,延迟了 k 个采样周期。故 $F(z)$ 即包含了量值 $f(kT)$ 的信息,也包含了时间 z^{-k} 的信息。

求取离散时间函数的 z 变换有多种方法,常用的有两种,即级数求和法和部分分式法。

1. 级数求和法

将离散时间函数写成展开式的形式,只要知道 $f(t)$ 在各个采样时刻 kT 上的采样值 $f(kT)$,就可以得到 z 变换级数展开式。

【例题 3.4】 求函数 $f(t)=a^{\frac{t}{T}}$ 的 z 变换(a 常数)。

解 $F(z)=\sum\limits_{k=0}^{\infty}f(kT)z^{-k}=\sum\limits_{k=0}^{\infty}a^{\frac{kT}{T}}z^{-k}=1+az^{-1}+a^{2}z^{-2}+\cdots+a^{k}z^{-k}+\cdots=$

$$\frac{1}{1-az^{-1}}=\frac{z}{z-a},\ |z|>a$$

【例题 3.5】 $f(t)=\mathrm{e}^{-at}$,$a>0$。求 z 变换。

解 $F(z)=\sum\limits_{k=0}^{\infty}f(kT)z^{-k}=\sum\limits_{k=0}^{\infty}\mathrm{e}^{-akT}z^{-k}=1+\mathrm{e}^{-aT}z^{-1}+\mathrm{e}^{-2aT}z^{-2}+\cdots+\mathrm{e}^{-naT}z^{-n}+\cdots=$

$$\frac{1}{1-e^{-aT}z^{-1}}=\frac{z}{z-e^{-aT}}$$

式中 $|e^{-aT}z^{-1}|>1$。

【例题 3.6】　求幂函数 $f(t)=a^t$ 的 z 变换(a 为常数)。

解　$F(z)=\sum_{k=0}^{\infty}f(kT)z^{-k}=\sum_{k=0}^{\infty}a^{kT}z^{-k}=1+a^Tz^{-1}+a^{2T}z^{-2}+\cdots+a^{nT}z^{-n}+\cdots$

两边乘以 a^Tz^{-1} 后与上式相减,则得到

$$F(z)=\frac{1}{1-a^Tz^{-1}}=\frac{z}{z-a^T}$$

【例题 3.7】　求单位速度函数 $f(t)=t$ 的 z 变换。

解　$F(z)=\sum_{k=0}^{\infty}kTz^{-k}=Tz^{-1}+2Tz^{-2}+3Tz^{-3}+\cdots+nTz^{-n}+\cdots=$

$$Tz^{-1}(1+2z^{-1}+3z^{-2}+\cdots+nz^{-(n-1)}+\cdots)=$$

$$Tz^{-1}(\frac{1}{1-z^{-1}}+z^{-1}+2z^{-2}+3z^{-3}+\cdots)=$$

$$Tz^{-1}(\frac{1}{1-z^{-1}}+\frac{z^{-1}}{1-z^{-1}}+\frac{z^{-2}}{1-z^{-1}}+\frac{z^{-3}}{1-z^{-1}}+\cdots+\frac{z^{-n}}{1-z^{-1}}+\cdots)=$$

$$\frac{Tz^{-1}}{1-z^{-1}}(1+z^{-1}+z^{-2}+z^{-3}+\cdots+z^{-n}+\cdots)=\frac{Tz^{-1}}{(1-z^{-1})^2}$$

2. 部分分式法

对于连续时间函数表现为指数函数之和的形式,其对应的拉氏变换式的一般形式是 s 的有理分式,即

$$F(s)=\frac{b_0s^m+b_1s^{m-1}+\cdots+b_m}{a_0s^n+a_1s^{n-1}+\cdots+a_n};\quad n\geqslant m \tag{3.22}$$

根据展开定理,上式可以写成如下形式,即

$$F(s)=\sum_{i=1}^{n}\frac{b_i}{s+a_i} \tag{3.23}$$

因此,连续函数 $f(t)$ 的 z 变换就可以由有理函数 $F(s)$ 求出,即

$$F(z)=\sum_{i=1}^{n}\frac{b_iz}{z-e^{-a_iT}} \tag{3.24}$$

在实际的控制系统中常见的传递函数,大部分可以用部分分式法展开。

【例题 3.8】　求 $F(z)=\frac{a}{s(s+a)}$ 的 z 变换。

解　将 $F(s)$ 写成部分分式之和的形式,即

$$F(s)=\frac{a}{s(s+a)}=\frac{1}{s}-\frac{1}{s+a}$$

与上面 $F(s)$ 的式子比较得到　　$b_1=1,b_2=-1,a_1=0,a_2=a$

故
$$F(z)=\frac{z}{z-1}-\frac{z}{z-e^{-aT}}=\frac{(1-e^{-aT})z}{z^2-(1+e^{-aT})z+e^{-aT}}$$

【例题 3.9】 求 $F(s)=\frac{s+3}{(s+1)(s+2)}$ 的 z 变换。

解 将 $F(s)$ 写成部分分式的形式，即

$$F(s)=\frac{s+3}{(s+1)(s+2)}=\frac{2}{s+1}-\frac{1}{s+2}$$

得到 $$b_1=2,b_2=-1,a_1=1,a_2=2$$

故

$$F(z)=\frac{2z}{z-e^{-T}}-\frac{z}{z-e^{-2T}}=\frac{z(z+e^{-T}-2e^{-2T})}{z^2-(e^{-T}+e^{-2T})z+e^{-2T}}$$

3.2.2 z 变换的一些基本性质

和拉氏变换一样，z 变换也有不少重要的性质，可用于演算或是直接分析离散控制系统的性质。最常用的有以下几种。

1. 线性定理

已知 $f_1(t)$，$f_2(t)$ 的 z 变换为 $F_1(z)$，$F_2(z)$，且 a_1，a_2 为常数，则

$$Z[a_1f_1(t)+a_2f_2(t)]=a_1F_1(z)+a_2F_2(z) \tag{3.25}$$

2. 平移定理

这里只讨论单边 z 变换，根据时间函数的物理可实现性规定：当 $t<0$ 时，$f(t)=0$。

(1) 右移定理(迟后定理)

设 $Z[f(t)]=F(z)$，则有

$$Z[f(t-kT)]=z^{-k}F(z) \tag{3.26}$$

式中 k 为正整数。从物理意义上讲，z^{-k} 代表延迟环节，把脉冲延迟 k 个采样周期。

【例题 3.10】 求延迟一个采样周期 T 的单位阶跃函数 $1(t-T)$ 的 z 变换。

解 $1(t)$ 的 z 变换为

$$Z[1(t)]=F(z)=\frac{z}{z-1}$$

所以 $$Z[1(t-T)]=z^{-1}F(z)=z^{-1}\frac{z}{z-1}=\frac{1}{z-1}$$

(2) 左移定理(超前定理)

设 $Z[f(t)]=F(z)$，则

$$Z[f(t+kT)]=z^k[F(z)-\sum_{n=0}^{k-1}f(nT)z^{-n}] \tag{3.27}$$

z^k 代表将函数超前 k 个采样周期(相对原函数 $f^*(t)$)。平移定理的作用相当拉氏变换中的微分和积分定理。

3. 初值定理

设 $f(t)$ 的 z 变换为 $F(z)$，且极限 $\lim\limits_{z\to\infty}F(z)$ 存在，则

$$f(0)=\lim_{t\to 0}f(t)=\lim_{z\to\infty}F(z) \tag{3.28}$$

该定理表明 $f^*(t)$ 或 $f(t)$ 在 $t=0$ 附近的特性，取决于 $F(z)$ 在 $z\to\infty$ 处的特性。

4. 终值定理

设 $f(t)$ 的 z 变换为 $F(z)$，且 $(1-z^{-1})F(z)$ 在 z 平面的单位圆上或单位圆外无极点，则

$$\lim_{k\to\infty}f(kT)=\lim_{z\to 1}(1-z^{-1})F(z)=\lim_{z\to 1}(z-1)F(z) \tag{3.29}$$

其他的定理以及定理的证明请参考相关的资料。

3.2.3　z 的反变换

在离散系统中应用 z 变换，把描述离散系统的差分方程转换为 z 的代数方程，然后写出离散系统的脉冲传递函数，再用 z 的反变换法求出离散系统的时间响应。即由 $F(z)$ 确定相应的时间序列 $f(kT)$，称为 z 的反变换。表示为

$$f(kT)=Z^{-1}[F(z)] \tag{3.30}$$

z 的反变换求起来比较困难。下面介绍工程中求 z 反变换的常用方法。

1. 部分分式法

部分分式展开法又称为查表法。其基本思想是根据已知的 $F(z)$，通过部分分式展开、变换后，再查 z 变换表的内容求出 $f(t)$ 或 $f(kT)$。

设已知的 z 变换函数 $F(z)$ 无重极点，先求出 $F(z)$ 的极点 $z_1,z_2,\cdots,z_n$，再将 $F(z)$ 展开成如下分式之和的形式，即

$$\frac{F(z)}{z}=\sum_{i=1}^{n}\frac{A_i}{z-z_i} \tag{3.31}$$

式中 A_i 为 $\frac{F(z)}{z}$ 在 z_i 处的留数。则

$$F(z)=\sum_{i=1}^{n}\frac{A_i z}{z-z_i} \tag{3.32}$$

然后逐项查 z 变换表，得到

$$f_i(kT)=Z^{-1}\left[\frac{A_i z}{z-z_i}\right];\quad i=1,2,\cdots,k \tag{3.33}$$

最后写出已知 $F(z)$ 对应的采样函数

$$f^*(t)=\sum_{k=0}^{\infty}\sum_{i=1}^{n}f_i(kT)\delta(t-kT) \tag{3.34}$$

【例题 3.11】　求 $F(z)=\frac{1}{(1-z^{-1})(1-0.5z^{-1})}$ 的反变换 $f(kT)$。

解　因为 $\frac{F(z)}{z}=\frac{z}{(z-1)(z-0.5)}=\frac{A_1}{z-1}+\frac{A_2}{z-0.5}$

所以

$$F(z)=\frac{A_1 z}{z-1}+\frac{A_2 z}{z-0.5}$$

由留数法求出 A_1,A_2，即

$$A_1=(z-1)\left.\frac{z}{(z-1)(z-0.5)}\right|_{z=1}=2$$

$$A_2=(z-0.5)\left.\frac{z}{(z-1)(z-0.5)}\right|_{z=0.5}=-1$$

故

$$F(z)=\frac{2z}{z-1}-\frac{z}{z-0.5}$$

查表知

$$Z^{-1}\left[\frac{z}{z-1}\right]=1,Z^{-1}\left[\frac{z}{z-0.5}\right]=0.5^k$$

所以

$$f(kT)=2-0.5^k;k=0,1,2,\cdots$$

则 $$f^*(t)=\sum_{k=0}^{\infty}(2-0.5^k)\delta(t-kT)=2\delta(t)+1.5\delta(t-T)+\delta(t-2T)+\cdots$$

【例题 3.12】 求 $F(z)=\dfrac{-3+z^{-1}}{1-2z^{-1}+z^{-2}}$ 的 $f(k)$。

解 $F(z)$ 的特征方程为 $(1-z^{-1})^2$，特征方程有两个重根。

故 $$F(z)=\frac{-3+z^{-1}}{1-2z^{-1}+z^{-2}}=\frac{A_1}{(1-z^{-1})^2}+\frac{A_2}{1-z^{-1}}=\frac{A_1+A_2(1-z^{-1})}{(1-z^{-1})^2}$$

比较系数有 $$\begin{cases}A_1+A_2=-3\\-A_2=1\end{cases}$$

得到 $$\begin{cases}A_1=-2\\A_2=-1\end{cases}$$

故 $$F(z)=\frac{-2}{(1-z^{-1})^2}-\frac{1}{1-z^{-1}}$$

两边同时乘以 z^{-1} 有 $$z^{-1}F(z)=\frac{-2z^{-1}}{(1-z^{-1})^2}-\frac{z^{-1}}{1-z^{-1}}$$

由上式得 $f(k-1)=-2kT-1$，所以

$$f(k)=-2(k+1)-1$$

2. 幂级数展开法（长除法）

当 z 变换不能写出简单形式，或者 z 的反变换需要以数值序列 $f(kT)$ 形式表示时，可以采用幂级数展开法。

设 $$F(z)=\frac{b_0z^m+b_1z^{m-1}+\cdots+b_m}{a_0z^n+a_1z^{n-1}+\cdots+a_n};\quad n>m \tag{3.35}$$

用长除法展开得 $$F(z)=c_0+c_1z^{-1}+c_2z^{-2}+\cdots+c_kz^{-k}+\cdots \tag{3.36}$$

由 z 变换 $$F(z)=f(0)+f(T)z^{-1}+f(2T)z^{-2}+\cdots+f(kT)z^{-k}+\cdots \tag{3.37}$$

比较两式得 $$f(0)=c_0,f(T)=c_1,\cdots,f(kT)=c_k,\cdots$$

故 $$f^*(t)=c_0+c_1\delta(t-T)+c_2\delta(t-2T)+\cdots+c_k\delta(t-kT)+\cdots \tag{3.38}$$

由此可见，对于有理函数表示的 z 变换，可以直接用分母去除分子，得到幂级数的展开式，如果级数是收敛的，则级数中 z^{-k} 的系数就是 $f(kT)$ 的值。在用长除法求系数时，$F(z)$ 的分子分母均要写成 z^{-1} 的升幂形式。

【例题 3.13】 求 $F(z)=\dfrac{z^2+2z}{z^2-2z+1}$ 的 z 反变换。

解 $F(z)=\dfrac{1+2z^{-1}}{1-2z^{-1}+z^{-2}}$，用长除法得

$$F(z)=1+4z^{-1}+7z^{-2}+10z^{-3}+\cdots$$

有 $f(0)=1,f(T)=4,f(2T)=7,f(3T)=10,\cdots$

所以 $$f^*(t)=\delta(t)+4\delta(t-T)+7\delta(t-2T)+10\delta(t-3T)+\cdots$$

【例题 3.14】 已知 $F(z)=\dfrac{10z}{(z-1)(z-0.5)}$，求 $F(z)$ 的反变换 $f^*(t)$。

解 $$F(z)=\frac{10z}{(z-1)(z-0.5)}=\frac{10z}{z^2-1.5z+0.5}=\frac{10z^{-1}}{1-1.5z^{-1}+0.5z^{-2}}$$

用长除法　　$F(z)=10z^{-1}+15z^{-2}+17.5z^{-3}+18.75z^{-4}+\cdots$

故　$f^*(t)=0+10\delta(t-T)+15\delta(t-2T)+17.5\delta(t-3T)+18.75\delta(t-4T)+\cdots=$

$$\sum_{k=0}^{\infty}20(1(k)-0.5^k)\delta(t-kT);1(k)=1,k=0,1,2,\cdots$$

3. 留数法

设已知 $F(z)$，则可以证明 $F(z)$ 的 z 反变换 $f(kT)$ 可由下式计算，即

$$f(kT)=\frac{1}{2\pi \mathrm{j}}\oint_c F(z)z^{k-1}\mathrm{d}z \tag{3.39}$$

式中积分曲线 c 是一条包围坐标原点逆时针方向的围线，它包围 $F(z)z^{k-1}$ 的全部极点，则根据柯西留数定理，上式可以写成为

$$f(kT)=\sum_{i=1}^{n}\mathrm{Res}[F(z)z^{k-1}]_{z=p_i} \tag{3.40}$$

式中：n 表示极点个数；p_i 表示第 i 个极点。即 $f(kT)$ 等于 $F(z)z^{k-1}$ 的全部极点的留数之和。

$$\mathrm{Res}[F(z)z^{k-1}]_{z=p_i}=\lim_{z\to p_i}(z-p_i)F(z)z^{k-1} \tag{3.41}$$

所以

$$f(kT)=\sum_{i=1}^{n}\lim_{z\to p_i}(z-p_i)F(z)z^{k-1} \tag{3.42}$$

【例题 3.15】　已知 $F(z)=\dfrac{z^2}{z^2-1.5z+0.5}$，用留数法求 z 的反变换。

解　因为该函数有两个极点 1 和 0.5，先求出 $F(z)z^{k-1}$ 对两个极点的留数。

$$\mathrm{Res}\left[\frac{z^2z^{k-1}}{(z-1)(z-0.5)}\right]_{z\to 1}=\lim_{z\to 1}\left[(z-1)\frac{z^{k-1}}{(z-1)(z-0.5)}\right]=2$$

$$\mathrm{Res}\left[\frac{z^2z^{k-1}}{(z-1)(z-0.5)}\right]_{z\to 0.5}=\lim_{z\to 0.5}\left[(z-1)\frac{z^{k-1}}{(z-1)(z-0.5)}\right]=-0.5^k$$

则

$$f(kT)=2-0.5^k$$

有

$$f^*(t)=\sum_{k=0}^{\infty}(2-0.5^k)\delta(t-kT)$$

【例题 3.16】　用留数法求 $F(z)=\dfrac{10z}{(z-1)(z-2)}$ 的反变换。

解

$$\mathrm{Res}\left[\frac{10zz^{k-1}}{(z-1)(z-2)}\right]_{z\to 1}=\lim_{z\to 1}\left[(z-1)\frac{10z^k}{(z-1)(z-2)}\right]=10\cdot(-1)$$

$$\mathrm{Res}\left[\frac{10zz^{k-1}}{(z-1)(z-2)}\right]_{z\to 2}=\lim_{z\to 2}\left[(z-1)\frac{10z^k}{(z-1)(z-2)}\right]=10\cdot 2^k$$

所以

$$f(kT)=10(2^k-1)$$

有

$$f^*(t)=\sum_{k=0}^{\infty}10(2^k-1)\delta(t-kT)$$

3.2.4　用 z 变换求解差分方程

在连续系统中，通过拉氏变换可以将求解微分方程转换成求解代数方程。在离散系统中，通过 z 变换，也可以将求解差分方程转换成求解代数方程。

利用平移定理则有

$$Z[f(k+1)] = zF(z) - zf(0)$$
$$Z[f(k+2)] = z^2F(z) - z^2f(0) - zf(1)$$
$$\vdots$$
$$Z[f(k+m)] = z^mF(z) - z^mf(0) - z^{m-1}f(1) - \cdots - zf(m-1)$$

上式中包含了全部初始条件。

【例题 3.17】 已知初始条件$f(0)=0$,$f(1)=1$,用z变换法求解差分方程:

$$f(k+2) + 3f(k+1) + 2f(k) = 0$$

解 利用z变换的平移定理

$$Z[f(k+2)] = z^2F(z) - z^2f(0) - zf(1)$$
$$Z[f(k+1)] = zF(z) - zf(0)$$

所以原差分方程对应z变换式为

$$z^2F(z) - z + 3zF(z) + 2F(z) = 0$$

$$F(z)(z^2+3z+2) = z;\quad F(z) = \frac{z}{z^2+3z+2} = \frac{z}{z+1} - \frac{z}{z+2}$$

故
$$f(k) = (-1)^k - (-2)^k; k=0,1,2,\cdots$$

【例题 3.18】 求差分方程$f(k+2) - 3f(k+1) + 2f(k) = \delta(k)$;已知:当$k \leqslant 0$时,$f(n)=0$;且$k=0$时$\delta(k)=1$;$k \neq 0$时$\delta(k)=0$。

解 当$k=-1$,代入原方程求得$f(1)=0$;当$k=-2$,代入原方程求得$f(0)=0$,故初始条件为$f(0)=0$,$f(1)=0$。对原差分方程求z变换有

$$z^2F(z) - 3zF(z) + 2F(z) = 1$$

$$F(z) = \frac{1}{z^2-3z+2} = -\frac{1}{z-1} + \frac{z}{z-2}$$

两边同时乘以z有
$$zF(z) = -\frac{z}{z-1} + \frac{z}{z-2}$$

故
$$f(k-1) = -1 + 2^k$$

则
$$f(k) = -1 + 2^{k-1}; k=0,1,2,\cdots$$

3.3 脉冲传递函数

在分析连续系统的动态性能时,用传递函数来进行描述。在分析线性离散系统时,也希望用传递函数的概念来进行分析。这个函数我们称为脉冲传递函数——z传递函数。用z传递函数来描述线性离散控制系统的输出信号和输入信号之间的关系。

3.3.1 脉冲传递函数定义

对于线性离散系统,设系统的输入信号为$r(t)$,输出信号为$y(t)$,则定义系统的脉冲传递函数(z传递函数)为零初始条件下,输出序列的z变换与输入序列的z变换之比,记作

$$G(z) = \frac{Y(z)}{R(z)} = \frac{\sum_{k=0}^{\infty} y(kT)z^{-k}}{\sum_{k=0}^{\infty} r(kT)z^{-k}} \tag{3.43}$$

z 传递函数的示意图如图3.1所示。

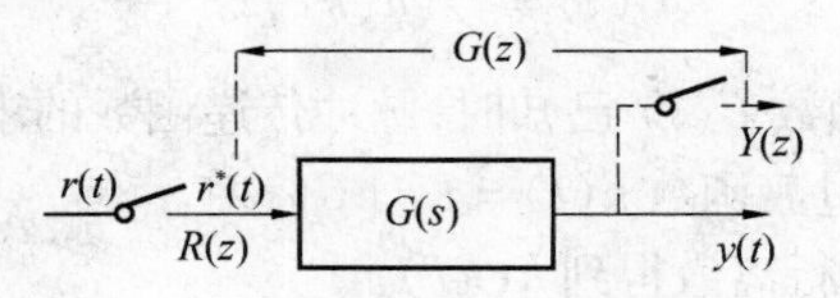

图3.1　z 传递函数

上式表明，如果已知系统的输入 $R(z)$ 和传递函数 $G(z)$，则在零初始条件，系统输出的采样信号为

$$y^*(t) = L^{-1}[Y(z)] = L^{-1}[G(z)R(z)] \tag{3.44}$$

由于 $R(z)$ 是已知的，因此求输出采样信号 $y^*(t)$ 的关键在于求出系统的脉冲传递函数 $G(z)$。

对于实际的离散系统，其输出信号大多数是连续信号 $y(t)$，而不是离散信号。在这种情况下，可以在系统的输出端虚设一个理想采样开关，并且与输入采样开关同步工作，具有相同的采样周期，这样就可以沿用脉冲传递函数的概念了。

3.3.2　脉冲传递函数的求法

设连续系统的传递函数为 $G(s)$，系统的脉冲传递函数可以由单位脉冲响应获得，也可以由已知的系统的差分方程来获得，也可以通过已知的对应连续系统的传递函数 $G(s)$ 来获得。下面讨论通过单位脉冲响应获得系统的脉冲传递函数 $G(z)$ 的过程。

当系统的输入为单位脉冲函数 $\delta(t)$ 时，系统的输出为单位脉冲响应 $h(t)$；当系统的输入为一系列脉冲时，即输入的脉冲序列为 $\sum_{i=0}^{\infty} r(iT)\delta(t-iT)$，根据线性离散系统的叠加原理，系统的输出也将是一系列脉冲响应之和。即在 kT 时刻系统的输出并不只是 kT 时刻的输入脉冲单独作用引起的，而是由 kT 时刻之前包括 kT 时刻所有输入脉冲作用结果的总和，因此，kT 时刻的输出可以表示为

$$y(kT) = \sum_{i=0}^{n} r(iT)h[(k-i)T] \tag{3.45}$$

对于 $i > k$ 时的输入 $r(iT)$，它引起的输出响应 $h[(k-i)T]=0$，即 kT 时刻以后的输入脉冲，如 $r[(k+1)T]$，$r[(k+2)T]$ 等，不会对 kT 时刻的输出信号产生影响，所以上式的求和上限 n 可以扩展到 ∞，而不影响 kT 时刻的输出值，即

$$y(kT) = \sum_{i=0}^{\infty} r(iT)h[(k-i)T] \tag{3.46}$$

上式实际是 $r(iT)$ 与 $h[(k-i)T]$ 的离散卷积，由 z 变换的卷积定理，两边取 z 变换有

$$Y(z) = R(z)H(z) \tag{3.47}$$

则可以得到脉冲传递函数

$$G(z) = H(z) = \frac{Y(z)}{R(z)} \tag{3.48}$$

由此可见，脉冲传递函数的含义就是：系统脉冲传递函数 $G(z)$ 是系统单位脉冲响应 $h(t)$ 的采样值 $h^*(t)$ 的 z 变换，即可用下式表示为

$$G(z) = \sum_{k=0}^{\infty} h(kT) z^{-k} \tag{3.49}$$

因此当系统的连续传递函数 $G(s)$ 已知时，脉冲传递函数的求取可按下列步骤进行：

① 用拉氏反变换求脉冲过渡函数 $h(t) = L^{-1}[G(s)]$。

② 将 $h(t)$ 按采样周期进行离散得到 $h(kT)$。

③ 按上式求得脉冲传递函数 $G(z)$。

【例题 3.19】 求连续环节 $G_p(s) = \dfrac{s}{s+a}$ 在离散系统中的脉冲传递函数 $G(z)$。

解 在计算机控制系统中，连续环节 $G_p(s)$ 是通过零阶保持器来接收输入脉冲序列，因此系统的开环结构框图是零阶保持器与连续环节串联而成，如图 3.2 所示。零阶保持器的传递函数为

$$H_0(s) = \frac{1 - e^{-Ts}}{s}$$

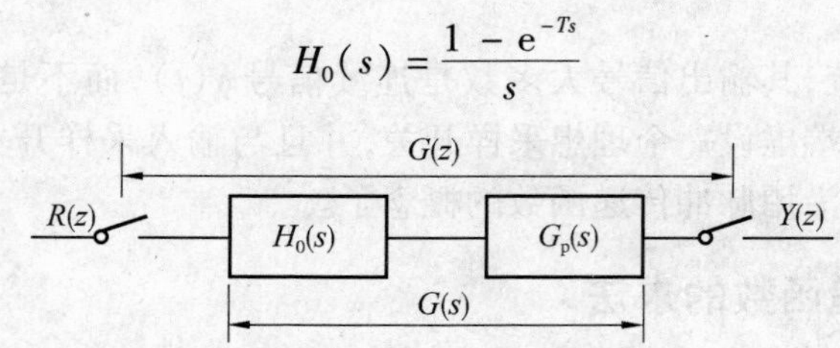

图 3.2 零阶保持器与连续环节串联

设采样周期为 T，则

$$G(s) = H_0(s) G_p(s) = \left(\frac{1 - e^{-Ts}}{s}\right)\left(\frac{a}{s+a}\right) =$$

$$(1 - e^{-Ts})\left(\frac{a}{s(s+a)}\right) = (1 - e^{-Ts})\left(\frac{1}{s} - \frac{1}{s+a}\right) =$$

$$\left(\frac{1}{s} - \frac{1}{s+a}\right) - \left(\frac{1}{s} - \frac{1}{s+a}\right)e^{-Ts}$$

查拉氏变换表，并利用平移定理有

$$G(z) = Z[h(kT)] = \frac{1}{1 - z^{-1}} - \frac{z^{-1}}{1 - z^{-1}} - \frac{1}{1 - e^{-aT} z^{-1}} + \frac{z^{-1}}{1 - e^{-aT} z^{-1}} =$$

$$\frac{1 - z^{-1}}{1 - z^{-1}} - \frac{1 - z^{-1}}{1 - e^{-aT} z^{-1}} = \frac{(1 - e^{-aT}) z^{-1}}{1 - e^{-aT} z^{-1}}$$

3.4 z 域稳定性分析

在连续系统的分析与设计时，要对系统的稳定性、系统的动态性能和控制精度进行判断和分析。在离散控制系统的分析和设计中，也同样存在稳定性、动态响应和稳态准确度的分析。

3.4.1 系统在 z 域稳定性条件

连续系统或是离散系统的稳定性，是指系统在有界输入的作用下，系统的输出也是有界的。对连续系统来说，系统稳定的条件是系统传递函数的极点是否都分布在 s 平面的左半部，如果有极点出现在 s 平面的右半部，则系统不稳定。s 平面的虚轴是稳定和不稳定的分界线。

离散系统的脉冲传递函数 $G(z)$，变量 z 与 s 之间的关系为 $z=\mathrm{e}^{Ts}$，按照这个关系找到 s 平面与 z 平面之间的映射，就可以找到离散系统稳定的充要条件。

1. s 平面和 z 平面的关系

将 s 平面映射到 z 平面，找出离散系统稳定时闭环脉冲传递函数的极点在 z 平面的分布规律，从而得到离散系统的稳定性的条件。

设 $s=\sigma+\mathrm{j}\omega$，则有

$$z=\mathrm{e}^{Ts}=\mathrm{e}^{T(\sigma+\mathrm{j}\omega)}=\mathrm{e}^{\sigma T}\mathrm{e}^{\mathrm{j}\omega T}$$

故

$$|z|=\mathrm{e}^{\sigma T};\theta=\omega T$$

可见：s 平面的左半部平面 $\sigma<0$，故 $|z|=\mathrm{e}^{\sigma T}<1$，表示 s 平面的左半平面对应 z 平面的单位圆内；s 平面的虚轴表示实部 $\sigma=0$ 和虚部从 $-\infty$ 到 $+\infty$ 的变化，对应到 z 平面为在单位圆上逆时针旋转无限多圈，即 s 平面的虚轴对应 z 平面的单位圆上，s 平面的右半部对应 z 平面的单位圆外。映射关系如图 3.3 所示。

2. 稳定的充要条件

对于图 3.4 所示离散控制系统的闭环脉冲传递函数，用 $\Phi(z)$ 表示为

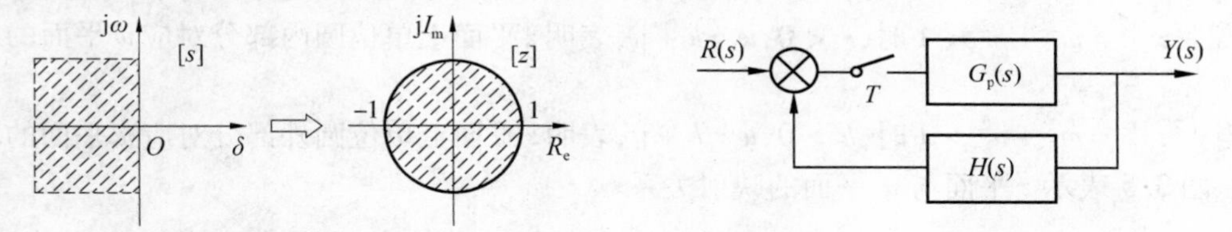

图 3.3 s 平面与 z 平面的关系

图 3.4 线性离散控制系统

$$\Phi(z)=\frac{Y(z)}{R(z)}=\frac{G(z)}{1+GH(z)} \tag{3.50}$$

$$GH(z)=Z[G(s)H(s)] \tag{3.51}$$

系统的特征方程为

$$1+GH(z)=0$$

可见闭环系统的特征方程的根 $z_1,z_2,\cdots,z_n$ 是脉冲传递函数的极点。由连续系统的稳定性条件推出，线性离散系统稳定的充要条件是：闭环系统特征方程的所有根的模 $|z_i|<1$，即闭环脉冲传递函数的极点均位于 z 平面的单位圆内。如果闭环脉冲传递函数的极点落在 z 平面单位圆外，则系统不稳定。单位圆是稳定与不稳定的分界线。

3.4.2 系统在 z 域稳定性判据

上面介绍的稳定性条件，需要解特征方程根来判断，使用起来不方便，因此希望通过一些判据来判定系统的稳定性。稳定性的判据其方法有许多种，最常用的是劳斯判据，它是一种映射的方法，即把 z 平面映射到 w 平面去，再直接使用 s 域的各种判据。

连续系统的劳斯判据，是通过系统特征方程的系数及符号来判断系统的稳定性，即系统稳定的必要条件是特征方程的所有系数都同号；系统稳定的充要条件还要进一步分析系数劳斯阵列，即系数变化的规律。这个方法实际上还是判断特征方程的根是否都在 s 平面的左半部平面。

而离散系统稳定性判断则要判断特征方程的根是否全部落在单位圆内。利用 $z=\mathrm{e}^{Ts}$ 的关系可以将以 z 为变量的特征方程转为以 s 为变量的特征方程，再利用代数判据。但因为 s 在指

数中，运算不方便，为此引入另一种线性变换 w 变换，将 z 平面的单位圆内的部分映射到 w 平面的左半部分，即

$$w=\frac{z+1}{z-1}, \text{或} z=\frac{w+1}{w-1}$$

这种变换称为双线性变换。下面推导 w 平面与 z 平面的关系：

设复变量 z 和 w 分别表示为

$$z=m+\mathrm{j}n;w=k+\mathrm{j}i \tag{3.52}$$

则
$$w=k+\mathrm{j}i=\frac{z-1}{z+1}=\frac{m+\mathrm{j}n-1}{m+\mathrm{j}n+1}=\frac{(m^2+n^2)-1}{(m+1)^2+n^2}-\mathrm{j}\frac{2n}{(m+1)^2+n^2}$$

由此可以得到
$$\begin{cases}k=\dfrac{(m^2+n^2)-1}{(m+1)^2+n^2}\\ i=\dfrac{2n}{(m+1)^2+n^2}\end{cases} \tag{3.53}$$

由上式可得

当 $|z|=m^2+n^2=1$ 时，$k=0,w=\mathrm{j}i$，为 z 平面上的单位圆对应于 w 平面的虚轴。

当 $|z|=m^2+n^2<1$ 时，$k<0,w=k+\mathrm{j}i$，表明 z 平面上单位圆内部分对应 w 平面的左半部分。

当 $|z|=m^2+n^2>1$ 时，$k>0,w=k+\mathrm{j}i$，表明 z 平面上单位圆外部分对应 w 平面的右半部分。图 3.5 表示 z 平面与 w 平面的映射关系。

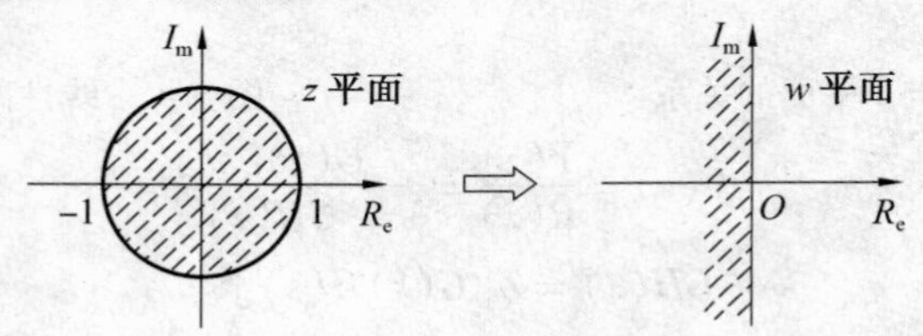

图 3.5　z 平面与 w 平面的映射关系

这样，在 z 平面判断特征方程的根是否在单位圆内，经 $z=\frac{w+1}{w-1}$ 线性变换，就转化为在 w 平面上特征方程的根是否在 w 平面的左半平面。

代数判据稳定的必要条件是 w 域特征方程的系数必须都同号，稳定的充分条件则还需根据劳斯判据做进一步判断。

【例题 3.20】　某系统的闭环特征方程为 $G(z)=\frac{z+4}{z^2+5z+6}$，用代数判据判定系统的稳定性。

解　z 域特征方程为　　$z^2+5z+6=0$

将 $z=\frac{w+1}{w-1}$ 代入有

$$\frac{(w+1)^2}{(w-1)^2}+5\frac{w+1}{w-1}+6=0$$

化简得到 w 域的特征方程：$w^2-5w+6=0$。可见特征方程的系数不同号，因此系统不稳定。

3.4.3　线性离散系统的动态响应分析

一个系统在外部信号的作用下从一个稳定状态变化到另一个稳定状态的整个动态过程称为系统的动态过渡过程,或是动态响应过程。一般认为系统的输出达到稳态值的 ±5% 的范围内就表明动态响应过程结束。

线性离散系统的动态响应特性一般是指系统在单位阶跃信号的作用下系统的动态响应特性。单位阶跃信号很容易产生,而且由它作用到系统后,能够提供动态响应和稳态响应的一些有用信息。

如果线性离散系统在阶跃输入信号作用下的输出 $Y(z)$ 是已知的,对 $Y(z)$ 取 z 的反变换,就可以获得动态响应 $y^*(t)$,将 $y^*(t)$ 连成光滑曲线,就可以得到系统的动态响应指标如超调量 $\sigma\%$ 和动态响应时间 t_d,如图 3.6 所示。

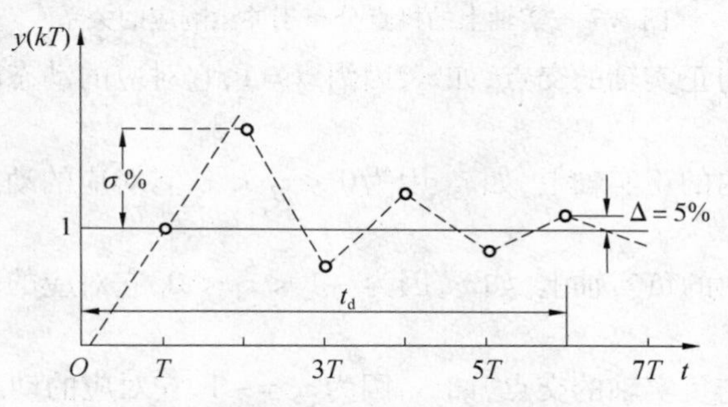

图 3.6　线性离散系统的单位阶跃响应

设离散系统的闭环脉冲传递函数可以写成

$$\Phi(z)=\frac{Y(z)}{R(z)}=\frac{k\prod_{i=1}^{m}(z-b_i)}{\prod_{i=1}^{n}(z-a_i)};\quad m<n \tag{3.54}$$

式中 b_i 和 a_i 分别表示闭环的零点和极点。

下面我们定性地分析闭环脉冲传递函数的极点在 z 平面上的分布与系统的动态响应之间的关系。

1. 在实轴上的单极点

如果闭环脉冲传递函数 $\Phi(z)$ 在实轴上有一个单极点 a,则相应的部分展开式中有一项为 $\frac{A}{z-a}$,那么在单位冲激($R(z)=1$)的作用下,对应这项的输出序列为

$$y(k)=Z^{-1}\left[\frac{A}{z-a}\right]=Z^{-1}\left[z^{-1}\frac{Az}{z-a}\right] \tag{3.55}$$

根据延迟定理并查 z 变换表得到

$$y(k)=Aa^{k-1} \tag{3.56}$$

极点 a 处于 z 平面的实轴上的不同位置,便有不同的输出序列 $y(k)$,我们将其表示在图 3.7 中。可见:

① 极点在单位圆外的正实轴上,如 z_1,因为 $z_1>1$,对应的动态响应 $y(kT)$ 是单调发散的。

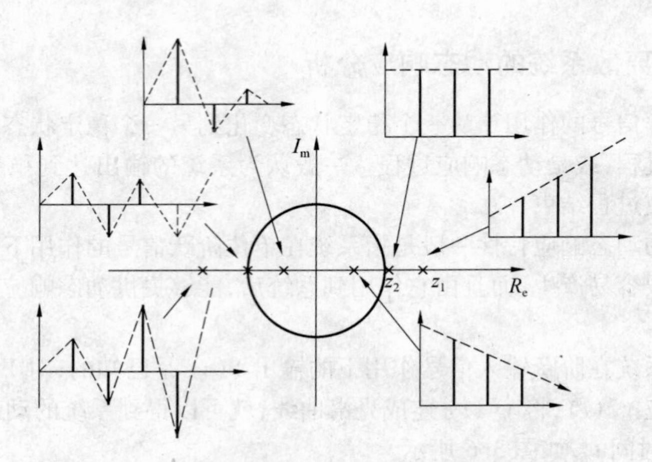

图 3.7　实轴上的极点分布于冲激响应的关系

②极点在单位圆与正实轴的交点，如z_2，因为$z_2=1$，它对应的动态响应序列$y(kT)$是等幅脉冲序列。

③极点在单位圆内的正实轴上，如z_3，因为$0<z_3<1$，它对应的动态响应$y(kT)$是单调衰减的序列。

④极点在单位圆内的负实轴上，如z_4，因为$-1<z_4<0$，它对应的动态响应$y(kT)$是正负交替衰减震荡（周期$2T$）。

⑤极点在单位圆与负实轴的交点，如z_5，因为$z_5=-1$，它对应的动态响应$y(kT)$是正负交替的等幅振荡（周期为$2T$）。

⑥极点在单位圆外负实轴上，如z_6，因为$z_6<-1$，它对应的动态响应$y(kT)$是正负交替的发散振荡（周期为$2T$）。

2. 共轭复数极点

设系统的闭环脉冲传递函数有一对共轭复数极点$z=a\pm jb$，在单位脉冲输入函数的作用下，这对共轭复数极点对输出产生的时间序列为

$$y(k)=AR^{k-1}\cos[(k-1)\theta+\varphi];\quad k\geqslant 1 \tag{3.57}$$

式中的A和φ是部分分式展开式的系数所决定的常数。且

$$R=\sqrt{a^2+b^2},\theta=\arctan\frac{b}{a} \tag{3.58}$$

共轭复数极点在z平面的位置是由a与b确定的，对于不同的a、b值，系统的冲激响应的动态过程也不相同，如图3.8所示。

①$\sqrt{a^2+b^2}>1,\theta\neq 0,\theta\neq\pi$，此时复数极点是在$z$平面的单位圆外，对应的响应$y(kT)$是振荡发散的。

②$\sqrt{a^2+b^2}=1,\theta\neq 0,\theta\neq\pi$，此时复数极点在$z$平面的单位圆上，对应的响应$y(kT)$是等幅振荡的。

③$\sqrt{a^2+b^2}<1,\theta\neq 0,\theta\neq\pi$，此时复数极点是在$z$平面的单位圆内，对应的动态响应是衰减振荡的。

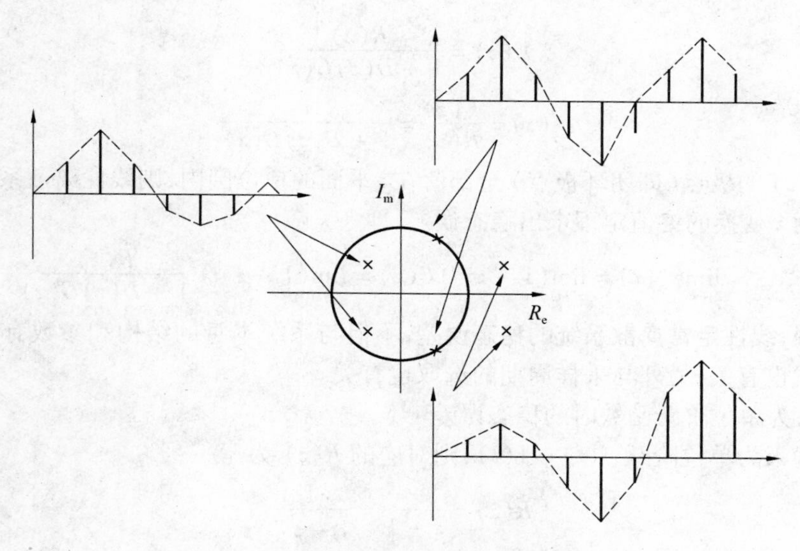

图3.8　共轭复数极点的冲激响应

3.4.4　线性离散系统的稳态误差

稳态误差是分析和设计线性连续系统的重要指标之一。稳态误差是指系统稳定后(即动态响应结束),系统的输出信号与系统的输入信号之间的差。在连续系统中,系统的稳态误差与系统的输入信号类型及系统本身的结构类型有关。对线性离散系统也是相同的。对同一个线性离散系统来讲,当输入为阶跃序列信号时,系统的输出可能没有误差,但当输入改为速度序列信号时,系统的输出可能会有稳态误差。下面分析几种典型输入信号作用下线性离散系统稳态误差。分析稳态误差的数学工具就是 z 变换的终值定理。

1. 典型输入信号作用下的系统稳态误差分析

图3.9给出了计算机控制系统的典型结构框图。图中K为同步采样开关;$D(z)$ 为计算机控制算法的 z 传递函数;$G(z)$ 是由零阶保持器 $H_0(z)$ 和被控对象 $G_d(z)$ 组合的广义对象脉冲传递函数。

系统的闭环脉冲传递函数

$$\Phi(z)=\frac{D(z)G(z)}{1+D(z)G(z)} \tag{3.59}$$

式中

$$G(z)=Z[H_0(s)G_d(s)]$$

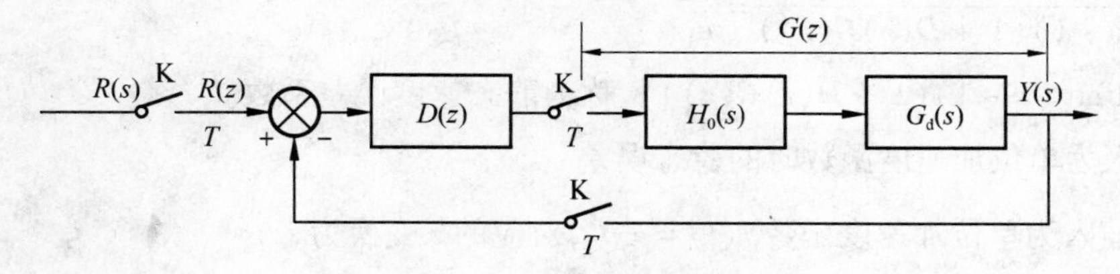

图3.9　计算机控制系统的典型结构框图

系统的误差脉冲传递函数为

$$\Phi_e(z)=\frac{E(z)}{R(z)} \tag{3.60}$$

系统的误差函数　$E(z)=R(z)-Y(z)=R(z)-E(z)D(z)G(z)$ (3.61)

则
$$E(z)=\frac{R(z)}{1+D(z)G(z)} \tag{3.62}$$

故
$$\Phi_e(z)=\frac{E(z)}{R(z)}=\frac{1}{1+D(z)G(z)} \tag{3.63}$$

如果 $\Phi_e(z)$ 的极点(即闭环极点)全部落在 z 平面的单位圆内,则线性离散系统是稳定的,此时可以利用 z 变换的终值定理求出稳态误差,即

$$e_\infty=\lim_{t\to\infty}e^*(t)=\lim_{z\to 1}(1-z^{-1})E(z)=\lim_{z\to 1}(1-z^{-1})\frac{R(z)}{1+D(z)G(z)} \tag{3.64}$$

该式表明,线性定常离散系统的稳态误差,不但与系统本身的结构和参数有关,同时与输入函数的形式也有关,另外与采样周期的选取也有关。

(1) 输入为单位阶跃函数时的稳态误差

系统的输入为单位阶跃,$r(t)=1(t)$,则对应的 $R(z)$ 为

$$R(z)=\frac{z}{z-1}=\frac{1}{1-z^{-1}}$$

$$E(z)=\frac{R(z)}{1+D(z)G(z)}=\frac{1}{1+D(z)G(z)}\frac{1}{1-z^{-1}}$$

稳态误差
$$e_\infty=\lim_{t\to\infty}e^*(t)=\lim_{z\to 1}(1-z^{-1})E(z)=\lim_{z\to 1}(1-z^{-1})\frac{1}{1+D(z)G(z)}\frac{1}{1-z^{-1}}=$$
$$\left.\frac{1}{1+D(z)G(z)}\right|_{z=1}=\frac{1}{k_p} \tag{3.65}$$

令 $k_p=\lim\limits_{z\to 1}[1+D(z)G(z)]$,称为静态位置误差系数。

(2) 输入为单位速度函数时的稳态误差

系统的输入为单位速度函数 $r(t)=t$,对应的 z 变换为

$$R(z)=\frac{Tz}{(z-1)^2}$$

$$E(z)=\frac{R(z)}{1+D(z)G(z)}=\frac{1}{1+D(z)G(z)}\frac{Tz}{(z-1)^2}$$

系统的稳态误差

$$e_\infty=\lim_{k\to\infty}e(kT)=\lim_{z\to 1}(1-z^{-1})\left(\frac{1}{1+D(z)G(z)}\right)\frac{Tz}{(z-1)^2}=\lim_{z\to 1}\frac{Tz}{(z-1)(1+D(z)G(z))}=$$
$$\frac{T}{\lim\limits_{z\to 1}(z-1)(1+D(z)G(z))}=\frac{T}{k_v} \tag{3.66}$$

令 $k_v=\lim\limits_{z\to 1}[(z-1)(1+D(z)G(z))]$,称为静态速度误差系数。

(3) 输入为单位加速度函数时的稳态误差

系统的输入为单位加速度函数 $r(t)=\frac{1}{2}t^2$,对应的 z 变换为

$$R(z)=\frac{T^2z(z+1)}{2(z-1)^3}$$

$$E(z)=\frac{R(z)}{1+D(z)G(z)}=\frac{1}{1+D(z)G(z)}\frac{T^2z(z+1)}{2(z-1)^3}$$

系统的稳态误差

$$e_{\infty}=\lim_{k\to\infty}e(kT)=\lim_{z\to 1}(z-1)E(z)=\lim_{z\to 1}(z-1)\frac{1}{1+D(z)G(z)}\frac{T^2z(z-1)}{2(z-1)^3}=\frac{T^2}{k_a}\quad(3.67)$$

令 $k_a=\lim_{z\to 1}[(z-1)^2(1+D(z)G(z))]$，称为静态加速度误差系数。

2. 由稳态误差定义的不同类型系统

由以上分析可见，不同输入下系统稳态误差取决于误差系数 k_p、k_v、k_a，而误差系数 k_p、k_v、k_a 又与系统开环脉冲传递函数 $G_k(z)=D(z)G(z)$ 在 $z=1$ 时的极点阶数有关，可以将线性离散系统按稳态误差分为以下4类系统：

①"0"型系统。系统的开环脉冲传递函数 $G_k(z)=D(z)G(z)$，在 $z=1$ 处无极点。此时：$k_p=$ 常数，位置误差 $e_{\infty}=\frac{1}{k_p}$；$k_v=0$，速度误差 $e_{\infty}=\infty$；$k_a=0$，加速度误差 $e_{\infty}=\infty$。

②"Ⅰ"型系统。系统的开环传递函数 $G_k(z)=D(z)G(z)$ 在 $z=1$ 处有单极点。此时 $k_p=\infty$，位置误差 $e_{\infty}=0$；$k_v=$ 常数，速度误差 $e_{\infty}=\frac{T}{k_v}$；$k_a=0$，加速度误差 $e_{\infty}=\infty$。

③"Ⅱ"型系统。系统的开环传递函数 $G_k(z)=D(z)G(z)=1$ 处有二重极点。此时 $k_p=\infty$，位置误差 $e_{\infty}=0$；$k_v=\infty$，速度误差 $e_{\infty}=0$；$k_a=$ 常数，加速度误差 $e_{\infty}=\frac{T^2}{k_a}$。

④"Ⅲ"型系统。系统的开环传递函数 $G_k(z)=D(z)G(z)=1$ 处有多重极点。此时 $k_p=\infty$，位置误差 $e_{\infty}=0$；$k_v=\infty$，速度误差 $e_{\infty}=0$；$k_a=\infty$，加速度误差 $e_{\infty}=0$。

【例题 3.21】　一个控制环节的采样系统的框图如图3.10所示，分析该环节的系统稳态误差。($T=1(s)$，$e=2.718\ 28$)

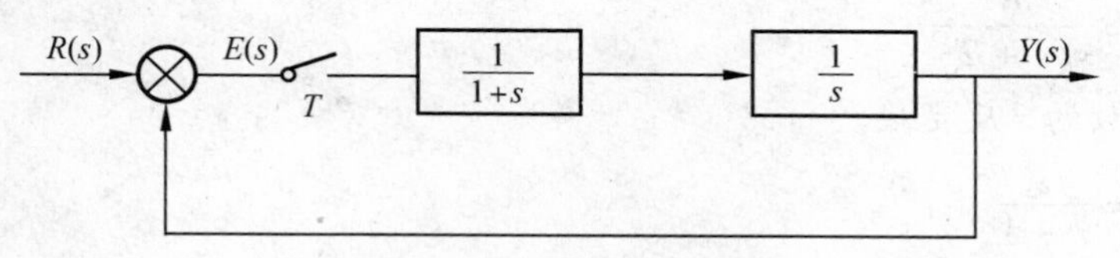

图3.10　采样系统框图

解　系统的开环传递函数

$$G_k(s)=\frac{1}{s}\cdot\frac{1}{1+s}=\frac{1}{s(1+s)}=\frac{1}{s}-\frac{1}{1-s}$$

$$G_k(z)=Z[G_k(s)]=Z[\frac{1}{s}-\frac{1}{1-s}]=\frac{1}{1-z^{-1}}-\frac{1}{1-e^{-T}z^{-1}}=$$

$$\frac{(1-e^{-T})z^{-1}}{(1-z^{-1})(1-e^{-T}z^{-1})}=\frac{0.632z^{-1}}{(1-z^{-1})(1-0.368z^{-1})}$$

则稳态误差系数分别为

$$k_p=\lim_{z\to 1}[1+G_k(z)]=\lim_{z\to 1}[1+\frac{0.632z^{-1}}{(1-z^{-1})(1-0.368z^{-1})}]=\infty$$

$$k_v=\lim_{z\to 1}[(1-z^{-1})(1+G_k(z))]=\lim_{z\to 1}[(1-z^{-1})(1+\frac{0.632z^{-1}}{(1-z^{-1})(1-0.368z^{-1})})]=1$$

$$k_a=\lim_{z\to 1}[(1-z^{-1})^2(1+G_k(z))]=\lim_{z\to 1}[(1-z^{-1})^2(1+\frac{0.632z^{-1}}{(1-z^{-1})(1-0.368z^{-1})})]=0$$

本章小结

离散控制系统与连续控制系统的区别在于系统中的信号在时间上是离散的，因此系统要用差分方程或脉冲传递函数去描述。z 变换只能反映采样时刻的信息，当采样周期 T 很小时，可以看成函数 $y^*(t)$ 与函数 $y(t)$ 基本相一致。离散控制系统稳定的充要条件是其闭环特征根全部落在 z 平面的单位圆内。通过双线性变换，把 z 变量变成 w 变量后，就可以用连续系统中所用的劳斯判据来分析离散控制系统。

习　题

1. 已知系统的差分方程为 $y(n)+4y(n-1)-3.5y(n-2)=u(n)+u(n-1)+u(n-2)$，设输入函数为 $u(n)=n^2$，初始条件为 $y(0)=0, y(1)=1$，求解此差分方程并对系统进行分析。

2. 已知差分方程为 $y(k+2)-8y(k+1)+12y(k)=0$，其中初始条件为 $y(0)=0$，$y(1)=1$，用 z 变换法求解此方程。

3. 求下列各差分方程响应的 z 传递函数。

(1) $y(k)-2y(k-2)+3y(k-4)=u(k)+u(k-1)$

(2) $y(k)+y(k-3)=u(k)-2u(k-2)$

4. 求下列函数的 z 变换。

(1) $f(t)=1-e^{-\alpha t}$

(2) $F(s)=\dfrac{6}{s(s+2)}$

5. 求下列函数的 z 反变换。

(1) $F(z)=\dfrac{z}{z-1}$

(2) $F(z)=\dfrac{z}{(z-1)(z-2)}$

6. 设被控对象的传递函数为 $G_d=\dfrac{k}{s+1}$，在 $G_d(s)$ 之前接有零阶保持器，试求连续部分的脉冲传递函数。

7. 设采样系统的差分方程为 $y(k+2)+2y(k+1)+1.4y(k)=4u(k+1)+u(k)$，试求其脉冲传递函数。

8. 设离散控制系统的特征方程为 $45z^3-117z^2+119z-39=0$，试判断该系统的稳定性。

9. 已知离散系统的特征方程为 $F(z)=z^4-1.368z^3+0.4z^2+0.08z+0.02=0$，试判断系统的稳定性。

第4章　计算机控制的模拟化设计方法

本章重点：模拟控制器转化为数字控制器的原理、方法和转换条件；数字 PID 控制器的设计中，模拟PID控制规律离散化为数字PID控制规律的过程；不完全微分的PID控制的特点和它的作用；数字 PID 的参数对性能的影响和参数的整定方法。

本章难点：模拟控制器转化为数字控制器的原理、方法和转换条件；不完全微分的 PID 控制规律。

在计算机控制系统中，被控对象大部分是连续的。系统的输入信号 $r(t)$ 与系统的输出信号 $y(t)$ 之差为误差信号 $e(t)$，该信号经采样保持器及 A/D 转换变成数字量 $e(kT)$ 并输入计算机，按照一定的控制规律运算，输出控制量 $u(kT)$，经 D/A 转换和保持器的作用得到连续的控制量 $u(t)$，作用到连续对象上，用来控制系统的输出。将上述的控制过程简化成框图的形式如图4.1 所示。图中的数字控制器可以用计算机的软件编程或数字硬件电路来实现，一般是采用计算机软件编程来实现。

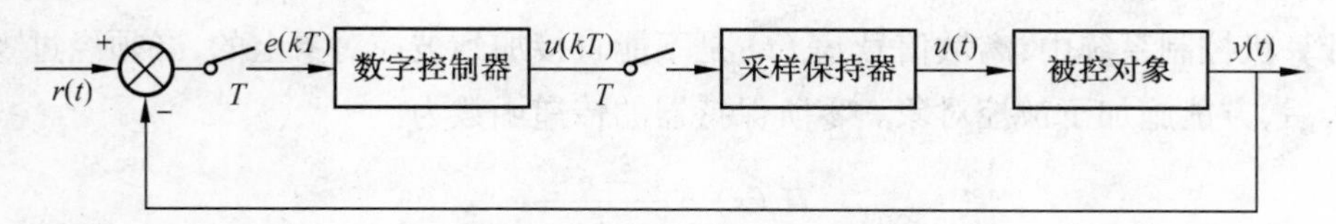

图4.1　计算机控制系统的简化框图

设计计算机控制系统的核心任务就是设计数字控制器，通过数字控制器的输出调节，使闭环控制系统的输出既要满足系统的期望指标又要满足实时控制的要求。实际控制器的设计方法有经典法和状态空间设计法，其中经典法又分为模拟化设计法（间接设计法）和数字化设计方法（直接设计法）。下面讨论模拟化设计方法。

4.1　模拟控制器到数字控制器的实现

数字控制器的模拟化设计方法是先将图4.1 所示的计算机控制系统看做是模拟系统。针对该模拟系统，采用连续系统设计方法设计闭环控制系统的模拟控制器，然后用下面介绍的离散方法将其离散化成数字控制器。由于大家对于频率特性法、根轨迹法等模拟系统的设计方法比较熟悉，从而应用模拟方法设计数字控制器比较容易掌握。但这种方法不是按照真实情况设计的，因此称为间接设计法。

4.1.1 模拟控制器到数字控制器的离散等效原理及条件

已知在连续系统中满足期望指标的模拟控制器 $D(s)$，现在通过离散的方法求得数字控制器 $D(z)$。下面讨论这个过程与相应的条件，如图 4.2 所示。

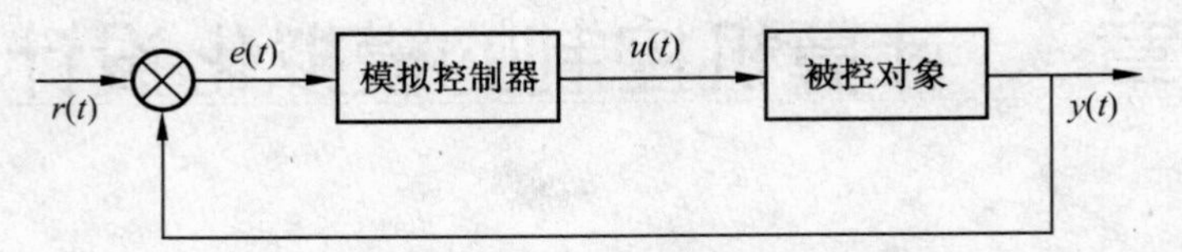

图 4.2　模拟闭环控制系统

设模拟控制器的输入为 $e(t)$，其采样信号为 $e^*(t)$，即

$$e^*(t)=\sum_{k=-\infty}^{\infty}e(kT)\delta(t-kT) \tag{4.1}$$

对应的频谱为

$$E^*(\mathrm{j}\omega)=\sum_{k=-\infty}^{\infty}E(\mathrm{j}\omega+\mathrm{j}k\omega_0) \tag{4.2}$$

模拟控制器的输出为 $u(t)$，经采样后为 $u^*(t)$

$$u^*(t)=\sum_{k=-\infty}^{\infty}u(kT)\delta(t-kT) \tag{4.3}$$

对应的频谱为

$$U^*(\mathrm{j}\omega)=\sum_{k=-\infty}^{\infty}U(\mathrm{j}\infty+\mathrm{j}k\omega_0) \tag{4.4}$$

式中 ω_0 为采样频率。

在计算机控制系统中，离散信号 $u^*(t)$ 是不能直接加到被控对象上的，必须经过零阶保持器 $H_0(s)$ 后，方能施加于被控对象。零阶保持器的传递函数为

$$H_0(s)=\frac{1-\mathrm{e}^{-Ts}}{s} \tag{4.5}$$

对应的频谱为

$$H_0(\mathrm{j}\omega)=\frac{1-\mathrm{e}^{-\mathrm{j}\omega T}}{\mathrm{j}\omega}=T\frac{\sin\frac{\omega T}{2}}{\frac{\omega T}{2}}\mathrm{e}^{-\mathrm{j}\omega T/2} \tag{4.6}$$

零阶保持器的输出为 $u_o(t)$，对应频谱为

$$U_o(\mathrm{j}\omega)=H_0(\mathrm{j}\omega)U^*(\mathrm{j}\omega)=T\frac{\sin\frac{\omega T}{2}}{\frac{\omega T}{2}}\mathrm{e}^{-\mathrm{j}\omega T/2}\sum_{k=-\infty}^{\infty}U(\mathrm{j}\omega+\mathrm{j}k\omega_0) \tag{4.7}$$

由于零阶保持器的低通滤波特性，除 $k=0$ 的主频之外的高频信号全部被滤掉。因此上式可以简化为

$$U_o(\mathrm{j}\omega)=H_0(\mathrm{j}\omega)U^*(\mathrm{j}\omega)=T\frac{\sin\frac{\omega T}{2}}{\frac{\omega T}{2}}\mathrm{e}^{-\mathrm{j}\omega T/2}U(\mathrm{j}\omega) \tag{4.8}$$

当采样周期足够小时，$\dfrac{\sin\frac{\omega T}{2}}{\frac{\omega T}{2}}=1$，故

$$U_o(j\omega)=U(j\omega)e^{-j\omega T/2} \tag{4.9}$$

该式说明数字控制器的输出 $u_o(t)$ 与模拟控制器的输出 $u(t)$ 之间的差别是由零阶保持器产生的相位移 $e^{-j\omega T/2}$，通过一定的方法如前置滤波器、超前校正等，补偿这一相位移对系统的影响，就可以保证数字控制器和模拟控制器具有相同或接近的频率特性，即实现二者的等效。由以上分析可见：等效的必要条件是系统的采样周期 T 足够小，这是计算机控制系统等效离散化设计方法的理论基础。

计算机控制系统设计的过程可归结为以下两个方面：

① 根据给定的性能指标及各项参数，并考虑补偿零阶保持器的延时，应用连续系统的理论和设计方法，先确定期望的模拟控制器 $D(s)$。

② 选择合适的采样周期 T 和等效离散化方法将 $D(s)$ 离散化为 $D(z)$，然后编程序，由计算机实现。

4.1.2　模拟控制器转化为数字控制器的方法

随着大规模及超大规模集成电路的发展，促进了计算机技术以及 A/D 和 D/A 转换器的发展，为实现模拟控制器到数字控制器的转换奠定了基础。

将模拟控制器离散化成数字控制器的等效离散方法有许多种，无论哪一种等效离散方法，必须保证离散后的数字控制器与等效前的模拟控制器有近似相同的动态特性和频率响应特性。应用某种离散化方法得到的数字控制器与连续控制器相比较可能达到相同或很接近的脉冲响应特性，但不能具有较好的频率响应逼真度。对于大多数情况，要匹配等效前后的频率特性是很困难的，离散后的数字控制器的特性取决于采样频率和特定的离散方法。如果采样频率足够高，等效离散的数字控制器与原来的连续控制器具有很接近的特性。下面介绍几种常用的离散方法。

1. 脉冲响应不变法（直接 z 变换法）

脉冲响应不变的基本要求是：离散后的数字控制器的脉冲响应近似等于模拟控制器的脉冲响应函数的采样值。

设模拟控制器的传递函数为 $D(s)$，其数学表达式的形式为

$$D(s)=\sum_{i=1}^{n}\frac{A_i}{s+a_i} \tag{4.10}$$

单位脉冲响应为

$$u(t)=L^{-1}\left[\sum_{i=1}^{n}\frac{A_i}{s+a_i}\right]=\sum_{i=1}^{n}A_i e^{-a_i t} \tag{4.11}$$

其采样值为

$$u(kT)=\sum_{i=1}^{n}A_i e^{-a_i kT} \tag{4.12}$$

待求的数字控制器为 $D(z)$，其单位脉冲响应与模拟控制器的单位脉冲响应相等，则有

$$D(z)=Z[u(kT)]=\sum_{i=1}^{n}\frac{A_i}{1-e^{-a_iT}z^{-1}}=Z[D(s)] \tag{4.13}$$

这是对应于模拟控制器 $D(s)$ 的数字控制器 $D(z)$ 的定义式，它的导出条件是冲激响应不变，其中 $D(z)$ 的所有系数 A_i、a_i 都是由模拟控制器的传递函数 $D(s)$ 给出。

脉冲响应不变法的限定：$D(z)$ 与 $D(s)$ 有相同的脉冲响应曲线；$D(s)$ 稳定，$D(z)$ 也可以保证稳定；$D(z)$ 不能保证 $D(s)$ 的频率响应；由于 z 变换的多值映射性，因而出现频率混叠现象。

这种方法的应用范围是：模拟控制器 $D(s)$ 有陡衰减特性，具有有限带宽信号的场合。这时采样频率足够高，可以减少频率混叠现象，从而保证 $D(z)$ 的频率特性接近原来连续控制器 $D(s)$。

【例题 4.1】 连续控制器的传递函数为 $D(s)=\dfrac{a}{s+a}$，用冲激不变法求对应的数字控制器 $D(z)$。

解 根据冲激不变法的定义有

$$D(z)=Z[D(s)]=\frac{a}{1-e^{-aT}z^{-1}}$$

该表达式就是最简单的 RC 低通滤波器所对应的数字滤波器，也可称为模拟系统的数字化。

2. 双线性变换法

双线性变换法又称为图斯丁(Tustin)变换法，它是 s 与 z 的另一种近似方法。由 z 变换的定义和级数展开式可知

$$z=e^{Ts}=\frac{e^{\frac{Ts}{2}}}{e^{\frac{-Ts}{2}}} \tag{4.14}$$

设 $e^{\frac{Ts}{2}}\approx 1+\dfrac{Ts}{2}$，$e^{-\frac{Ts}{2}}\approx 1-\dfrac{Ts}{2}$，得 $z\approx\dfrac{1+\dfrac{Ts}{2}}{1-\dfrac{Ts}{2}}$，　$s=\dfrac{2}{T}\dfrac{1-z^{-1}}{1+z^{-1}}$；

即

$$D(z)=D(s)\Big|_{s=\frac{2(1-z^{-1})}{T(1+z^{-1})}} \tag{4.15}$$

双线性变换的几何意义是用梯形面积来近似代替积分。根据 $s=\dfrac{2(1-z^{-1})}{T(1+z^{-1})}$ 的关系，可以把 s 平面的稳定区域映射到 z 平面去，即

$$\mathrm{Re}\left(\frac{2(1-z^{-1})}{T(1+z^{-1})}\right)=\mathrm{Re}\left(\frac{2}{T}\frac{z-1}{z+1}\right)<0 \tag{4.16}$$

其中 $T>0$。再令 $z=\sigma+j\omega$，代入上述不等式中

$$\mathrm{Re}\left(\frac{2}{T}\frac{z-1}{z+1}\right)=\mathrm{Re}\left(\frac{\sigma+j\omega-1}{\sigma+j\omega+1}\right)=\mathrm{Re}\frac{(\sigma+j\omega-1)(\sigma-j\omega+1)}{(\sigma+j\omega+1)(\sigma-j\omega+1)}=$$

$$\mathrm{Re}\frac{(\sigma^2-1+\omega^2+j2\omega)}{(\sigma+1)^2+\omega^2}<0$$

因为 $\sigma^2+\omega^2-1<0$，得 $\sigma^2+\omega^2<1$，该式与 z 平面中单位圆的内部相对应。因此双线性变换把 s 平面的左半平面映射到 z 平面中以原点为圆心的单位圆内，如图 4.3 所示。

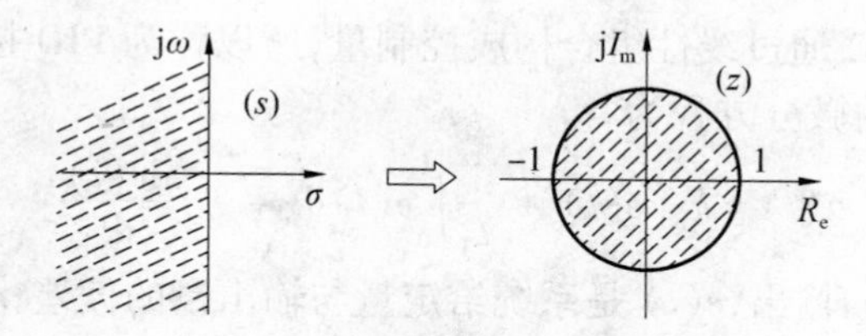

图 4.3　s 平面与 z 平面的对应关系

双线性变换的映射结果与 $z=e^{Ts}$ 的映射结果是一致的。根据 $z=e^{Ts}$ 的对应关系,可以把 s 平面整个 jω 轴映射为 z 平面中单位圆的无限多个循环。双线性变换与 z 变换在映射左半 s 平面为 z 平面的单位圆方面看起来是相同的,但在对离散控制器的暂态响应和频率响应方面,二者却有很大的差异。与原连续控制器相比,用双线性变换法得到的离散数字控制器的暂态响应特性及频率响应特性都会发生畸变。所以在工程设计中常用双线性变换法预畸校正设计。

3. 零阶保持器法

零阶保持器法又称为阶跃响应不变法。其基本思想是:离散近似后的数字控制器的阶跃响应序列与模拟控制器的阶跃响应序列的采样值一致。而采用的方法是用零阶保持器与模拟控制器相串联后再取 z 变换而得到的数字控制器。即

$$D(z)=Z\left[\frac{1-e^{-Ts}}{s}D(s)\right] \tag{4.17}$$

这里的零阶保持器是为构造 $D(z)$ 而加在 $D(s)$ 上的虚构环节,并不是系统中的硬件环节。

零阶保持器法则主要特点是:$D(s)$ 稳定,$D(z)$ 就稳定。由于零阶保持器的低通滤波特性,可以减少叠频现象,保持稳定增益不变。

零阶保持器法应用场合:$D(s)$ 应具有并联结构形式或容易分解成部分分式形式。由于 $D(z)$ 含有零阶保持器,故这种方法只适合低通网络设计,且要求保持阶跃响应不变的系统。另外要注意当采样频率较低时,还要补偿零阶保持器的相位滞后。

以上介绍了模拟调节器 $D(s)$ 的几种近似离散方法。这些方法在实际工程中都有应用,但使用中都要有一定特定条件,且都存在一些不足,需要工程人员耐心调试。除了以上几种方法外,还有像零极点匹配映射法、差分法等,这里不一一介绍了。

4.2　数字 PID 控制器的设计

PID 控制(按闭环系统误差的比例、积分、微分进行控制)在工业控制领域得到了广泛的应用。它的结构简单,参数易调整,在长期的应用中积累了丰富的经验。在一些复杂的工业过程控制中,由于被控对象的精确数学模型难以建立,系统的参数经常发生变化,此时用 PID 控制能获得良好的效果。在计算机控制系统中,PID 算法很容易通过计算机编程实现。由于程序的灵活性 PID 算法可以得到修正和完善,从而使数字 PID 控制规律具有很大的灵活性和实用性。

4.2.1　模拟 PID 控制规律的离散化

PID 控制器是一种线性调节器,这种调节器是将系统的给定值与系统实际输出值的偏差

按比例、积分、微分的环节，通过线性组合构成控制量，所以称为 PID 控制。

模拟 PID 控制规律的微分方程为

$$u(t) = k_p[e(t) + \frac{1}{T_I}\int_0^t e(t)dt + T_D\frac{de(t)}{dt}] \tag{4.18}$$

式中 $u(t)$ 是 PID 控制器的输出，$e(t)$ 是系统给定量与输出量的偏差，k_p 是比例系数，T_I 是积分时间常数，T_D 是微分时间常数。对上式进行拉氏变换有

$$U(s) = k_p[E(s) + \frac{E(s)}{T_I s} + T_D sE(s)] \tag{4.19}$$

得到 PID 控制器的传递函数为

$$D(s) = \frac{U(s)}{E(s)} = k_p[1 + \frac{1}{T_I s} + T_D s] \tag{4.20}$$

模拟 PID 控制系统示意图如图 4.4 所示。

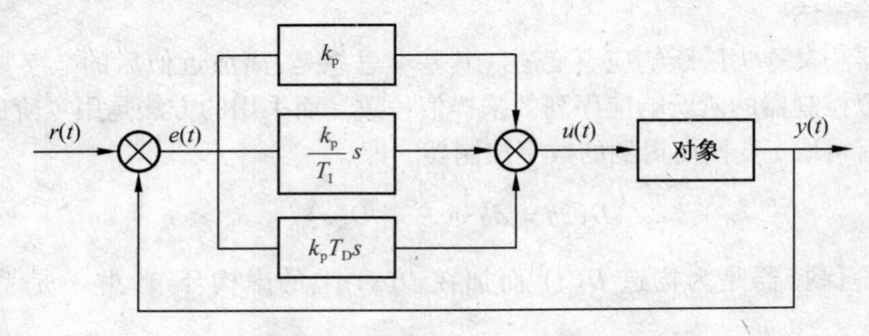

图 4.4　模拟 PID 控制系统框图

由图 4.4 可见，模拟 PID 控制系统的开环传递函数

$$\Phi_0(s) = [k_p + \frac{k_p}{T_I}s + k_pT_Is]G_p(s) = D(s)G_p(s) \tag{4.21}$$

模拟 PID 控制系统的闭环传递函数为

$$\Phi(s) = \frac{\Phi_0(s)}{1+\Phi_0(s)} = \frac{D(s)G_p(s)}{1+D(s)G_p(s)} = \frac{k_p[1+T_Is+T_IT_Ds^2]G_p(s)}{T_Is + k_p[1+T_Is+T_IT_Ds^2]G_p(s)} \tag{4.22}$$

图 4.4 中，比例控制可以看成是一个可调增益的放大过程；积分控制能消除稳态误差，提高精度，但使系统的响应速度变慢，稳定性变坏；微分控制增加了超前（或预测）作用，有助于补偿控制环节中任何滞后或计算延迟，增加了系统的快速性和稳定性。比例、积分、微分三者结合，选择适当的参数，可以实现稳定的满足性能指标要求的控制系统。

PID 控制的另一种应用形式如图 4.5 所示，称为比例 - 微分 - 反馈 - 前馈控制作用（proportional-derivative-feedback-feedforward control action），简称为 PDFF 控制。这是一种实用的控制器。在控制的前向通道包含积分作用，类似于 PID 控制，而比例和微分控制作用在反馈通道，同时还有前馈控制作用。这种控制器有多种运行方式，可与 PID 控制器一样工作。

为了将模拟的 PID 控制算式离散为数字 PID 算式，我们取采样周期 T 足够小时，可以进行如下的近似

$$u(t) \approx u(k)$$
$$e(t) \approx e(k)$$

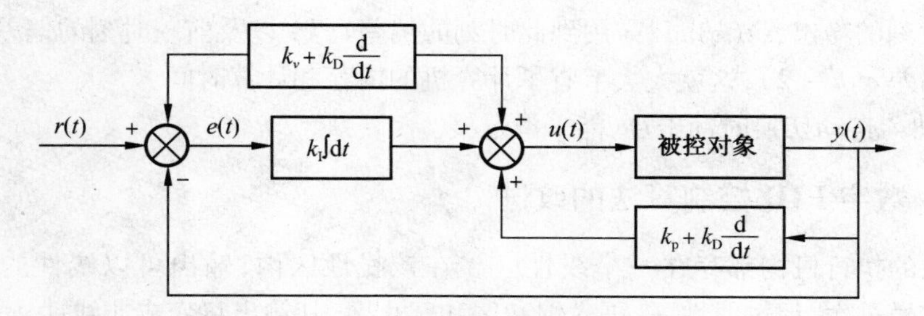

图 4.5　PDFF 控制系统原理框图

$$\int_0^t e(t)\,dt \approx T\sum_{j=0}^{k} e(j)$$

$$\frac{de(t)}{dt} \approx \frac{e(k) - e(k-1)}{T}$$

将这些近似式代入式(4.18)中得到离散的位置式的数字 PID 算式,即

$$u(k) = k_p\left[e(k) + \frac{T}{T_I}\sum_{j=0}^{k} e(j) + T_D\frac{e(k) - e(k-1)}{T}\right] =$$

$$k_p e(k) + k_I\sum_{j=0}^{k} e(j) + K_D[e(k) - e(k-1)] \tag{4.23}$$

式中

$$\begin{cases} k_I = k_p\dfrac{T}{T_I} \\ k_D = k_p\dfrac{T_D}{T} \end{cases}$$

上式称为位置式PID算法,因为$u(k)$是全量输出,它对应于被控对象的执行机构第k次采样时刻达到的位置。

对上式取 z 变换,即

$$U(z) = k_p\left[E(z) + k_I\frac{E(z)}{1 - z^{-1}} + k_D(1 - z^{-1})E(z)\right] \tag{4.24}$$

对该式进行整理后,得到 PID 数字控制器的 z 传递函数

$$D(z) = \frac{U(z)}{E(z)} = k_p + \frac{k_I}{1 - z^{-1}} + k_D(1 - z^{-1}) \tag{4.25}$$

从式(4.23)可见在计算 $u(k)$ 时,输出值与过去所有状态有关。当执行机构不需要控制量的全值,而是要求输出增量时,可以由位置式算法推导出增量式 PID 控制算法。

考虑到第$(k-1)$次输出,有

$$u(k-1) = k_p e(k-1) + k_I\sum_{j=0}^{k-1} E(j) + k_D[e(k-1) - e(k-2)] \tag{4.26}$$

式(4.23)减去式(4.26)得到增量式 PID 算法表达式

$$\begin{aligned}\Delta u(k) &= u(k) - u(k-1) = \\ &k_p[e(k) - e(k-1)] + k_I e(k) + k_D[e(k) - 2e(k-1) + e(k-2)] = \\ &(k_p + k_I + k_D)e(k) - (k_P + 2k_D)e(k-1) + k_D e(k-2)\end{aligned} \tag{4.27}$$

增量式控制虽然只是在算法上的一点改进,却带来了以下优点:

① 计算机只输出增量,即执行机构位置变化的部分,误动作小。

② 在 k 时刻的输出 $\Delta u(k)$，只需用到此时刻的偏差 $e(k)$ 以及前一时刻的偏差 $e(k-1)$ 和前两时刻的偏差 $e(k-2)$，这就大大节省了计算机的内存和计算时间。

③ 在手动/自动切换时冲击小，能平滑过渡。

4.2.2 数字 PID 控制算法的改进

被控对象的执行机构都存在一个线性区。在该线性区内，输出可以线性的跟踪控制信号。当控制信号过大，超过线性区，进入饱和区和截止区，其输出将变成非线性。另外，执行机构存在一定的阻尼和惯性，对控制信号的响应速度受到了限制，因此，执行机构的动态性能也存在一个线性区。前述标准 PID 位置式算法中的积分项，它的控制作用过大会出现积分饱和现象，增量式算法中的微分项和比例项控制作用过大，将出现微分饱和现象，都会使执行机构进入非线性区，从而使系统出现超调和持续振荡，使动态品质变坏。为了克服这些现象，必须使 PID 控制器输出的信号受到一定的约束，即对标准的 PID 算式改进。这主要是对积分项和微分项改进。

1. 积分分离的 PID 算式

在标准的 PID 算法的控制中，由于系统的执行机构线性范围受限，当偏差 $e(k)$ 较大时，如系统在起、停或大幅度提降时，因积分项的作用，输出将会产生很大的超调，使系统不停地振荡。在设计计算机控制系统时，为了消除这一现象，可以采用积分分离的方法，即在系统偏差大时，取消积分的作用；当偏差减小到某一值时，再使积分起作用。这样就可以既减小超调量，改善系统动态特性，又保持了积分作用。

设 ε 为积分分离的阀值，则

当 $|e(k)| < \varepsilon$ 时，去掉积分项，采用 PD 控制；

当 $|e(k)| > \varepsilon$ 时，加入积分项，采用 PID 控制。

则算法为：
$$u(k) = k_p e(k) + k_L k_I \sum_{j=0}^{k} e(j) + k_D[e(k) - e(k-1)] \tag{4.28}$$

式中 $k_L = 1$，当 $|e(k)| \leqslant \varepsilon$ 时；$k_L = 0$，当 $|e(k)| > \varepsilon$ 时；k_L 称为积分分离系数。

使用积分分离的算法，可显著降低被控量的超调和过渡过程时间，使调节性能得到改善。

2. 不完全微分的 PID 算法

微分的作用有助于减小系统的超调，克服振荡，减少调整时间，改善系统的动态性能。但对标准的数字 PID 算法，其微分作用与模拟的 PID 控制存在着明显的不同之处。

在标准数字 PID 位置式算法中微分部分的输出为

$$u_D(k) = \frac{T_D}{T}[e(k) - e(k-1)] \tag{4.29}$$

对应的 z 变换为

$$U_D(z) = \frac{T_D}{T}E(z)(1 - z^{-1}) \tag{4.30}$$

当偏差为单位阶跃信号时，即

$$E(z) = \frac{1}{1 - z^{-1}} \tag{4.31}$$

微分项的输出为

$$U_D(z)=\frac{T_D}{T}\frac{1}{1-z^{-1}}(1-z^{-1})=\frac{T_D}{T}z^0+0\cdot z^{-1}+0\cdot z^{-2}+\cdots \tag{4.32}$$

该式表明:微分项的作用只体现在偏差信号发生瞬变的第一个采样周期,从第二个采样周期开始,微分项的输出为零。而在连续控制系统中,PID 控制器的微分部分能在较长时间内起作用,如图 4.6 所示。

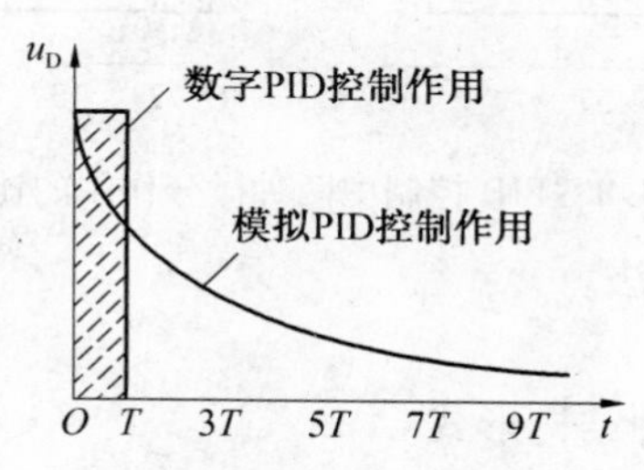

图 4.6 PID 中微分项作用比较

标准的 PID 算式中,微分项的作用只体现在第一个采样周期,容易引起系统输出的超调和振荡,为此要改进微分的作用,使其延续几个采样周期。工程上一般采用加入惯性环节来改善微分项的作用,即不完全微分,它可以平滑微分项产生的瞬时脉动,且可以加强微分对全过程的影响,如图 4.7 所示。

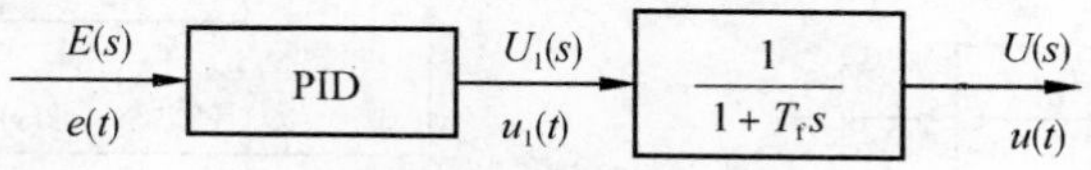

$E(s)$ $e(t)$ → PID → $U_1(s)$ $u_1(t)$ → $\frac{1}{1+T_f s}$ → $U(s)$ $u(t)$

图 4.7 不完全微分 PID 控制

由框图可见,PID 的输出为

$$u_1(t)=k_p\left[e(t)+\frac{1}{T_I}\int_0^T E(t)\,dt+T_D\frac{de(t)}{dt}\right] \tag{4.33}$$

惯性环节的传递函数为

$$D_f(s)=\frac{U(s)}{U_1(s)}=\frac{1}{1+T_f s} \tag{4.34}$$

整理得

$$U(s)+T_f sU(s)=U_1(s) \tag{4.35}$$

用微分方程表示为

$$u(t)+T_f\frac{du(t)}{dt}=u_1(t) \tag{4.36}$$

将微分方程转为差分方程,即

$$u(k)+T_f\frac{u(k)-u(k-1)}{T}=u_1(k) \tag{4.37}$$

设 $\alpha=\frac{T_f}{T+T_f}$,则有

$$u(k)=\alpha u(k-1)+(1-\alpha)u_1(k) \tag{4.38}$$

式中 $\alpha u(k-1)$ 用连续函数表现时是指数形式,故不完全微分可以连续作用几个采样周期,且第一个周期微分作用减弱,不引起系统的振荡。两种微分作用的比较如图 4.8 所示。

在改善系统动态性能方面,不完全微分的 PID 算式的效果好,因此在控制质量要求高的场

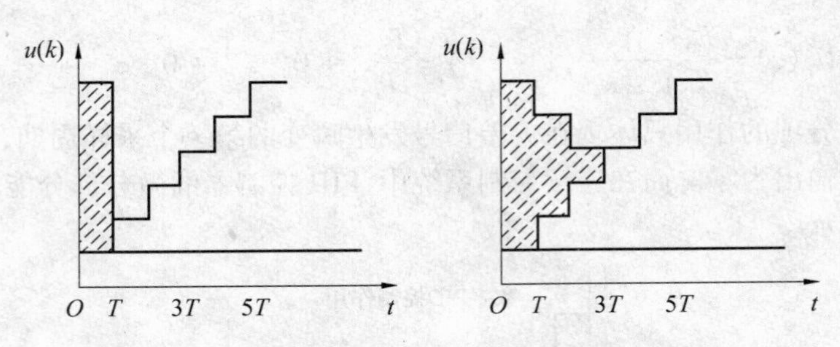

图 4.8　PID 控制中两种微分作用的比较

合，常采用不完全微分的 PID 算法。

3. 微分先行的 PID 控制

微分先行的 PID 控制有两种结构形式。

第一种是输出量微分形式，如图4.9所示。这种结构形式只对输出量 $y(t)$ 进行微分，对系统输入 $r(t)$ 不进行微分，适合于系统给定值频繁升降的场合，可以避免因升降给定值而引起的超调和振荡。

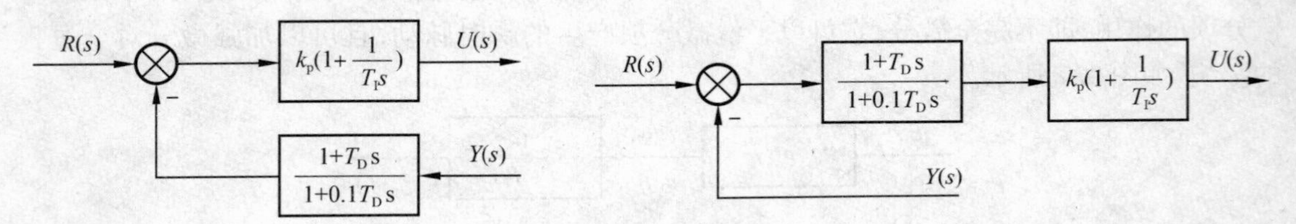

图 4.9　输出量微分结构框图　　　　图 4.10　偏差微分结构框图

第二种是偏差微分形式，如图 4.10 所示。这种结构式对偏差 $e(t)$ 进行微分，对给定值 $r(t)$ 和输出 $y(t)$ 都有微分作用，适用于串级控制的副回路，因为副控制回路的给定值是主控调节器给定的，也应该对它进行微分处理。

4. 带死区的 PID 控制算法

为了消除控制作用频繁动作，满足那些要求控制作用变动尽量少的系统，可以选择带死区的 PID 算法，如图 4.11 所示。

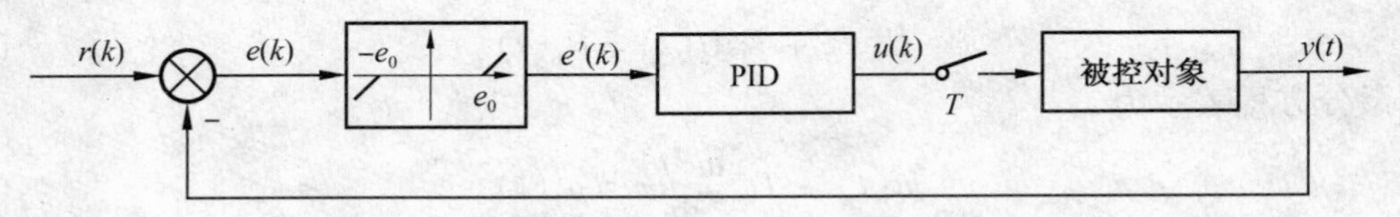

图 4.11　带死区的 PID 控制结构框图

由图 4.11 可得下式，即

$$e'(k)=\begin{cases}e(k), & |e(k)|>|e_0| \\ 0, & |e(k)|\leqslant|e_0|\end{cases} \tag{4.39}$$

式中 e_0 为死区值。当 $|e(k)|\leqslant|e_0|$ 时，PID 数字控制器的输出为零，即 $u(k)=0$；当 $|e(k)|>|e_0|$ 时，PID 控制器有输出。死区 e_0 是一个可调的参数，可以按不同的系统，由实验确定。这种控制系统是一个非线性控制系统。

4.3　数字PID控制器参数的整定

在控制系统中，不同的PID算法一旦确定，算法中的比例系数k_P、积分时间常数k_I、微分时间常数k_D和采样周期T的具体值的确定就成为重要的工作，系统的控制效果的好坏在很大程度上取决于这些参数选取是否合适。关于PID参数的整定的方法很多，由这些整定方法得到的参数值在使用时不一定是最佳的，往往只是作为参考值，在实际控制中，还要通过实验来确定这些参数的最佳有效值。

4.3.1　PID参数变化对系统性能的影响

PID控制器的参数，即比例系数k_P、积分时间常数T_I、微分时间常数T_D分别能对系统性能产生不同的影响。下面讨论这些参数的变化对系统性能变化趋势的影响。

1. 比例系数k_P对系统性能的影响

(1) 对动态性能的影响

比例系数k_P加大，使系统的动作灵敏，速度加快。k_P偏大，则振荡次数增加，调节时间加长。当k_P太大时，系统会趋于不稳定。若k_P太小，又会使系统的动作变得缓慢。

(2) 对稳态性能的影响

加大比例系数k_P，在系统稳定的情况下，可以减小稳态误差，提高控制精度。但是加大k_P只是减小稳态误差，不能完全消除稳态误差。

2. 积分时间常数T_I对系统性能的影响

(1) 对动态性能的影响

T_I太小，系统将不稳定，T_I偏小会引起系统振荡次数增加。T_I太大，对系统性能的影响减小。当T_I合适时，系统的过渡过程的特性才比较理想。

(2) 对稳态性能的影响

积分控制能消除系统的稳态误差，提高控制系统的控制精度。但是T_I太大，积分作用太弱，以至不能减小稳态误差。

3. 微分时间常数T_D对系统性能的影响

微分控制可以改善系统的动态性能，如减小超调量，缩短调节时间。在微分的作用下，允许加大比例控制，使稳态误差减小，提高控制精度。

当T_D偏大时，系统的超调量比较大，系统的调节时间比较长。

当T_D偏小时，系统的超调量也比较大，系统的调节时间也比较长。

只有T_D合适时，系统的过渡过程才能比较满意。

综合起来，不同的控制规律各有特点。对于相同的被控对象。不同的控制规律，有不同的控制效果。实际应用中很少单独使用I或D控制，大多数情况下采用PID、PI或PD控制，视被控对象而定。

4. 控制规律的选择

PID控制是一种最优的控制算法，PID控制参数k_P、T_I、T_D相互独立，参数整定有一定的方法，故PID算法比较简单，计算工作量比较小，容易实现多回路控制。使用时根据对象特性和负载的情况，合理选择控制规律是至关重要的。一般可以根据以下几个方面来判断选择控制

规律:

① 对于一阶惯性对象,负载变化不大,工艺要求不高,可再用比例控制。例如对于压力、液位、串级副控回路。

② 对于一阶惯性与纯滞后环节串联的对象,负载变化不大,要求控制精度较高,可用比例积分控制。例如压力、流量、液位的控制。

③ 对于纯滞后时间 τ 比较大,负载变化比较大,控制性能要求高的场合,可以用比例积分微分控制。例如用于过热蒸汽温度控制、PH 值控制。

④ 当被控对象为高阶(二阶以上)惯性环节又有纯后特性,负载变化较大,控制性能要求也较高时,应采用串级控制、前馈 - 反馈或纯滞后控制。例如用于原料气出口温度的串级控制。

4.3.2 采样周期 *T* 的选择

采样周期应视具体被控对象而定,反应快的对象要求用较短的采样周期;反应慢的被控对象可以选用较长的采样周期。在实际选用采样周期 T 时,可以参考以下几方面的情况:

① 采样频率应大于被测信号最高频率的两倍,实际使用中常选用4 ~ 10 倍。

② 采样周期的选择要注意系统主要干扰的频率,一般希望它们有整数倍的关系,这对抑制测量中出现的干扰和进行数字滤波有益。

③ 当被控对象含有纯滞后时,采样周期应按纯滞后大小选取,尽量采取与纯滞后时间基本相等或是整数倍的关系。

表 4.1 给出了采样周期的经验数据,可参考使用,最后要经过试验获得满意的数值。

一个计算机控制系统,往往含有多个不同被控物理量,采样周期一般应按采样周期最短的物理量回路来选取。对某些要求采样周期特别小的物理量回路可用多次采样的方法,来缩短采样间隔。

表 4.1 采样周期的经验数据

被测参数	采样周期 T/s	备 注
流 量	1 ~ 5	优选 1 ~ 2 s
压 力	3 ~ 10	优选 6 ~ 8 s
液 位	6 ~ 8	优选 7 s
温 度	15 ~ 20	取滞后时间常数
成 分	15 ~ 20	同上

4.3.3 简易工程法整定参数

在工程上目前仍广泛使用试验方法和经验方法来整定 PID 参数,简称为 PID 参数的工程整定方法。这种方法的优点在于整定参数时不必依赖被控对象的数学模型,它是通过经典的频率法简化而来,虽然简单一点,但比较易行,比较适合现场的实时控制应用。

1. 扩充临界比例度法

扩充临界比例度法是简易工程整定方法之一,它是基于模拟 PID 调节器的临界比例度法的一种 PID 数字调节器参数整定方法。用这种方法整定 T、k_p、T_I、T_D 的步骤如下:

① 选择一个足够小的采样周期 $T_{\min}$，如果带有纯滞后的系统，其采样周期取纯滞后时间的十分之一以下。

② 求临界比例度 δ_k 和临界振荡周期 T_k。方法是：按照上面选定的采样周期 $T_{\min}$，使系统按纯比例控制工作（其中 $T_I=\infty$，$T_D=0$），逐渐减小比例度系数，直到系统出现等幅振荡为止，此时系统达到临界振荡状态，记录下这时的比例度系数即为临界比例度 $\delta_k=\dfrac{1}{k_p}$；相应的振荡周期即为临界振荡周期 T_k。

③ 选取控制度。所谓控制度，就是以模拟调节器为基础，将数字控制器控制的效果与模拟控制器的控制效果相比较，其评价函数通常采用误差平方积分来表示：

$$\text{控制度}=\frac{\left[\int_0^\infty e^2(t)\,\mathrm{d}t\right]_{\text{数字PID}}}{\left[\int_0^\infty e^2(t)\,\mathrm{d}t\right]_{\text{模拟PID}}} \tag{4.40}$$

控制度表明数字 PID 控制器的控制效果和模拟 PID 控制器的控制效果相接近的程度。当控制度取为1.05时，数字 PID 和模拟 PID 的控制效果相当。当控制度取2.0时，数字 PID 的控制效果只是模拟 PID 控制效果的一半。对于模拟系统，其误差平方积分可按记录仪描绘的曲线图形面积计算，数字 PID 的误差平方积分可由计算机直接计算。在实际应用中控制度不必实际计算，只需按经验选取一个值就可以了。

④ 根据选取的控制度，查表4.2求出 T、k_p、T_I、T_D 值。

⑤ 将得到的参数加到系统中运行，适当调整参数，直到获得满意的控制效果为止。

表4.2　扩充临界比例度法整定 PID 参数表

控制度	控制规律	T	k_P	T_I	T_D
1.05	PI	$0.03T_k$	$0.55\delta_k$	$0.88T_k$	
	PID	$0.14T_k$	$0.63\delta_k$	$0.49T_k$	$0.14T_k$
1.2	PI	$0.05T_k$	$0.49\delta_k$	$0.91T_k$	
	PID	$0.043T_k$	$0.47\delta_k$	$0.47T_k$	$0.16T_k$
1.5	PI	$0.14T_k$	$0.42\delta_k$	$0.99T_k$	
	PID	$0.20T_k$	$0.348\delta_k$	$0.09T_k$	$0.43T_k$
2.0	PI	$0.22T_k$	$0.368\delta_k$	$1.05T_k$	
	PID	$0.16T_k$	$0.27\delta_k$	$0.40T_k$	$0.22T_k$

2. 扩充响应曲线法

上面的方法，不需要事先知道对象的动态特性，而是直接在闭环系统中进行整定。如果已知系统的动态特性曲线，就可以与模拟调节器方法一样，采用扩充响应曲线法进行整定，其过程如下：

① 首先将数字控制器从控制系统中断开，让系统处于手动状态下，当系统在给定值处达到平衡后，给系统加一阶跃输入信号。

② 用记录仪记录下系统对阶跃函数的响应曲线（即广义对象的飞升曲线），如图4.12所示。

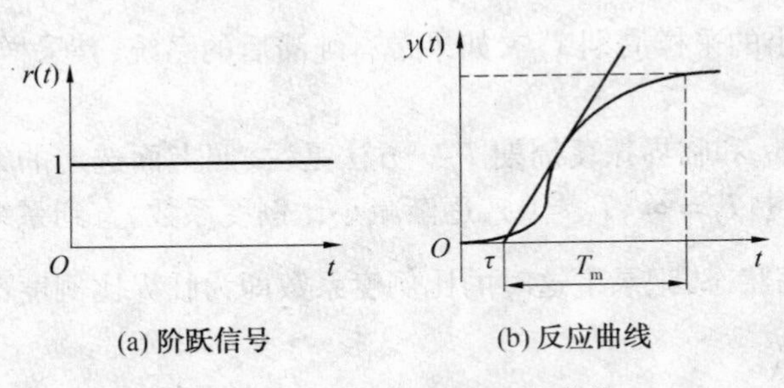

图4.12　广义对象的飞升曲线

③ 在响应曲线最大斜率处作切线，求出等效的纯滞后时间 T_m 及被控对象时间常数 τ，以及其比值$\frac{\tau}{T_m}$。

④ 根据所求的 T_m、τ 和$\frac{\tau}{T_m}$值，查表4.3求出控制器的 T、k_P、T_I、T_D，然后进行试验，使系统处于最佳状态。

表4.3　扩充响应曲线法整定PID参数

控制度	控制规律	T/τ	$k_P/(T_m \cdot \tau^{-1})$	T_I/τ	T_D/τ
1.05	PI	0.1	0.84	3.4	
	PID	0.05	1.15	2.0	0.45
1.2	PI	0.2	0.78	3.6	
	PID	0.16	1.0	1.9	0.55
1.5	PI	0.5	0.68	3.9	
	PID	0.34	0.85	1.62	0.65
2.0	PI	0.8	0.57	4.2	
	PID	0.1	0.6	1.5	0.82

4.3.4　试凑法确定PID调节器参数

试凑法是通过模拟或实际的闭环运行情况，观察系统的响应曲线，然后根据各参数对系统响应的大致影响，反复试凑参数，达到满意的输出响应，从而确定数字PID控制器中的参数。在试凑的过程中可以参考以下的规律：

① 增大比例系数 k_P，可以加快系统的响应，在有静差的情况下有利减小静差，但是过大的比例系数，会使系统有较大的超调，并产生振荡，使系统的稳定性变坏。

② 增大积分时间 T_I，一般有利减小超调，减小振荡，使系统更加稳定，但系统的静差的消除也随之减慢。

③ 增大微分时间 T_D，有利于加快系统的响应，减小振荡，系统的稳定性增加；但系统对干扰的抑制能力也减弱，对扰动的响应也增加敏感性；另外过大的微分系数也将使系统的稳定性变坏。

在试凑的过程中，对参数的调整可按先比例、后积分、再微分的整定过程：

① 先整定比例部分：将比例系数由小到大逐渐调大，观察系统的响应趋势，直到得到系统

反应快，超调小的响应曲线。如果系统没有静差或静差在允许范围内，同时响应曲线也比较满意，则只需使用比例调节器就可以，最优比例系数 k_P 也由此确定。

② 如果在比例调节的基础上系统的静差不能满足设计要求，则需要加入积分环节。整定时一般先置一个较大的积分时间系数 T_I，同时将第一步整定得到的比例系数 k_P 缩小一些（比如取原来的80%），然后减小积分时间系数 T_I，在保持系统较好的动态性能指标的基础上，使系统的静差得到消除。在这个过程中，可以根据响应曲线的变化情况反复调节 k_P 和 T_I，从而得到满意的控制过程和整定参数。

③ 如果加入了比例和积分控制，消除了系统的偏差，但动态过程仍不满意，则可以加入微分环节。在整定时，先置微分系数 T_D 为零，在第二步整定的基础上，增大微分系数 T_D，同时相应地改变比例系数 k_P 和积分时间系数 T_I，逐步试凑，直到获得满意的控制效果和调节参数。

在整定过程中要注意的是：PID 三个参数是可以互相补偿的，即一个参数的减小可以由其他参数的增大或减小来补偿，因此用不同的整定参数可以得到相同的控制效果，这就是 PID 控制器参数选取的非唯一性。

4.3.5 PID 归一参数整定法

PID 调节器参数的整定是一项费时费力的工作。当一台计算机控制数十个控制回路时，整定参数将是非常繁重的工作。下面介绍一种简易的整定方法，即 PID 归一参数整定法。

设 PID 增量算式为

$$\begin{aligned}\Delta u(k) = &\ k_p\left\{[e(kT)-e[(k-1)T]]+\frac{T}{T_I}e(kT)+\frac{T_D}{T}[e(kT)-2e[(k-1)T]+e[(k-2)T]]\right\}=\\ &k_p\left\{\left(1+\frac{T}{T_I}+\frac{T_D}{T}\right)e(kT)-\left(1+\frac{2T_D}{T}\right)e[(k-1)T]+\frac{T_D}{T}e[(k-2)T]\right\}=\\ &k_p\{a_0e(kT)+a_1e[(k-1)T]+a_2e[(k-2)T]\}\end{aligned} \tag{4.41}$$

式中

$$a_0 = 1+\frac{T}{T_I}+\frac{T_D}{T}$$

$$a_1 = -\left(1+2\frac{T_D}{T}\right)$$

$$a_2 = \frac{T_D}{T}$$

对式(4.41)作 z 变换，可得到 PID 数字控制器的 z 传递函数为

$$D(z)=\frac{U(z)}{E(z)}=\frac{k_p(a_0+a_1z^{-1}+a_2z^{-2})}{1-z^{-1}} \tag{4.42}$$

PID 数字控制器参数的整定，就是要确定 T、k_P、T_I、和 T_D 4 个参数，为了减少在线整定参数的数目，根据经验设定以下约束条件，以减少独立变量的个数，如取

$$T\approx 0.1\ T_s, T_I\approx 0.5\ T_s, T_D\approx 0.125\ T_s \tag{4.43}$$

式中 T_s 是纯比例控制时的临界振荡周期。

将式(4.43)代入式(4.42)和式(4.41)中，可得

$$D(z)=\frac{U(z)}{E(z)}=\frac{k_p(2.45+3.5z^{-1}+1.25z^{-2})}{1-z^{-1}} \tag{4.44}$$

对应的差分方程为

$$\Delta u(k) = k_{\mathrm{p}}\{2.45e(kT) - 3.5e[(k-1)T] + 1.25e[(k-2)T]\} \tag{4.45}$$

由式(4.45)可以看出,对4个参数的整定简化成了对一个参数 k_{P} 的整定,使问题明显地简化了。

4.4 设计举例

1. 按二阶工程设计法设计数字控制器

二阶系统是工业生产过程中最常见的一种系统,在实际生产中许多高阶系统可以简化为二阶系统来进行设计处理。二阶系统闭环传递函数的一般形式为

$$\Phi(s) = \frac{1}{1 + T_1 s + T_2 s^2} \tag{4.46}$$

将 s 换成 $\mathrm{j}\omega$ 得到幅相频率特性:

$$\Phi(\mathrm{j}\omega) = \frac{1}{1 + T_1(\mathrm{j}\omega) + T_2(\mathrm{j}\omega)^2} = \frac{1}{(1 - T_2\omega^2) + \mathrm{j}\omega T_1} \tag{4.47}$$

它的模为

$$A(\omega) = |\Phi(\mathrm{j}\omega)| = \frac{1}{\sqrt{(1 - T_2\omega^2)^2 + (T_1\omega)^2}} \tag{4.48}$$

根据控制理论可知,要使二阶系统的输出获得理想的动态品质,即该系统的输出量完全跟踪输入给定量,应该满足以下条件,即

模 $$A(\omega) = 0$$

相位移 $$\varphi(\omega) = 0 \tag{4.49}$$

将式(4.48)代入式(4.49)中,可得到如下结果:

$$T_1^2 - 2T_2 = 0$$

$$T_2^2\omega^4 \to 0$$

所以解得

$$T_1 = \sqrt{2T_2} \tag{4.50}$$

将式(4.50)代入式(4.46)中,可得到理想情况下二阶系统闭环传递函数的形式,即

$$\Phi(s) = \frac{1}{1 + \sqrt{2T_2}\,s + T_2 s^2} \tag{4.51}$$

设 $\Phi_0(s)$ 为该系统的开环传递函数,根据开环传递函数和闭环传递函数的关系有

$$\Phi(s) = \frac{\Phi_0(s)}{1 + \Phi_0(s)} \tag{4.52}$$

则

$$\Phi_0(s) = \frac{\Phi(s)}{1 - \Phi(s)} \tag{4.53}$$

将式(4.51)代入式(4.53)中得

$$\Phi_0(s) = \frac{1}{\sqrt{2T_2}\,s\left(1 + \frac{1}{2}\sqrt{2T_2}\,s\right)} \tag{4.54}$$

式(4.54)称为二阶系统品质最佳的系统开环传递函数基本公式。

2. 设计举例

在实际的生产过程中,被控对象的数学模型相当复杂,对应的传递函数的阶次也比较高,

在数字控制器设计过程中,一般找出影响系统动态性能的主要环节和参数,对系统进行简化,得到二阶的开环传递函数,然后再依据设计要求进行控制器的设计。

假设被控对象经一系列的简化得到的传递函数为

$$G_p(s)=\frac{k}{(T_{s1}s+1)(T_{s2}s+1)} \tag{4.55}$$

式中 k,T_{s1},T_{s2} 为系统参数,且 $T_{s1}>T_{s2}$。这是一个经简化后得到的二阶系统。

从系统的快速性和稳定性角度来看,用计算机来实现对被控对象的动态校正,就是要求含有计算机的闭环控制系统具有二阶最佳设计的基本形式,即开环传递函数的数学表达形式如式(4.54)所示。

设所设计的控制器的传递函数为 $D(s)$,则经动态校正后系统的开环传递函数为

$$\Phi_0(s)=D(s)G_p(s)=D(s)\frac{k}{(T_{s1}s+1)(T_{s2}s+1)} \tag{4.56}$$

为了把式(4.56)化成为二阶设计的基本形式,即式(4.54)的形式,应该选择 $D(s)$ 为 PI 调节器,即

$$D(s)=\frac{\tau s+1}{T_I s} \tag{4.57}$$

为使 PI 控制器能抵消被控对象中较大的时间常数 T_{s1},可选择

$$\tau=T_{s1} \tag{4.58}$$

则式(4.56)可化简为

$$\Phi_0(s)=D(s)G_p(s)=\frac{\tau s+1}{T_I s}\frac{k}{(T_{s1}s+1)(T_{s2}s+1)}=\frac{1}{\frac{T_I}{k}s(T_{s2}S+1)} \tag{4.59}$$

将式(4.59)与式(4.54)比较系数得到

$$\begin{cases}\frac{T_I}{k}=\sqrt{2T_2}\\ T_{s2}=\frac{1}{2}\sqrt{2T_2}\end{cases}$$

解得

$$T_I=2kT_{s2} \tag{4.60}$$

由式(4.60)和式(4.58)得到调节器的传递函数为

$$D(s)=\frac{T_{s1}s+1}{2kT_{s2}s}=k_p(1+\frac{1}{T_I s}) \tag{4.61}$$

式中

$$k_p=\frac{T_{s1}}{2kT_{s2}},T_I=T_{s1}$$

把式(4.61)离散化,得到数字控制器的差分方程为

$$u(k)=u(k-1)+a_0e(k)-a_1e(k-1) \tag{4.62}$$

式中

$$a_0=k_p(1+\frac{T}{T_I})$$

$$a_1=k_p$$

针对式(4.62)进行程序设计后,就完成了数字控制器的设计。

本章小结

数字控制器的模拟化设计是工程中比较实用的设计方法，但是每种方法都有严格的限制条件，其通用性不好。PID 控制是一种最成熟、应用最广泛的控制规律，在实际应用中也比较灵活，根据控制效果可以采用 P、PI、PID 或改进的 PID 控制方案。

习　题

1. 数字控制器与模拟控制器相比有什么优点？

2. 按一定性能指标要求对某一控制系统校正后求得其应加的串联校正装置的传递函数为 $D(s)=\dfrac{1}{s(s+a)}$；试按模拟调节规律离散化的方法实现此调节规律的数字控制器的算法。

3. 某连续控制器的传递函数为

$$D(s)=\frac{1}{s^2+0.2s+1}$$

试用一阶差分法和零阶保持器法求该装置的递推输出序列（设输入为 $e(t)$，输出为 $u(t)$），$T=1$ s。

4. 某连续控制系统校正装置的传递函数为

$$D(s)=\frac{1+s}{1+0.2s}$$

试用双线性变换法求出相应的数字控制器的脉冲传递函数 $D(z)$。（$T=1$ s）

5. 为什么说增量式 PID 调节比位置式 PID 调节更好？二者的区别是什么？

6. 标准的 PID 控制算法中微分项存在什么问题？如何进行改进？

7. 说明 PID 参数的变化对控制系统性能的影响。

8. 说明 PID 控制中，$T_I=\infty$ 和 $T_D=0$ 的含义。

9. 设被控对象由 3 个惯性环节组成，其传递函数为

$$G_p(s)=\frac{1}{s^2+0.2s+1}$$

试用二阶工程设计法设计数字控制器，求出 PID 控制算法。（$T=1$ s）

10. 已知某连续控制器的传递函数为

$$D(s)=\frac{1+0.17s}{0.085s}$$

现用 PID 算法来实现它，试分别写出位置型和增量型 PID 算法输出表达式？（$T=1$ s）

第5章　计算机控制系统的离散化设计

本章重点：最少拍无差控制系统的设计方法及过程，要求系统的闭环脉冲传递函数 $\Phi(z)$ 满足快速性和准确性的要求；典型输入信号作用下，输出跟踪输入的拍数以及针对某种典型输入信号设计的系统，系统不变，输入信号发生变化，系统的适应性；有波纹和无波纹系统设计的要点、过程和方法；史密斯(Smith)预估原理和大林算法中振铃消除的方法；了解数字控制器在频域中的设计方法。

本章难点：设计过程中要求系统的闭环脉冲传递函数 $\Phi(z)$ 满足快速性和准确性的要求；系统的适应性；有波纹和无波纹系统设计的要点。

计算机控制系统的一般结构框图如图5.1所示。图中的数字控制器就是由计算机来承担，即完成对数据的采集、计算和分析，同时输出控制量。离散化设计方法，就是假定被控对象本身是离散化模型或是用离散化模型表示的连续对象，以采样理论为基础，以 z 变换为工具，在 z 域中直接设计数字控制器 $D(z)$，故这种方法也称为直接设计方法。由于数字控制器 $D(z)$ 是依照系统的稳定性、准确性、和快速性等要求逐步设计出来的，所以设计结果要比前面介绍的模拟化设计方法要精确。由于离散化设计方法直接在离散化系统的范畴内进行，避免了由模拟控制器向数字控制器转化的过程，也避开了采样周期对系统动态性能产生影响的问题，是目前广泛采用的计算机控制系统设计的方法。

离散化设计方法分为两类：解析法和图解法。

1. 解析法

根据给定的闭环性能要求，通过解析计算得到数字控制器的 z 传递函数。最典型的设计是最少拍系统的设计。

2. 图解法

图解法与连续系统相对应，分为频率法（也称为 W 变换法）和根轨迹法。

解析法设计的基本思想是：

① 根据已知的对象，针对控制系统的性能指标及相关约定条件，确定一个闭环脉冲传递函数 $\Phi(z)$。

② 根据 $\Phi(z)$ 确定数字控制器的脉冲传递函数 $D(z)$。

③ 根据 $D(z)$ 编制计算机控制程序。

基于上述基本思想设计的数字控制器 $D(z)$ 必须满足性能要求和约束条件，即

① 稳定性：设计的闭环系统是稳定。

② 准确性：系统对典型输入（阶跃、等速、等加速度）的响应必须无稳态误差。有波纹系统要求在采样点上输出跟踪输入无误差，无波纹系统不仅要求在采样点上且要求两个采样点之

间无误差。

③ 快速性:调整过程尽量短,调整时间上应为有限步,且步数最少,即最少拍。

④ 物理上可实现性:设计的数字控制器 $D(z)$ 必须是物理上可实现的。

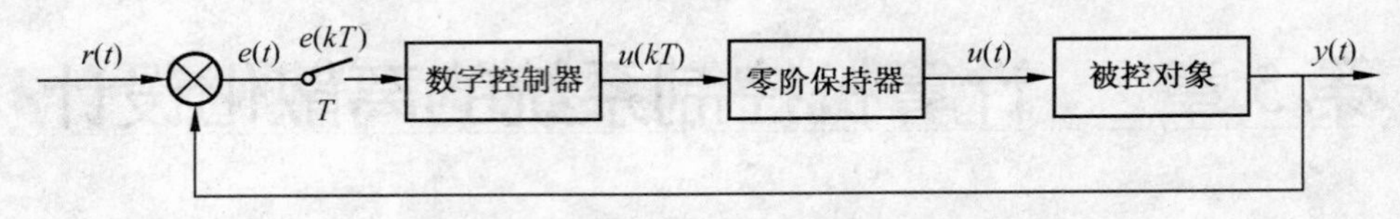

图 5.1　计算机控制系统的一般结构框图

5.1　最少拍无差计算机控制系统的设计

最少拍无差系统是指计算机控制系统在典型输入信号(如阶跃信号、速度信号、加速度信号等)作用下,经过几个采样周期(拍)达到在采样时刻输出与输入无偏差,即系统输出的稳态误差为零,也就是在时间上为最优控制系统。最少拍无差控制系统的设计与被控对象是否含有纯滞后环节和零极点分布等有关。

5.1.1　最少拍无差控制系统的设计方法

假设被控对象的广义脉冲传递函数 $G(z)$ 不含有纯滞后环节 z^{-m} 且是稳定的,即不含有单位圆上及单位圆外的零极点,在这个假设条件下,我们来分析最少拍控制系统的设计过程,然后再引出最少拍有波纹和无波纹系统的设计。最少拍控制系统的框图如图 5.2 所示。图中被控对象 $G_c(s)$ 与零阶保持器 $H_0(s)$ 相串联后取 z 变换后的函数称为被控对象的广义对象脉冲传递函数 $G(z)$,$G(z)=Z[H_0(s)G_c(s)]$,图中的 $D(z)$ 是我们要设计的数字控制器。

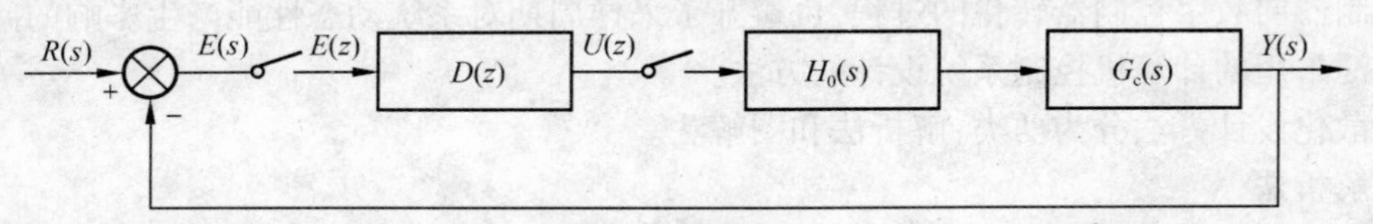

图 5.2　最少拍控制系统的框图

最少拍无差系统的设计,要求系统的闭环脉冲传递函数 $\Phi(z)$ 满足快速性和准确性的要求。由上面的框图可见,系统的闭环脉冲传递函数 $\Phi(z)$ 为

$$\Phi(z)=\frac{D(z)G(z)}{1+D(z)G(z)} \tag{5.1}$$

系统的误差脉冲传递函数为

$$\Phi_e(z)=\frac{E(z)}{R(z)}=\frac{R(z)-Y(z)}{R(z)}=1-\Phi(z) \tag{5.2}$$

则系统的误差可以表示为

$$E(z)=\Phi_e(z)R(z)=(1-\Phi(z))R(z) \tag{5.3}$$

最少拍时 $E(z)$ 的表达式应该是有理整式。

由 z 变换的终值定理得

$$e(\infty)=\lim_{z\to1}(1-z^{-1})E(z)=\lim_{z\to1}(1-z^{-1})\Phi_e(z)R(z) \tag{5.4}$$

这就是系统的稳态偏差。要使系统输出在有限拍(采样周期)内在采样点上完全跟踪输入,则要求 $e(\infty) \to 0$,即 $E(z)$ 的多项式只能是有限项,且项数越少越好。

常见的典型输入信号有以下3种:

单位阶跃:$r(t)=1$,对应的 z 变换为

$$R(z)=\frac{1}{1-z^{-1}} \tag{5.5}$$

单位速度:$r(t)=t$,对应的 z 变换为

$$R(z)=\frac{Tz^{-1}}{(1-z^{-1})^2} \tag{5.6}$$

单位加速度:$r(t)=\frac{1}{2}t^2$,对应的 z 变换为

$$R(z)=\frac{T^2z^{-1}(1+z^{-1})}{2(1-z^{-1})^3} \tag{5.7}$$

一般情况下,输入函数 $r(t)$ 的 z 变换 $R(z)$ 的表达式可以写成如下的通式形式,即

$$R(z)=\frac{B(z)}{(1-z^{-1})^q} \tag{5.8}$$

式中 $B(z)$ 是不含 $(1-z^{-1})$ 因子的关于 z^{-1} 的多项式。针对单位阶跃、速度、加速度输入函数,式中的 q 分别取值为 $q=1,2,3$。

由此得到系统输入与输出的偏差可表示为

$$E(z)=\Phi_e(z)R(z)=\Phi_e(z)\frac{B(z)}{(1-z^{-1})^q} \tag{5.9}$$

因此,从准确性要求看,要使系统的稳态误差尽快为零,则要求误差传递函数 $\Phi_e(z)$ 的表达式中含有 $(1-z^{-1})^p$ 的因子,即 $\Phi_e(z)$ 的表达式的形式应为

$$\Phi_e(z)=(1-z^{-1})^pF(z) \tag{5.10}$$

式中 $p \geqslant q$,且 $F(z)$ 是待定的不含 $(1-z^{-1})$ 因子的关于 z^{-1} 的有限多项式。

要使稳态误差尽快为零,可以取 $p=q$,及 $F(z)=1$,使得 $E(z)$ 的项数最少,系统的调节时间最短。由此则有

$$\Phi_e(z)=(1-z^{-1})^q \tag{5.11}$$

式中 $q=1,2,3$;分别对应输入函数为单位阶跃、单位速度、单位加速度。

则系统的闭环脉冲传递函数 $\Phi(z)$ 为

$$\Phi(z)=1-\Phi_e(z)=1-(1-z^{-1})^q \tag{5.12}$$

这里需要注意的是,上式 $\Phi(z)$ 的推导,仅仅是从系统的准确性和快速性的角度考虑,对被控对象 $G_c(s)$ 的特性没有考虑,即系统的稳定性没有考虑。下面分几种情况分析:

1. 典型输入信号下,输出跟踪输入的拍数

下面看系统在典型输入信号的作用下,输出跟踪输入所需要的拍数(采样周期数)。

(1) 单位阶跃输入信号:$R(z)=\frac{1}{1-z^{-1}}$

$$\Phi_e(z)=(1-z^{-1})^q=1-z^{-1} \quad (\text{针对单位阶跃输入 } q=1)$$

$$\Phi(z)=1-\Phi_e=z^{-1}$$

$$E(z)=\Phi_e(z)R(z)=(1-z^{-1})\frac{1}{1-z^{-1}}=1=1\cdot z^0+0\cdot z^{-1}+0\cdot z^{-2}+0\cdot z^{-3}+\cdots$$

闭环系统的输出

$$Y(z)=R(z)\Phi(z)=z^{-1}\frac{1}{1-z^{-1}}=0\cdot z^0+z^{-1}+z^{-2}+z^{-3}+\cdots$$

输出序列的波形图如图 5.3 所示。

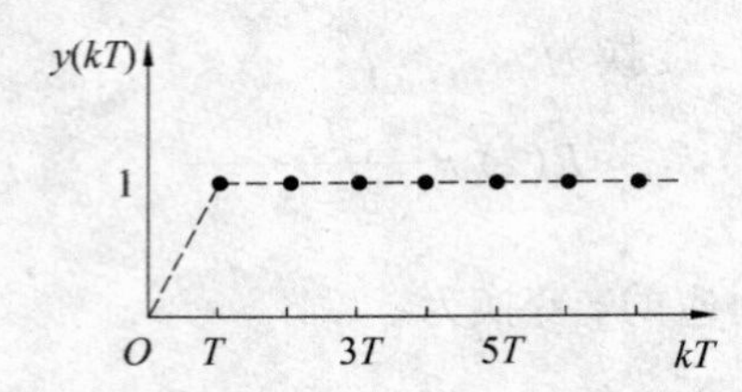

图 5.3　单位阶跃输入时的输出序列

可见输出跟踪输入需要一拍,从第二拍开始输出与输入在采样点上的误差为零。系统的调节时间 $t_s=T$,T 为系统的采样周期。

(2) 单位速度输入:$R(z)=\dfrac{Tz^{-1}}{(1-z^{-1})^2}$

$$\Phi_e(z)=(1-z^{-1})^q=(1-z^{-1})^2 \quad (\text{针对单位速度输入 } q=2)$$

$$\Phi(z)=1-\Phi_e(z)=1-(1-z^{-1})^2=2z^{-1}-z^{-2}$$

$$E(z)=R(z)\Phi_e(z)=\frac{Tz^{-1}}{(1-z^{-1})^2}(1-z^{-1})^2=Tz^{-1}$$

$$Y(z)=R(z)\Phi(z)=\frac{Tz^{-1}}{(1-z^{-1})^2}(2z^{-1}-z^{-2})=0z^0+0z^{-1}+2Tz^{-2}+3Tz^{-3}+\cdots$$

可见系统需要 2 拍(经过 2 个采样周期)在采样点上输出和输入之间的偏差为零,系统的调整时间 $t_s=2T$。

(3) 单位加速度输入:$R(z)=\dfrac{T^2z^{-1}(1+z^{-1})}{2(1-z^{-1})^3}$

$$\Phi_e(z)=(1-z^{-1})^q=(1-z^{-1})^3 \quad (\text{针对单位加速度输入 } q=3)$$

$$\Phi(z)=1-\Phi_e(z)=1-(1-z^{-1})^3=3z^{-1}-3z^{-2}+z^{-3}$$

$$E(z)=R(z)\Phi_e(z)=\frac{T^2z^{-1}(1+z^{-1})}{2(1-z^{-1})^3}(1-z^{-1})^3=$$

$$0\cdot z^0+\frac{1}{2}T^2z^{-1}+\frac{1}{2}T^2z^{-2}+0\cdot z^{-3}+0\cdot z^{-4}+\cdots$$

可见　　$e(0)=0,e(1)=\dfrac{1}{2}T^2,e(2)=\dfrac{1}{2}T^2,e(3)=0,e(4)=0,\cdots,e(n)=0$

故系统要经过 3 拍以后,在采样点上输出与输入的偏差为零。

由以上的分析可见,针对不同的输入信号,系统的输出要跟踪输入所需要的拍数是不同的。

2. 系统在典型输入信号作用下输出跟踪输入的适应性

针对某种典型输入函数设计完成一个闭环控制系统,假设设计完成的系统不变,只改变输入函数,看系统的输出响应如何变化。

① 针对单位速度输入设计系统,观察系统的输出跟踪输入的拍数。

单位速度输入 $r(t)=t$,对应的 z 变换为

$$R(z)=\frac{Tz^{-1}}{(1-z^{-1})^2}$$

取 $\Phi_e(z)=(1-z^{-1})^2$,则

$$\Phi(z)=1-\Phi_z(z)=1-(1-z^{-1})^2=2z^{-1}-z^{-2}$$

系统的输出为

$$Y(z)=R(z)\Phi(z)=\frac{Tz^{-1}}{(1-z^{-1})^2}(2z^{-1}-z^{-2})=0\cdot z^0+0\cdot z^{-1}+2Tz^{-2}+3Tz^{-3}+4Tz^{-4}+\cdots$$

波形图如图 5.4 所示。可见系统的输出要经过 2 拍后才能在采样点上完全跟踪输入。

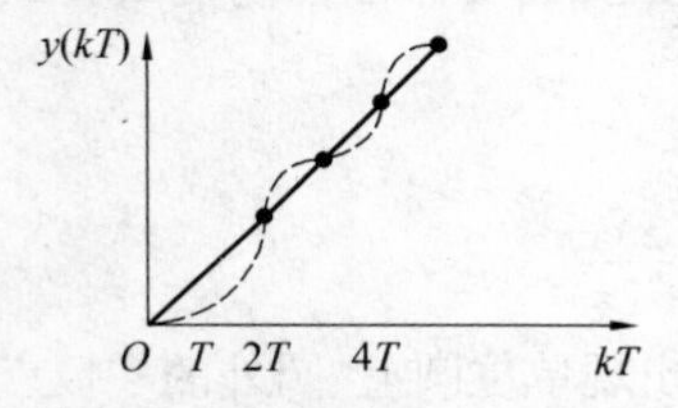

图 5.4　单位速度输入时系统的输出波形

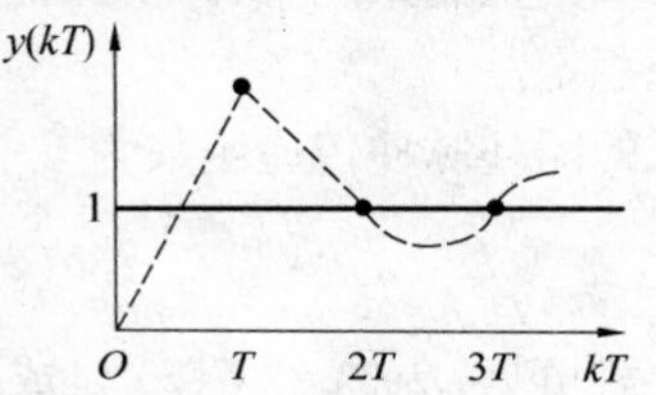

图 5.5　单位阶跃输入时系统的输出波形

② 根据单位速度设计的系统,系统不变,现在改变输入函数,设输入为单位阶跃函数,观察系统输出跟踪输入的拍数。

单位阶跃输入 $r(t)=1(t)$,对应的 z 变换为

$$R(z)=\frac{1}{1-z^{-1}}$$

系统的输出为

$$Y(z)=R(z)\Phi(z)=\frac{1}{1-z^{-1}}(2z^{-1}-z^{-2})=0\cdot z^0+2z^{-1}+z^{-2}+z^{-3}+\cdots$$

输出序列的波形图如图 5.5 所示。由图可见,系统的输出要用两个采样周期才能跟踪输入,且在 $k=1$ 处(第一个采样周期)有 100% 的超调。

③ 同样,按单位速度输入设计好的系统不变,现在输入改为单位加速度,观察系统的输出跟踪输入的情况。

单位加速度输入 $r(t)=\frac{1}{2}t^2$,对应的 z 变换为

$$R(z)=\frac{T^2z^{-1}(1+z^{-1})}{2(1-z^{-1})^3}$$

系统的输出

$$Y(z)=R(z)\Phi(z)=\frac{T^2z^{-1}(1+z^{-1})}{2(1-z^{-1})^3}(2z^{-1}-z^{-2})=$$

$$0\cdot z^0+0\cdot z^{-1}+T^2z^{-2}+3.5T^2z^{-3}+7T^2z^{-4}+11.5T^2z^{-5}+\cdots$$

系统输出序列波形图如图 5.6 所示。可见系统的输出不能完全跟踪输入,存在着静差,系统的性能变坏。

由以上的分析可见，针对某种典型输入函数设计的闭环控制系统，其适应性差。当输入信号改变时，输出不能很好地跟踪输入，出现超调和偏差等现象，使系统的性能变坏。

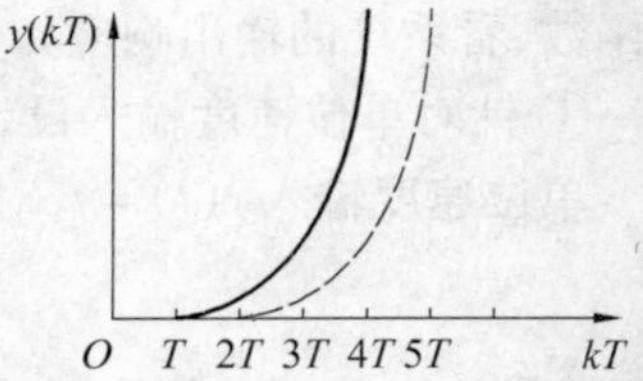

图 5.6　单位加速度的输出波形

5.1.2　快速有波纹系统的设计

在上面介绍的控制系统设计过程中，选定闭环脉冲传递函数 $\Phi(z)$ 时，并没有考虑对被控对象的限制条件。实际上只有当广义对象的脉冲传递函数 $G(z)$ 稳定时，即在单位圆上、圆外没有零极点时，且不含有纯滞后环节 z^{-h} 时，设计的最少拍系统才是正确的。如果上述条件不满足时，对设计就要提出相应的限制。系统性能对闭环脉冲传递函数 $\Phi(z)$ 有如下的要求：

1. 稳定性的要求

在最少拍控制系统中，即要保证输出量在采样点上稳定，也要保证控制变量收敛，方能使闭环系统稳定。

系统的闭环脉冲传递函数为

$$\Phi(z)=\frac{Y(z)}{R(z)}=\frac{D(z)G(z)}{1+D(z)G(z)} \tag{5.13}$$

由上式可见，$D(z)$ 和 $G(z)$ 是成对出现的。当 $G(z)$ 出现单位圆上、园外的零极点时，系统可能出现不稳定。此时可能想到用 $D(z)$ 的相关零极点去抵消 $G(z)$ 的圆上和园外的零极点，这样做在实际控制中是做不到的，同时设计的 $D(z)$ 也含有了圆上园外的零极点，使 $D(z)$ 不稳定。故系统稳定性的约束条件为

① 当 $G(z)$ 有单位圆上、园外的零点时，$\Phi(z)$ 的表达式则应保留这些零点。

② 当 $G(z)$ 有单位圆上、园外的极点时，$\Phi_e(z)$ 的表达式则应把这些极点作为零点保留下来，且 $\Phi_e(z)$ 中应包含典型输入中 $(1-z^{-1})$ 的 q 阶因子。

故 $\Phi(z)$ 的表达式为

$$\Phi(z)=(1-b_1z^{-1})(1-b_2z^{-1})(1-b_3z^{-1})\cdots(1-b_uz^{-1})F_1(z) \tag{5.14}$$

式中 $b_1,b_2,\cdots,b_u$ 是 $G(z)$ 在单位圆上、园外的零点；$F_1(z)$ 是关于 z^{-1} 的多项式，且不含 $G(z)$ 中的不稳定零点 b_i。

上式又可以写成

$$\Phi(z)=\prod_{i=1}^{u}(1-b_iz^{-1})F_1(z) \tag{5.15}$$

$\Phi_e(z)$ 的表达式应为

$$\Phi_e(z)=\prod_{j=1}^{v}(1-a_jz^{-1})F_2(z) \tag{5.16}$$

式中 $F_2(z)$ 是关于 z^{-1} 的多项式且不含有 $G(z)$ 中的不稳定极点 a_j。

2. 准确性(稳态误差应为零)对 $\Phi(z)$ 的要求

误差传递函数

$$\Phi_e(z)=\frac{E(z)}{R(z)}=1-\Phi(z) \tag{5.17}$$

误差

$$E(z)=\Phi_e(z)R(z) \tag{5.18}$$

由终值定理求得稳态误差

$$\lim_{n\to\infty}e(n)=\lim_{z\to 1}(1-z^{-1})E(z)=\lim_{z\to 1}(1-z^{-1})\Phi_e(z)R(z) \tag{5.19}$$

设典型输入信号为

$$r(t)=\frac{r_{q-1}}{(q-1)!}t^{q-1} \tag{5.20}$$

对应的 z 变换形式为

$$R(z)=\frac{B(z)}{(1-z^{-1})^q} \tag{5.21}$$

式中 $B(z)$ 是不含有 $z=1$ 的根的多项式。

故要使系统的稳态误差为零,选择 $\Phi_e(z)$ 的数学表达形式为

$$\Phi_e(z)=1-\Phi(z)=(1-z^{-1})^qF(z) \tag{5.22}$$

式中 $F(z)$ 是不含 $(1-z^{-1})$ 因子的关于 z^{-1} 的多项式。

3. 快速性对 $\Phi(z)$ 的要求

在满足性能要求的条件下,系统要尽快达到稳定,这就要求 $\Phi_e(z)=1-\Phi(z)$ 的展开式的项数尽可能少,也就是要求 $\Phi(z)$ 展开项尽可能少。

4. $D(z)$ 物理上可实现条件对 $\Phi(z)$ 的要求

$D(z)$ 可实现的条件是指数字控制器当前的输出,只与当前时刻的输入、以前的输入和以前的输出信号有关,与将来的输入信号无关。因此 $D(z)$ 不能有 z 的正次幂项。

故 $D(z)$ 的一般表达式为

$$D(z)=\frac{b_0+b_1z^{-1}+b_2z^{-2}+\cdots+b_mz^{-m}}{1+a_1z^{-1}+a_2z^{-2}+\cdots+a_nz^{-n}};\quad n\geqslant m \tag{5.23}$$

即分母的阶次要大于分子的阶次。

另外,当被控对象 $G(z)$ 含有纯滞后 z^{-h} 时,$\Phi(z)$ 的表达式中应该把纯滞后 z^{-h} 保留下来,即 $\Phi(z)$ 的表达式中含有 z^{-h} 项。

满足这样两个条件,$D(z)$ 才可实现,即

$$D(z)=\frac{1}{G(z)}\frac{\Phi(z)}{\Phi_e(z)}=\frac{1}{G(z)}\frac{\Phi(z)}{1-\Phi(z)} \tag{5.24}$$

综上所述,得到满足上述约束条件的闭环脉冲传递函数 $\Phi(z)$ 和闭环误差脉冲传递函数 $\Phi_e(z)$ 的一般表达式的形式为

$$\Phi(z)=z^{-h}\prod_{i=1}^{u}(1-b_iz^{-1})F_1(z) \tag{5.25}$$

式中 $F_1(z)=\varphi_0+\varphi_1z^{-1}+\varphi_2z^{-2}+\cdots+\varphi_{q+v-1}z^{-(q+v-1)}$;$\varphi_0,\varphi_1,\cdots,\varphi_{q+v-1}$ 是待定系数。

$$\Phi_e(z)=(1-z^{-1})^q\prod_{j=1}^{v}(1-a_jz^{-1})F_2(z) \tag{5.26}$$

式中 $F_2(z)=1+p_1z^{-1}+p_2z^{-2}+\cdots+p_{u+h-1}z^{-(u+h-1)}$;其中 $p_1,p_2,\cdots,p_{u+h-1}$ 是待定系数。

上面的待定系数可以由关系式 $\Phi(z)=1-\Phi_e(z)$ 来确定。

这里需要注意的是,$\Phi_e(z)$ 中关于 $(1-z^{-1})$ 因子数取 q 和 $G(z)$ 的 $z=1$ 极点数两者中的大者,同时考虑 $\Phi(z)$ 的阶次。$\Phi(z)$ 中的 h 为纯滞后的阶次。而且,当 $G(z)$ 中含有 $z=1$ 的极点

时，$\Phi(z)$ 中的 $F_1(z)$ 多项式可以降一阶设计。

符号说明：$q=1,2,3$ 分别对应单位阶跃、单位速度、单位加速度输入；

v——$G(z)$ 在单位圆上和园外的极点个数；

u——$G(z)$ 在单位圆上和园外的零点个数；

b_i——$G(z)$ 的零点；

a_i——$G(z)$ 的极点；

h——$G(z)$ 中含有纯滞后 z^{-h} 的阶次。

下面通过例题来说明最少拍有波纹系统的设计过程。

【例题5.1】 对于图5.7所示系统，被控对象的传递函数 $G_c(s)=\dfrac{10}{s(1+s)(1+0.1s)}$，$T=0.5$ s，当输入为单位阶跃函数时，设计最少拍有波纹控制系统的数字控制器 $D(z)$，并分析系统输出响应。

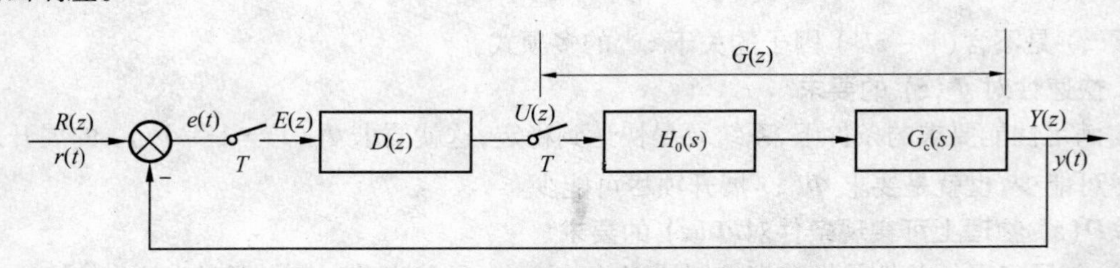

图5.7 例5.1最少拍系统框图

解 被控对象的广义对象脉冲传递函数为

$$G(z)=Z[G_c(s)H_0(s)]=Z[\frac{10}{s(1+s)(1+0.1s)}\frac{1-e^{-Ts}}{s}]=$$

$$\frac{0.738\,5z^{-1}(1+1.481\,5z^{-1})(1+0.535\,5z^{-1})}{(1-z^{-1})(1-0.606\,5z^{-1})(1-0.006\,7z^{-1})}$$

可见 $G(z)$ 含有纯滞后环节 z^{-1}，单位圆外的零点 $z=-1.481\,5$，分母含有单位圆上的极点 $z=1$，故 $\Phi(z)$ 中的多项式 $F_1(z)$ 可以降一阶设计。

观察 $G(z)$ 有 $h=1,u=1,v=1$，针对单位阶跃输入 $q=1$。则 $\Phi(z)$ 的表达式为

$$\Phi(z)=z^{-h}\prod_{i=1}^{u}(1-b_iz^{-1})(\varphi_0+\varphi_1z^{-1}+\varphi_2z^{-1}+\cdots+\varphi_{q+v-1}z^{-(q+v-1)})=$$

$$z^{-1}(1+1.481\,5z^{-1})\varphi_0$$

$$\Phi_e(z)=(1-z^{-1})^q\prod_{j=1}^{v}(1-a_jz^{-1})(1+p_1z^{-1}+p_2z^{-2}+\cdots+p_{u+h-1}z^{-(u+h-1)})=$$

$$(1-z^{-1})(1+p_1z^{-1})$$

【说明】 $\Phi_e(z)$ 表达式的形式要考虑到 $\Phi_e(z)$ 与 $\Phi(z)$ 的阶次要相同，即 $\Phi(z)=1-\Phi_e(z)$；另外 $\Phi_e(z)$ 没有体现 $\prod\limits_{j=1}^{v}(1-a_jz^{-1})$ 项，是考虑到 $G(z)$ 含有 $z=1$ 的不稳定极点时，让 $\Phi_e(z)$ 含有 $(1-z^{-1})$ 的零点，与快速性要求 $\Phi_e(z)$ 含 $(1-z^{-1})^q$（相当含 q 个 $z=1$ 的零点）往往会重复，故 $\Phi_e(z)$ 的表达式就不要包含 $G(z)$ 中的极点项 $(1-a_jz^{-1})$。

由 $\Phi(z)=1-\Phi_e(z)$ 有

$$\varphi_0 z^{-1}(1+1.481\,5z^{-1}) = 1-(1-z^{-1})(1+p_1 z^{-1})$$

两边同时整理得

$$\varphi_0 z^{-1}+1.481\,5z^{-2} = (1-p_1)z^{-1}+p_1 z^{-2}$$

比较系数有
$$\begin{cases}\varphi_0 = 1-p_1\\ 1.4815\varphi_0 = p_1\end{cases}$$

得
$$\begin{cases}\varphi_0 = 0.403\\ p_1 = 0.597\end{cases}$$

故
$$\begin{cases}\Phi(z) = 0.403z^{-1}(1+1.481\,5z^{-1})\\ \Phi_e(z) = (1-z^{-1})(1+0.597z^{-1})\end{cases}$$

则
$$D(z) = \frac{1}{G(z)}\frac{\Phi(z)}{\Phi_e(z)} = \frac{0.545\,7(1-0.606\,5z^{-1})(1-0.006\,7z^{-1})}{(1+0.597z^{-1})(1+0.535\,5z^{-1})}$$

在单位阶跃输入信号的作用下，系统的输出响应为

$$Y(z) = \Phi(z)R(z) = 0.403z^{-1}(1+1.481\,5z^{-1})\frac{1}{1-z^{-1}} =$$
$$0\cdot z^0 + 0.403z^{-1} + z^{-2} + z^{-3} + \cdots$$

数字控制器 $D(z)$ 的输出响应为

$$U(z) = Y(z)\frac{1}{G(z)} =$$
$$0.403z^{-1}(1+1.481\,5z^{-1})\frac{1}{1-z^{-1}}\frac{(1-z^{-1})(1-0.606\,5z^{-1})(1-0.006\,7z^{-1})}{0.738\,5z^{-1}(1+1.481\,5z^{-1})(1+0.053\,55z^{-1})} =$$
$$\frac{0.545\,7-0.334\,6z^{-1}+0.002\,2z^{-2}}{1+0.053\,55z^{-1}} =$$
$$0.545\,7z^0 - 0.363\,8z^{-1} + 0.197z^{-2} - 0.010\,5z^{-3} + 0.007\,5z^{-4} - \cdots$$

最少拍有波纹系统的输出和数字控制器的输出波形如图 5.8 所示。

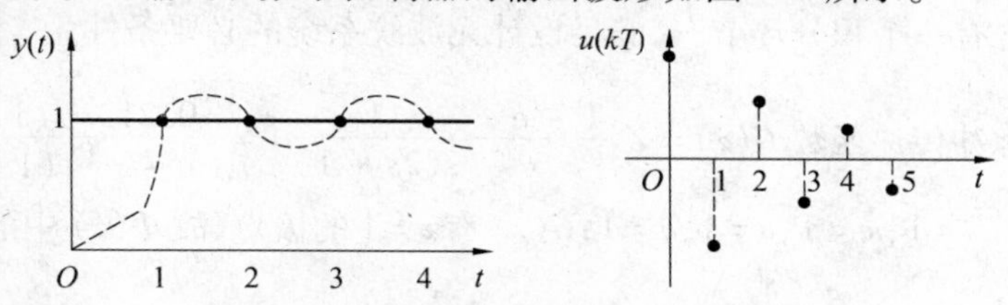

图 5.8　最少拍有波纹系统的输出波形和数字控制器的输出波形图

可见，系统的输出在两个采样点之间有波纹，数字控制器的输出是正负衰减振荡。

5.1.3　快速无波纹系统的设计

上述设计的系统实现了采样时刻的无差跟踪，在非采样时刻是有波纹存在的，这种波纹造成了系统的偏差，消耗了能量，增加了机械磨损。为了克服这种现象，下面讨论波纹产生的原因和无波纹系统设计的要求。

1. 有波纹的原因

有波纹的主要原因是数字控制器的输出序列 $u(k)$ 经过若干拍后输出值不为零或常数，而是振荡收敛的。这个波动的控制量作用在保持器的输入端，保持器的输出也必然波动，于是系

统的输出也出现了波动。

2. 无波纹设计的要求

除了满足有波纹系统设计的稳定性要求外,还要满足 $\Phi(z)$ 要把 $G(z)$ 的全部零点作为零点保留下来。这样一来增加了 $\Phi(z)$ 含 z^{-1} 的幂次,增加了调整时间,增加的拍数等于 $G(z)$ 在单位圆内的零点数。

3. 系统设计的必要条件

被控对象 $G_c(s)$ 要含有无波纹系统所需要的积分环节。对单位阶跃输入、单位速度输入 $G_c(s)$ 至少含有一个积分环节,对单位加速度输入 $G_c(s)$ 至少含有两个积分环节。

4. $\Phi(z)$ 的确定

根据上面的要求和必要条件,$\Phi(z)$ 表达式的形式应选择为

$$\Phi(z)=z^{-h}\prod_{i=1}^{w}(1-b_iz^{-1})(\varphi_0+\varphi_1z^{-1}+\varphi_2z^{-2}+\cdots+\varphi_{q+v-1}z^{-(q+v-1)}) \tag{5.27}$$

式中:w 为 $G(z)$ 在单位圆上、圆外、圆内全部零点的个数。

上式中多项式$(\varphi_0+\varphi_1z^{-1}+\varphi_2z^{-2}+\cdots+\varphi_{q+v-1}z^{-(q+v-1)})$关于 z^{-1} 的阶次的确定:当 $G(z)$ 中含有 $z=1$ 的极点时,$(\varphi_0+\varphi_1z^{-1}+\varphi_2z^{-2}+\cdots+\varphi_{q+v-1}z^{-(q+v-1)})$ 可以降一阶设计。

$\Phi_e(z)$ 的表达式:当 $G(z)$ 含 $z=1$ 的极点时,$\Phi_e(z)$ 中关于$(1-z^{-1})$的因子数目取 q 和 v 中数目大者,同时考虑 $\Phi_e(z)$ 与 $\Phi(z)$ 的阶次要相同。

5. 设计过程

下面通过例题说明 $\Phi(z)$ 的确定过程。

【例题 5.2】 对于图 5.7 所示系统,当被控对象的传递函数为 $G_c(s)=\dfrac{1}{s(2s+1)}$;$T=1(s)$;输入为单位阶跃信号时,设计最少拍无波纹控制系统的数字控制器 $D(z)$,并分析系统输出响应。

解 $G_c(s)$ 含有一个积分环节$\dfrac{1}{s}$,满足设计无波纹系统的必要条件。

广义对象的脉冲传递函数 $G(z)=Z\left(\dfrac{1-e^{-Ts}}{s}\dfrac{1}{s(2s+1)}\right)=\dfrac{0.213z^{-1}(1+0.847z^{-1})}{(1-z^{-1})(1-0.606\,5z^{-1})}$

由 $G(z)$ 可见:$h=1,w=1,v=1,q=1$;$G(z)$ 有 $z=1$ 的极点,故 $\Phi(z)$ 中的多项式可以降一阶设计。

$$\Phi(z)=z^{-h}\prod_{i=1}^{w}(1-b_iz^{-1})(\varphi_0+\varphi_1z^{-1}+\varphi_2z^{-2}+\cdots+\varphi_{q=v-1}z^{-(q+v-1)})=$$
$$z^{-1}(1+0.847z^{-1})\varphi_0=\varphi_0z^{-1}+0.847\varphi_0z^{-2}$$

$$\Phi_e(z)=(1-z^{-1})^q\prod_{j=1}^{v}(1-a_jz^{-1})(1+p_1z^{-1}+p_2z^{-2}+\cdots+p_{u+h-1}z^{-(u+h-1)})=$$
$$(1-z^{-1})(1+p_1z^{-1})=1+(p_1-1)z^{-1}-p_1z^{-2}$$

由 $\Phi(z)=1-\Phi_e(z)$ 恒等式比较系数得:$\begin{cases}\varphi_0=0.541\\p_1=0.459\end{cases}$

故
$$\Phi(z)=0.541z^{-1}(1+0.847z^{-1})$$
$$\Phi_e(z)=(1-z^{-1})(1+0.459z^{-1})$$

数字控制器 $D(z)=\frac{1}{G(z)}\frac{\Phi(z)}{\Phi_e(z)}=\frac{2.54(1-0.605z^{-1})}{1+0.459z^{-1}}$

数字控制器的输出

$$U(z)=D(z)\Phi_e(z)R(z)=\frac{2.54(1-0.6065z^{-1})(1-z^{-1})(1+0.459z^{-1})}{(1+0.459z^{-1})(1-z^{-1})}=$$
$$2.54z^0-1.54z^{-1}+0\cdot z^{-2}+0\cdot z^{-3}+\cdots$$

可见 $U(z)$ 的输出在两拍以后为常数零。

系统的输出

$$Y(z)=\Phi(z)R(z)=\frac{0.541z^{-1}(1+0.847z^{-1})}{1-z^{-1}}=0\cdot z^0+0.541z^{-1}+z^{-2}+z^{-3}+\cdots$$

无波纹系统的系统输出的波形图和控制器输出的波形图如图 5.9 所示。系统的输出在两个采样点之间没有波纹的主要原因是数字控制器的输出在几拍后是常数。

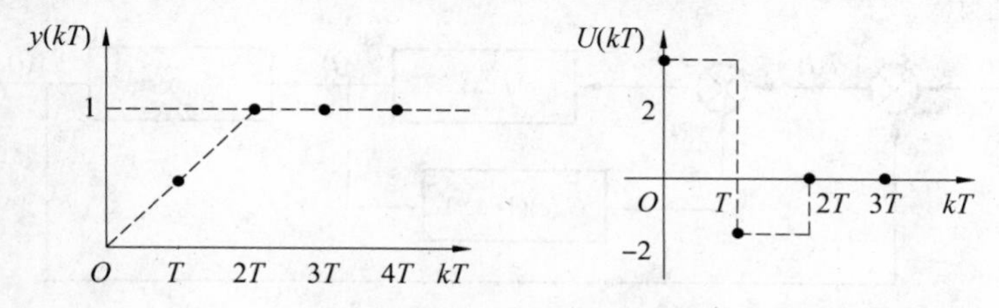

图 5.9 无波纹系统的系统输出和控制器输出的波形图

5.2 纯滞后控制系统的设计

在工业生产过程中，大多数生产被控对象含有较大的纯滞后时间，被控对象的纯滞后时间 τ 对控制系统的控制性能极为不利，它使系统的稳定性降低、动态性能变坏、引起系统输出超调和持续振荡。当被控对象的纯滞后时间 τ 与被控对象的惯性时间常数 T_τ 之比超过 0.5 时，采用常规的 PID 控制器很难取得良好的控制效果。因此对含有纯滞后特性的被控对象，要采取特殊的控制方法。

对含有纯滞后对象的控制过程，系统对控制过程的快速性要求是次要的，而对系统的稳定性，产生较小的超调的要求是主要的。对此工程设计人员提出了许多设计方法，比较有代表的方法是史密斯(Smith) 预估器和大林(Dahlin) 算法。

5.2.1 史密斯(Smith) 预估控制

对含有纯滞后对象的控制，史密斯(Smith) 提出了一种纯滞后补偿模型，由于模拟仪表不能实现这种补偿，使得这种方法在工程实践中无法实现。现在利用微型计算机进行控制就可以方便地实现纯滞后补偿控制。

1. 史密斯(Smith) 预估控制原理

在图 5.10 所示的控制系统中，$D(s)$ 表示控制器的传递函数，$G_c(s)e^{-\tau s}$ 表示被控对象的传递函数，其中 $G_c(s)$ 为被控对象中不含有纯滞后部分的传递函数，$e^{-\tau s}$ 是被控对象纯滞后部分的传递函数。该系统的闭环传递函数为

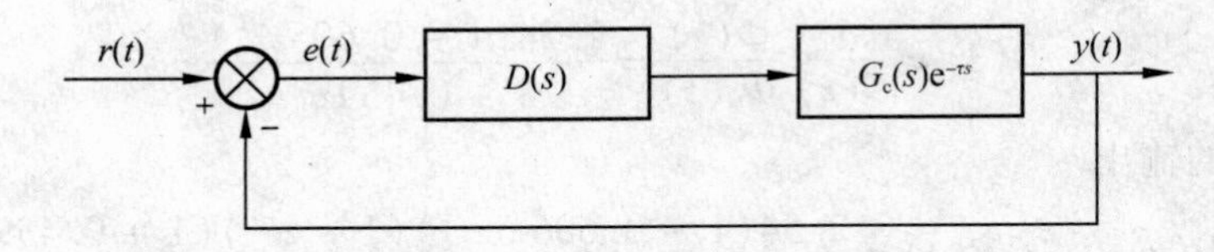

图 5.10　含有纯滞后环节的控制系统

$$\Phi(s)=\frac{D(s)G_c(s)\mathrm{e}^{-\tau s}}{1+D(s)G_c(s)\mathrm{e}^{-\tau s}} \tag{5.28}$$

从该式可见，$\Phi(s)$ 的分母包含纯滞后环节 $\mathrm{e}^{-\tau s}$，这会使系统的稳定性降低，当 τ 足够大时系统将不稳定。为改善这类大纯滞后系统的稳定性可以采用史密斯（Smith）预估器。

史密斯预估原理是与 $D(s)$ 并接一个补偿环节，用来补偿被控对象的纯滞后部分。这个补偿环节称为预估器，其传递函数为 $G_c(s)(1-\mathrm{e}^{-\tau s})$，其中 τ 为纯滞后时间。补偿后的控制系统框图如图 5.11 所示。

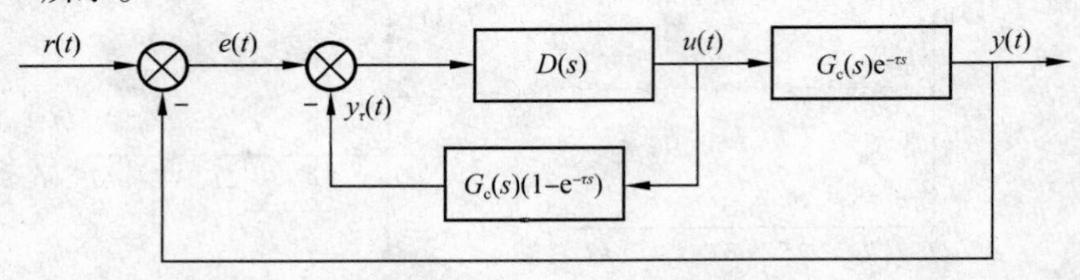

图 5.11　带史密斯（Smith）预估器的控制系统框图

在图 5.11 中，由史密斯预估器和调节器 $D(s)$ 组成的补偿环节称为纯滞后补偿器，其传递函数为

$$D_p(s)=\frac{D(s)}{1+D(s)G_c(s)(1-\mathrm{e}^{-\tau s})} \tag{5.29}$$

经补偿后的控制系统的闭环传递函数为

$$\Phi(s)=\frac{D_p(s)G_c(s)\mathrm{e}^{-\tau s}}{1+D_p(s)G_c(s)\mathrm{e}^{-\tau s}}=\frac{D(s)G_c(s)}{1+D(s)G_c(s)}\mathrm{e}^{-\tau s} \tag{5.30}$$

由上式可见，经补偿后，消除了纯滞后部分对控制系统的影响，式中 $\mathrm{e}^{-\tau s}$ 项已经移到了闭环控制系统之外，相当于一个闭环环节串连一个延时环节 $\mathrm{e}^{-\tau s}$，如图 5.12 所示。而此时的 $\mathrm{e}^{-\tau s}$ 已经不影响系统的稳定性，由拉氏变换的移位定理可知，项 $\mathrm{e}^{-\tau s}$ 只是将控制 $Y_c(s)$ 在时间坐标上推移了一个时间 τ 而得到 $y(t)$，其形状是完全相同的，如图 5.13 所示，控制系统的过渡过程及其他性能指标都与对象为 $G_c(s)$ 时完全相同。

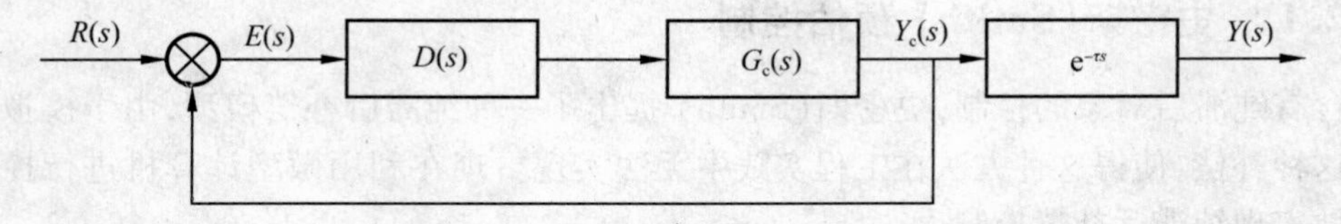

图 5.12　补偿后的控制系统框图

下面再说明为什么称为预估。

由 $\Phi(s)=\frac{D_p(s)G_c(s)\mathrm{e}^{-\tau s}}{1+D_p(s)G_c(s)\mathrm{e}^{-\tau s}}=\frac{D(s)G_c(s)}{1+D(s)G_c(s)}\mathrm{e}^{-\tau s}$ 进行适当的变换有

$$\Phi(s)=\frac{D(s)G_c(s)}{1+D(s)G_c(s)}e^{-\tau s}=\frac{D(s)G_c(s)e^{-\tau s}}{1+D(s)G_c(s)e^{-\tau s}e^{+\tau s}}=\frac{D(s)G_m(s)}{1+D(s)G_m(s)e^{\tau s}} \tag{5.31}$$

该式对应的框图如图5.14所示。

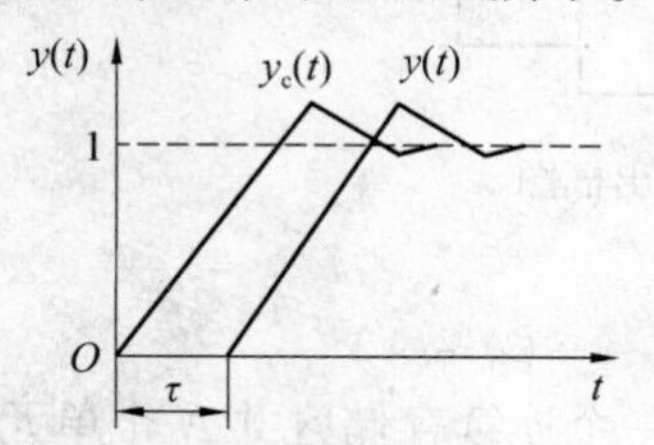

图5.13 补偿前和补偿后的输出比较

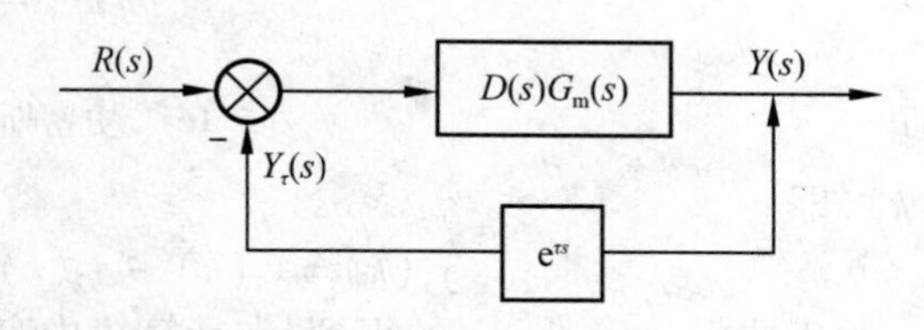

图5.14 带有超前环节的控制系统框图

式(5.31)表明,在反馈回路串接一个超前环节 $e^{\tau s}$,则输出 $Y(s)$ 经 $e^{\tau s}$ 环节后进入调节器,超前环节的输出 $Y_\tau(s)$ 比实际输出 $Y(s)$ 提前一个时间 τ,即 $y_\tau(t)=y(t+\tau)$,相位上 $Y_\tau(s)$ 比 $Y(s)$ 提前 $\omega\tau$ 弧度,故从开始上可把纯滞后视为超前控制作用,实质上是对被控参数 $y(t)$ 的预估。

2. 具有纯滞后补偿环节的数字控制系统的实现

当系统的纯滞后时间 τ 不是很大的情况下,可以采用延长数字控制系统的采样周期的方法来改善系统的控制质量。如果纯滞后时间 τ 比较长,采样周期取得过大,以致系统不能及时的发现干扰而影响控制质量。在这种情况下,就要采用纯滞后补偿的方法来组成数字控制系统。如图5.15所示。图中为了方便,计算机实现的史密斯(Smith)预估器仍用传递函数来表示。

具有纯滞后补偿环节的数字控制系统的算法可按以下步骤进行。

① 计算系统的偏差 $e(k)$:$e(k)=r(k)-y(k)$。

② 计算史密斯预估器的输出:$y_\tau(t)$。

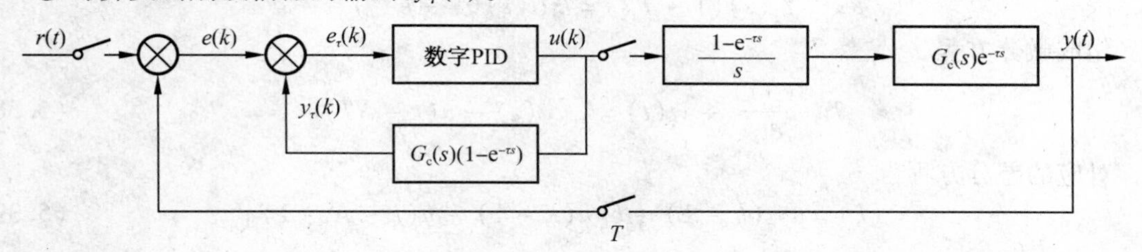

图5.15 具有纯滞后补偿的控制系统框图

史密斯预估器的传递函数为

$$G_\tau(s)=G_c(s)(1-e^{-\tau s})=G_c(s)-G_c(s)e^{-\tau s} \tag{5.32}$$

由此可见补偿器经离散化后的输出可由两部分组成:一部分是 $G_c(s)$ 的输出用 $y_1(k)$ 表示;另一部分是 $G_c(s)e^{-\tau s}$ 的输出用 $y_\tau(k-N)$ 表示。而 $y_\tau(k-N)$ 就是第 $(k-N)$ 次采样时刻离散化后 $G_c(s)$ 部分的输出。N 为纯滞后时间 τ 折合到采样周期 T 的周期数,即

$$N=\frac{\tau}{T} \tag{5.33}$$

史密斯预估器的输出框图如图5.16所示。

图中 $u(k)$ 是数字PID控制器的输出,$y_\tau(k)$ 是史密斯预估器的输出。由图可见,要计算史密斯预估器的输出 $y_\tau(k)$,必须先计算出 $G_c(s)$ 的输出 $y_1(k)$ 后,才能计算史密斯预估器的输出

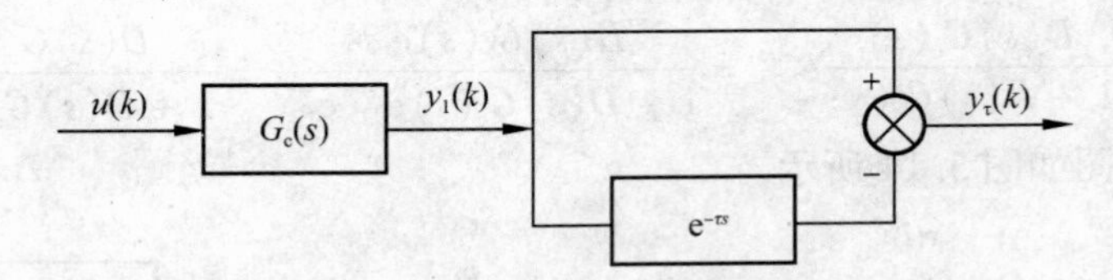

图 5.16　史密斯预估器输出框图

$y_\tau(k)$，即

$$y_\tau(k) = y_1(k) - y_2(k) = y_1(k) - y_1(k-N) \tag{5.34}$$

关于式中 $y_1(k-N)$ 的得到：在计算机内存中开辟一个连续存储区共 N 个单元，在计算一次 $y_1(k)$ 时，就将 $y_1(k)$ 存入0号单元，同时将0号单元原来存放的数据移到1号单元，1号原来的内容移到2号单元……依此类推，从第 N 号单元输出的信号就是滞后 N 个采样周期的 $y_1(k-N)$ 信号，从而得到 $y_\tau(k)$。

上面谈的方法是通过移动存储器内容的方法得到 $y_\tau(k)$，下面再介绍通过计算的方法得到预估器的输出。

许多工业对象的动态特性可以近似地用一阶惯性环节和纯滞后环节相串联表示，即

$$G_p(s) = G_c(S)e^{-\tau s} = \frac{k_f}{1+T_f s}e^{-\tau s} \tag{5.35}$$

式中：k_f 为被控对象的放大系数；T_f 为被控对象的时间常数；τ 为被控对象的纯滞后时间。

史密斯预估器的传递函数可表示为

$$G_\tau(s) = G_c(s)(1-e^{-\tau s}) = \frac{k_f}{1+T_f s}(1-e^{-\tau s}) \tag{5.36}$$

即

$$\frac{Y_\tau(s)}{U(s)} = \frac{k_f}{1+T_f s}(1-e^{-\tau s}) \tag{5.37}$$

$$Y_\tau(s)(1+T_f s) = k_f U(s)(1-e^{-\tau s})$$

化成微分方程

$$T_f\frac{dy_\tau(t)}{dt} + y_\tau(t) = k_f[u(t) - u(t-NT)] \tag{5.38}$$

对应的差分方程

$$y_\tau(k) = ay_\tau(k-1) + b[u(k-1) - u(k-N-1)] \tag{5.39}$$

式中 $a = e^{-\frac{T}{T_f}}, b = k_f(1-e^{-\frac{T}{T_f}})$

上式称为史密斯预估器的控制算法。

③ 计算偏差 $e_\tau(k)$：$e_\tau(k) = e(k) - y_\tau(k)$　　(5.40)

④ 按偏差 $e_\tau(k)$ 计算控制量 $u(k)$：采用PID增量式控制算法时，有

$$u(k) = u(k-1) + \Delta u(k) = u(k-1) + k_p[e_\tau(k) - e_\tau(k-1)] + k_I e_\tau(k) + k_d[e_\tau(k) - 2e_\tau(k-1) + e_\tau(k-2)] \tag{5.41}$$

式中：k_p 为比例系数；$k_I = k_p\dfrac{T}{T_I}$ 为积分系数；$k_I = k_p\dfrac{T}{T_I}$ 为微分系数。

根据式(5.41)进行程序设计，即可完成数字控制的算法。

5.2.2　大林(Dahlin)算法

1968年，IBM公司的大林(Dahlin)提出一种针对工业过程中含有纯滞后对象的控制算法

——大林算法,在实际应用中获得比较好的效果。

1. 大林算法 $D(z)$ 的基本形式

设含有纯滞后对象的计算机控制系统的框图如图5.17所示。纯滞后对象的传递函数为 $G_c(s)$,零阶保持器的传递函数为 $H_0(S)=\dfrac{1-e^{-Ts}}{s}$,数字控制器为 $D(z)$,是我们要设计的。

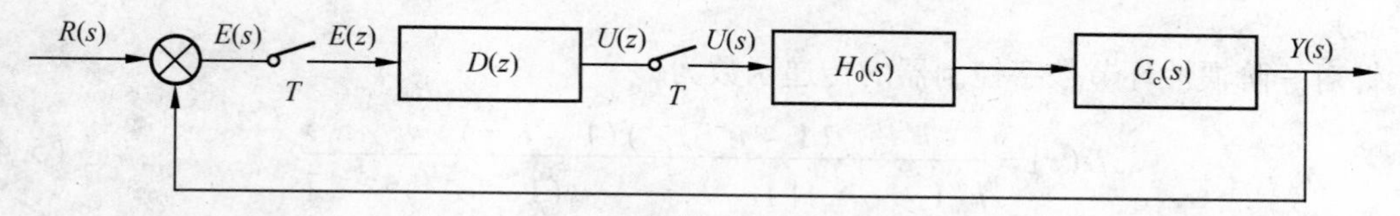

图5.17　纯滞后对象的计算机控制系统框图

大林算法是用来解决含有纯滞后对象的控制问题,而大多数工业过程对象都为纯滞后的一阶惯性环节或带纯滞后的二阶惯性环节。它们的传递函数分别为

一阶惯性环节:

$$G_c(s)=\frac{ke^{-\theta s}}{\tau_1 s+1} \tag{5.42}$$

二阶惯性环节:

$$G_c(s)=\frac{ke^{-\theta s}}{(\tau_1 s+1)(\tau_2 s+1)} \tag{5.43}$$

式中:$\theta=NT$ 为对象的纯滞后时间,N 为正整数,T 为采样周期;τ_1,τ_2 为被控对象的时间常数;k 为放大系数。

大林算法的设计目标是使整个闭环系统所期望的闭环传递函数 $\Phi(s)$ 相当于一个纯滞后环节和一个惯性环节相串联,其中纯滞后环节的滞后时间与被控对象的纯滞后时间 τ 完全相同。

(1) 取期望的闭环传递函数 $\Phi(s)$

$$\Phi(s)=\frac{e^{-\theta s}}{\tau s+1} \tag{5.44}$$

式中 $\theta=NT$ 为纯滞后时间,与被控对象取得一致,τ 为时间常数。

一般情况下,被控对象是与一个零阶保持器相串联,则闭环脉冲传递函数为

$$\Phi(z)=Z\left[\frac{1-e^{-Ts}}{s}\frac{e^{-NTs}}{\tau s+1}\right]=\frac{z^{-N-1}(1-e^{-\frac{T}{\tau}})}{1-e^{-\frac{T}{\tau}}z^{-1}} \tag{5.45}$$

(2) 被控对象的广义脉冲传递函数 $G(z)$

对于一阶惯性环节:

$$G(z)=Z\left[\frac{1-e^{-Ts}}{s}\frac{ke^{-NTs}}{\tau_1 s+1}\right]=kz^{-N-1}\frac{1-e^{\frac{T}{\tau_1}}}{1-e^{-\frac{T}{\tau_1}}z^{-1}} \tag{5.46}$$

对于二阶惯性环节:

$$G(z)=Z\left[\frac{1-e^{-Ts}}{s}\frac{ke^{-NTs}}{(\tau_1 s+1)(\tau_2 s+1)}\right]=k\frac{(c_1+c_2z^{-2})z^{-N-1}}{(1-e^{-\frac{T}{\tau_1}}z^{-1})(1-e^{-\frac{T}{\tau_2}}z^{-1})} \tag{5.47}$$

式中

$$c_1=1+\frac{1}{\tau_2-\tau_1}(\tau_1 e^{-\frac{T}{\tau_1}}-\tau_2 e^{-\frac{T}{\tau_2}})$$

$$c_2 = \mathrm{e}^{-T(\frac{1}{\tau_1}+\frac{1}{\tau_2})} + \frac{1}{\tau_2 - \tau_1}(\tau_1 \mathrm{e}^{-\frac{T}{\tau_2}} - \tau_2 \mathrm{e}^{-\frac{T}{\tau_1}})$$

(3) 控制器的脉冲传递函数 $D(z)$

根据 $D(z) = \frac{1}{G(z)} \frac{\Phi(z)}{1 - \Phi(z)}$，将上面推导的 $\Phi(z)$ 和 $G(z)$ 代入该式中，经整理就得到 $D(z)$。

针对一阶惯性环节数字控制器的传递函数为

$$D(z) = \frac{(1 - \mathrm{e}^{-\frac{T}{\tau_1}}z^{-1})(1 - \mathrm{e}^{-\frac{T}{\tau}})}{k(1 - \mathrm{e}^{-\frac{T}{\tau_1}})[1 - \mathrm{e}^{-\frac{T}{\tau}}z^{-1} - (1 - \mathrm{e}^{-\frac{T}{\tau}})z^{-N-1}]} \tag{5.48}$$

针对二阶惯性环节数字控制器的传递函数为

$$D(z) = \frac{(1 - \mathrm{e}^{-\frac{T}{\tau}})(1 - \mathrm{e}^{-\frac{T}{\tau_1}}z^{-1})(1 - \mathrm{e}^{-\frac{T}{\tau_2}}z^{-1})}{k(c_1 + c_2 z^{-1})[1 - \mathrm{e}^{-\frac{T}{\tau}}z^{-1} - (1 - \mathrm{e}^{-\frac{T}{\tau}})z^{-N-1}]} \tag{5.49}$$

根据上面的过程完成了数字控制器的设计。如果被控对象的时间延迟是采样周期的整数倍，就按上述过程设计数字控制器 $D(z)$。如果被控对象的时间延迟不是采样周期的整数倍，设计数字控制器 $D(z)$ 就不能按照上述方法进行，需要按照非整数倍采样周期时间延迟系统的脉冲传递函数去设计。关于这方面的内容请查阅相关的资料。

2. 振铃现象及其消除

直接用上面介绍的控制算法构成闭环控制系统时，经过运行发现数字控制器的输出 $U(z)$ 会以 1/2 采样频率大幅度上下衰减振荡，这种现象称为振铃现象。

振铃现象与前面所介绍的最少拍有波纹系统中的波纹不一样，波纹是由于数字控制器的输出一直是振荡的，而影响到闭环系统的输出在两个采样点之间一直有波纹。而振铃现象中的振荡是衰减的，由于被控对象中惯性环节的低通性，使得这种振荡对系统的输出几乎没有影响。但是振铃现象会增加执行机构的磨损，还可能影响到系统的稳定性。因此在系统设计中，应该设法消除振铃现象。

为了衡量振铃现象强烈程度引入振幅 RA 这个物理量。振幅 RA 的定义是在单位阶跃信号的作用下，数字控制器的第 0 次输出与第一次输出差值。

数字控制器 $D(z)$ 的一般表达式为

$$D(z) = kz^{-N} \frac{1 + a_1 z^{-1} + a_2 z^{-2} + \cdots}{1 + b_1 z^{-1} + b_2 z^{-2} + \cdots} = kz^{-N} Q(z) \tag{5.50}$$

式中

$$Q(z) = \frac{1 + a_1 z^{-1} + a_2 z^{-2} + \cdots}{1 + b_1 z^{-1} + b_2 z^{-2} + \cdots} \tag{5.51}$$

可见，当不考虑 kz^{-N} 时（它只是输出序列的延时），数字控制器的输出幅度的变化只取决于函数 $Q(z)$。$Q(z)$ 在单位阶跃信号作用下的输出为

$$\begin{aligned} Q(z)R(z) &= \frac{Q(z)}{(1 - z^{-1})} = \frac{1 + a_1 z^{-1} + a_2 z^{-2} + \cdots}{(1 - z^{-1})(1 + b_1 z^{-1} + b_2 z^{-2} + \cdots)} = \\ & \frac{1 + a_1 z^{-1} + a_2 z^{-2} + \cdots}{1 + (b_1 - 1)z^{-1} + (b_2 - b_1)z^{-2} + \cdots} = \\ & 1 + (b_1 - a_1 + 1)z^{-1} + (b_2 - a_2 + a_1)z^{-2} + \cdots \end{aligned} \tag{5.52}$$

根据振幅的定义：$RA = 1 - (b_1 - a_1 + 1) = a_1 - b_1$

产生振铃现象的根源是函数 $Q(z)$ 在 z 平面上位于 $z=-1$ 附近有极点所致。当极点在 $z=-1$ 点时，振铃现象严重；在单位圆内离 $z=-1$ 越远，振铃现象越弱。在单位圆内右半平面的极点会减弱振铃现象，而在单位圆内右半平面的零点会加剧振铃现象。

针对这种情况大林提出一种消除振铃现象的简单可行的方法，就是根据设计好的数字控制器 $D(z)$，找出产生振铃现象的因子（单位圆左半平面接近 $z=-1$ 的极点），令该因子中的 $z=1$ 即可。相当于取消了该因子产生振铃现象的可能性。根据终值定理，这样处理不影响稳态输出值，但是能改变数字控制器 $D(z)$ 的动态特性，影响到闭环系统的瞬态性能。

另外还有一种方法：从保证闭环系统的特性出发，合理的选择采样周期以及时间常数 τ，调节数字控制器的输出，以达到避免振铃现象。

下面分析被控对象含有纯滞后的一阶或二阶惯性环节振铃现象的消除方法。

(1) 被控对象为含有纯滞后的一阶惯性环节

当被控对象为纯滞后的一阶惯性环节时，其数字控制器的数学表达式为

$$D(z) = \frac{(1 - e^{-\frac{T}{\tau}})(1 - e^{-\frac{T}{\tau_1}}z^{-1})}{k(1 - e^{-\frac{T}{\tau_1}})[1 - e^{-\frac{T}{\tau}}z^{-1} - (1 - e^{-\frac{T}{\tau}})z^{-N-1}]} = \frac{1 - e^{-\frac{T}{\tau}}}{k(1 - e^{-\frac{T}{\tau_1}})} \frac{1 - e^{-\frac{T}{\tau_1}}z^{-1}}{1 - e^{-\frac{T}{\tau}}z^{-1} - (1 - e^{-\frac{T}{\tau}})z^{-N-1}} \tag{5.53}$$

式中：τ 是设计系统的时间常数；τ_1 是被控对象的时间常数。

式(5.53) 与 $\dfrac{Q(z)}{1 - z^{-1}}$ 式比较，可知

$$a_1 = e^{-\frac{T}{\tau_1}}, \quad b_1 = e^{-\frac{T}{\tau}}$$

则振铃的振幅值为

$$RA = a_1 - b_1 = e^{-\frac{T}{\tau_1}} - e^{-\frac{T}{\tau}}$$

由该式可见：

若 $\tau \geqslant \tau_1$，$RA \leqslant 0$，无振铃现象；

若 $\tau < \tau_1$，$RA > 0$，有振铃现象。

所以当系统的时间常数 τ 大于被控对象的时间常数 τ_1 时，也可以消除振铃现象。

下面分析产生振铃的极点：

将 $D(z)$ 表达式的分母分解，即

$$D(z) = \frac{(1 - e^{-\frac{T}{\tau}})(1 - e^{-\frac{T}{\tau_1}}z^{-1})}{k(1 - e^{-\frac{T}{\tau}})(1 - z^{-1})[1 + (1 - e^{-\frac{T}{\tau}})(z^{-1} + z^{-2} + z^{-3} + \cdots + z^{-N-1})]} \tag{5.54}$$

在上式的分母中，$z=1$ 的极点不引起振铃现象。可引起振铃的因子为

$$[1 + (1 - e^{-\frac{T}{\tau}})(z^{-1} + z^{-2} + \cdots + z^{-N-1})]$$

当 $N=0$ 时，该因子不存在，无振铃现象；

当 $N=1$ 时，该因子为 $[1 + (1 - e^{-\frac{T}{\tau}})(z^{-1})]$，极点在 $z=-(1 - e^{-\frac{T}{\tau}})$ 处，当 $\tau \ll T$ 时，$z \to -1$，将引起严重的振铃现象。

令该因子中 $z=1$，此时消除振铃后的数字控制器为

$$D(z)=\frac{(1-e^{-\frac{T}{\tau}})(1-e^{-\frac{T}{\tau_1}}z^{-1})}{k(1-e^{-\frac{T}{\tau_1}})(2-e^{-\frac{T}{\tau}})(1-z^{-1})} \tag{5.55}$$

当 $N=2$ 时,可引起振铃的因子为 $[1+(1-e^{-\frac{T}{\tau}})(z^{-1}+z^{-2})]$,则极点为

$$z=-\frac{1}{2}(1-e^{-\frac{T}{\tau}})\pm\frac{1}{2}j\sqrt{4(1-e^{-\frac{T}{\tau}})-(1-e^{-\frac{T}{\tau}})^2} \tag{5.56}$$

$$|z|=\sqrt{1-e^{-\frac{T}{\tau}}} \tag{5.57}$$

当系统的时间常数 $\tau \ll$ 采样周期 T 时:$z=-\frac{1}{2}\pm j\frac{\sqrt{3}}{2}$,则 $|z|=1$。此时将产生严重的振铃现象。令该因子中 $z=1$,则该因子为 $3-2e^{-\frac{T}{\tau}}$,此时消除振铃后的数字控制器为

$$D(z)=\frac{(1-e^{-\frac{T}{\tau}})(1-e^{-\frac{T}{\tau_1}}z^{-1})}{k(1-e^{-\frac{T}{\tau_1}})(3-2e^{-\frac{T}{\tau}})(1-z^{-1})} \tag{5.58}$$

(2)被控对象为含有纯滞后的二阶惯性环节

当被控对象为含有纯滞后的二阶惯性环节时,按照大林算法求得的数字控制器形式为

$$D(z)=\frac{(1-e^{-\frac{T}{\tau}})(1-e^{-\frac{T}{\tau_1}}z^{-1})(1-e^{-\frac{T}{\tau_2}}z^{-1})}{k(c_1+c_2z^{-1})[1-e^{-\frac{T}{\tau}}z^{-1}-(1-e^{-\frac{T}{\tau}})z^{-N-1}]} \tag{5.59}$$

分母有一个极点 $z=-\frac{c_2}{c_1}$,当 $T\to 0$ 时,$\lim\limits_{\tau\to 0}\left[-\frac{c_2}{c_1}\right]=-1$,即 $z=-1$,该极点将引起强烈振铃现象,其振铃的幅值为 $RA=\frac{c_2}{c_1}-e^{-\frac{T}{\tau}}+e^{-\frac{T}{\tau_1}}+e^{-\frac{T}{\tau_2}}$,当 $T\to 0$ 时,$RA=2$。

消除这个极点,修正后的数字控制器为

$$D(z)=\frac{(1-e^{-\frac{T}{\tau}})(1-e^{-\frac{T}{\tau_1}}z^{-1})(1-e^{-\frac{T}{\tau_2}}z^{-1})}{k(1-e^{-\frac{T}{\tau_1}})(1-e^{-\frac{T}{\tau_2}})[1-e^{-\frac{T}{\tau}}z^{-1}-(1-e^{-\frac{T}{\tau}})z^{-N-1}]} \tag{5.60}$$

【例题5.3】 被控对象 $G_c(s)=\frac{e^{-s}}{s+1}$,$T=0.5$ s,用大林算法设计 $D(z)$,讨论发生振铃的现象,并消除振铃。

解 由纯滞后一阶惯性环节的传递函数 $G_c(s)=\frac{ke^{-\theta s}}{\tau_1 s+1}$ 与题目给的被控对象 $G_c(s)$ 相比较可知:$\tau_1=1$,$k=1$,$N=\frac{\theta}{T}=\frac{1}{0.5}=2$。

广义对象的传递函数

$$G(s)=\frac{1-e^{-Ts}}{s}G_c(s)=\frac{(1-e^{-0.5s})e^{-s}}{s(s+1)}$$

由前面推导的一阶惯性环节的广义对象的脉冲传递函数 $G(z)$ 的形式为

$$G(z)=kz^{-N-1}\frac{1-e^{-\frac{T}{\tau_1}}}{1-e^{-\frac{T}{\tau_1}}z^{-1}}$$

将 τ_1,k,N,T 等值代入得

$$G(z)=z^{-3}\frac{1-e^{-0.5}}{1-e^{-0.5}z^{-1}}=\frac{0.393\,5z^{-3}}{1-0.606\,5z^{-1}}$$

大林算法的目的是所设计的数字控制器 $D(z)$，能使闭环系统的脉冲函数相当于一个带纯滞后的一阶惯性环节。这里取 $\tau=0.1$ s。

根据一阶惯性环节的数字控制器的表达形式为

$$D(z)=\frac{(1-\mathrm{e}^{-\frac{T}{\tau}}z^{-1})(1-\mathrm{e}^{-\frac{T}{\tau}})}{k(1-\mathrm{e}^{-\frac{T}{\tau_1}})[1-\mathrm{e}^{-\frac{T}{\tau}}z^{-1}-(1-\mathrm{e}^{-\frac{T}{\tau}})z^{-N-1}]}$$

将 k,N,τ,τ_1,T 等系数代入整理得

$$D(z)=\frac{2.524(1-0.6065z^{-1})}{1-0.0067z^{-1}-0.9933z^{-3}}$$

将上式的分母用 $(1-z^{-1})$ 去长除得

$$1+0.9933z^{-1}+0.9933z^{-2}$$

故

$$D(z)=\frac{2.524(1-0.6065z^{-1})}{(1-z^{-1})(1+0.9933z^{-1}+0.9933z^{-2})}$$

$D(z)$ 有 3 个极点：　$z_1=1$

$$z_2=z_3=-0.4967\pm0.846\mathrm{j}$$

$z_1=1$ 不引起振铃，$z_2=z_3=-0.4967\pm0.846\mathrm{j}$ 可引起振铃现象。振铃的极点为

$$|z_2|=|z_3|=\sqrt{1-\mathrm{e}^{-\frac{T}{\tau}}}=\sqrt{1-\mathrm{e}^{-5}}=0.9966\cong1$$

要消除振铃，可令 $(1+0.9933z^{-1}+0.9933z^{-2})$ 因子中的 $z=1$ 即可。

则修改后的数字控制器为　$D(z)=\dfrac{0.8451(1-0.6065z^{-1})}{1-z^{-1}}$

到此按照大林算法设计的数字控制器完成。

5.3　数字控制器的频域设计法

对于连续控制系统，有基于 s 平面的频域设计法。对于离散系统的设计，由于 z 函数的特殊形式，$z=\mathrm{e}^{\mathrm{j}\omega T}$，所以要做一定的变换使之成为有理函数后，才能应用频率法。选用变化公式

$$z=\frac{2+Tw}{2-Tw}\tag{5.61}$$

或

$$w=\frac{2}{T}\frac{z-1}{z+1}=\frac{2}{T}\frac{(1-z^{-1})}{(1+z^{-1})}\tag{5.62}$$

就可以把 z 平面的单位圆映射到 w 平面上，且与 s 平面有类似的对应关系，这样就可以运用与连续系统相同的频域设计方法。

5.3.1　数字控制器的频率特性

设一阶校正器的传递函数 $D(w)$ 的一般形式为

$$D(w)=\frac{1+\dfrac{w}{\nu_z}}{1+\dfrac{w}{\nu_p}}\tag{5.63}$$

式中 ν_z 和 ν_p 分别是 w 平面中的零点和极点的位置。

相位超前和相位滞后校正器是以 ν_z 和 ν_p 在 w 平面中的相对位置来区分的。当 $\nu_z < \nu_p$ 时，$D(w)$ 具有超前相位，称为相位超前校正器；当 $\nu_z > \nu_p$ 时，$D(w)$ 具有滞后相位，称为相位滞后校正器。

1. 相位超前校正器

令 $w = \mathrm{j}\nu$ 代入 $D(w)$ 的表达式中，有

$$D(\mathrm{j}\nu) = \frac{1 + \mathrm{j}\dfrac{\nu}{\nu_z}}{1 + \dfrac{\nu}{\nu_p}} \tag{5.64}$$

$\nu_z < \nu_p$ 的幅频特性如图 5.18(a) 所示。它从 $\nu = \nu_z$ 开始，随着频率的增加幅度上升，最后趋于恒定值 $20\lg\dfrac{\nu_p}{\nu_z}$。其相频特性如图 5.18(b) 所示，可以看出 $D(\mathrm{j}\nu)$ 的相角 φ 超前，它在 0° ~ 90° 之内变化，最大相角 φ_m 发生在频率 ν_m 处，它是 ν_z 和 ν_p 的几何平均值。相角的表示式为

$$\varphi = \arctan\frac{\nu}{\nu_z} - \arctan\frac{\nu}{\nu_p} \tag{5.65}$$

将上式求导，并令其为零，可得

$$\nu_m = \sqrt{\nu_z \nu_p} \tag{5.66}$$

由此求得最大相角为

$$\varphi_m = \arctan\frac{1}{2}\left[\sqrt{\frac{\nu_p}{\nu_z}} - \sqrt{\frac{\nu_z}{\nu_p}}\right] \tag{5.67}$$

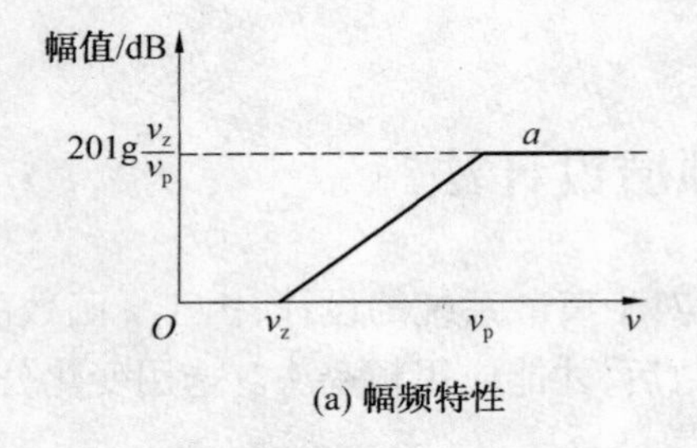

(a) 幅频特性

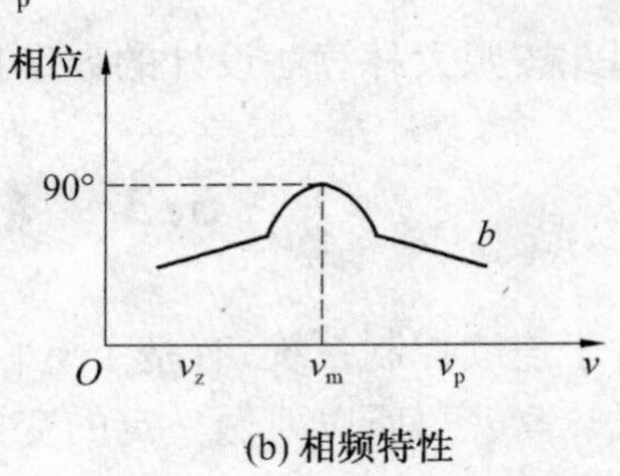

(b) 相频特性

图 5.18　相位超前校正器的频率特性

相位超前校正器的特点是，高端增益的增加($20\lg\dfrac{\nu_p}{\nu_z} > 0$)易使系统不稳定，而超前相位又有使系统稳定的趋势。如果能够选择这样的 ν_z 和 ν_p，使相位超前发生在交界频率附近，则可以增加相位裕量，如图 5.19 所示。由图可见，相位校正器增加了频带宽度，而低频增益基本不变，因此稳定精度同无校正时一样。

2. 相位滞后校正器

当 $\nu_z > \nu_p$ 时，可以画出相位滞后校正器的频率特性如图 5.20 所示。由图可以看出，从 $\nu = \nu_p$ 开始，幅频特性逐渐下降，在高频时，增益趋近于恒定值 $-20\lg\dfrac{\nu_p}{\nu_z}$。$D(\mathrm{j}\nu)$ 的相位 φ 是滞后的，在 -90° ~ 0° 之间变化，最大的相位 φ_m 及其相应的频率 ν_m 的计算公式分别同式(5.64)和式(5.65)。

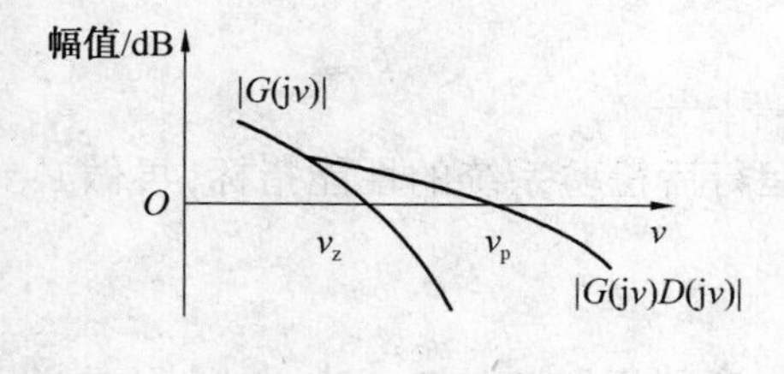

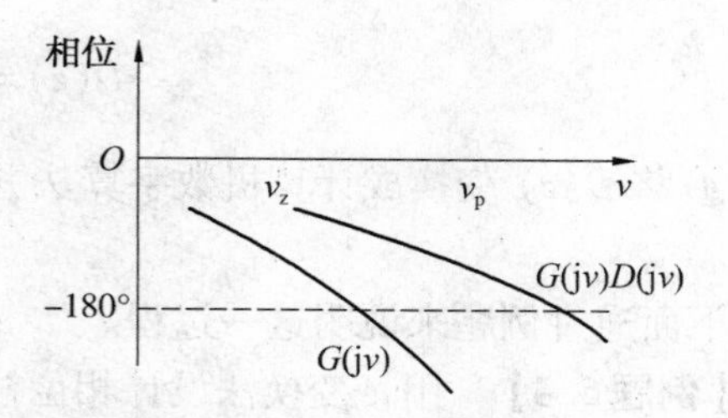

图5.19　具有相位超前校正器的开环频率特性

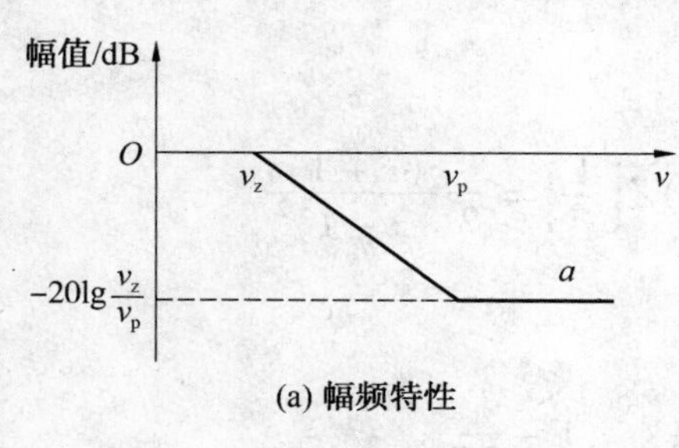

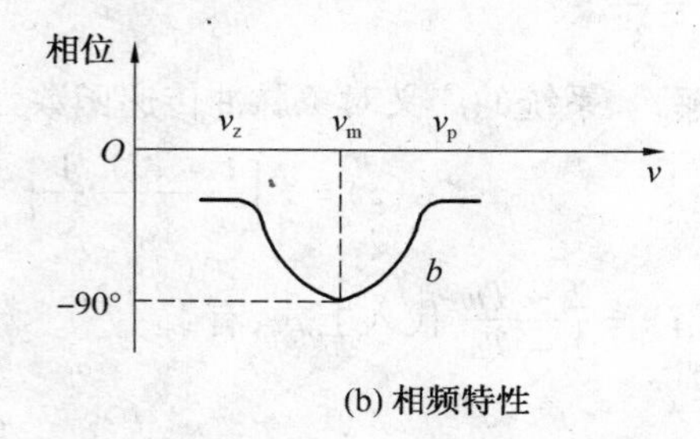

图5.20　相位滞后校正器的频率特性

相位滞后校正器的特点是增益的减少($20\lg\dfrac{\nu_p}{\nu_z}<0$)使系统趋于稳定,而相位滞后易使系统不稳定。为了不使校正器的附加滞后相位移影响相位交界频率附近的相频特性,ν_z 和 ν_p 应该远小于相位交界频率如图5.21所示。由该图的幅频特性可以看出,相位滞后校正器减少了频带宽度,在 $\nu=0$ 附近的增益不变,稳态精度不受影响。

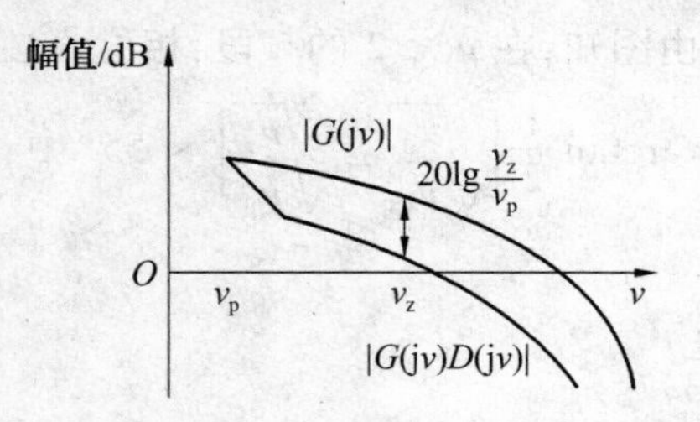

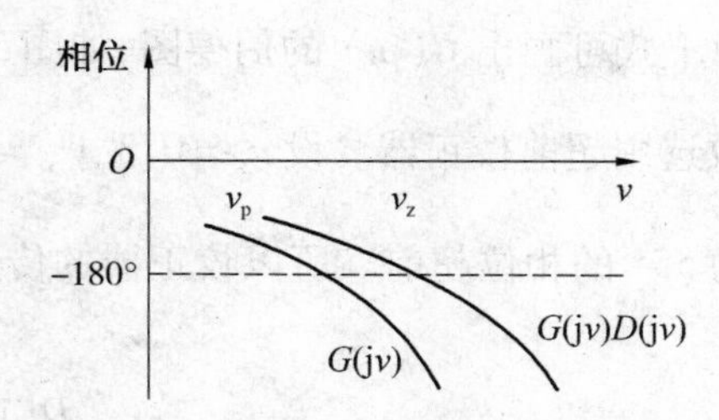

图5.21　具有相位滞后校正器的开环频率特性

5.3.2　*w* 变换法的设计步骤

在 w 平面设计数字控制器的一般步骤是:

① 根据给定的被控对象传递函数,求出包含零阶保持器在内的广义对象的脉冲传递函数

$$G(z)=Z\left[\frac{1-\mathrm{e}^{-Ts}}{s}G_c(s)\right]=(1-z^{-1})Z\left(\frac{G_c(s)}{s}\right) \tag{5.68}$$

② 选取采样周期 T,进行 w 变换,即

$$D(w)=D(z)\Big|_{z=\frac{(1+\frac{T}{2}w)}{(1-\frac{T}{2}w)}} \tag{5.69}$$

令 $w=\mathrm{j}\nu$,作 $G(\mathrm{j}\nu)$ 的伯德图,用与连续系统相同的方法,根据相位裕度和幅值裕度的要求进行补偿校正,设计出 $D(w)$。

③ 将 $D(w)$ 变换成 z 平面的脉冲传递函数 $D(z)$,即

$$D(z)=D(w)\bigg|_{w=\frac{2}{T}\frac{(1-z^{-1})}{(1+z^{-1})}} \tag{5.70}$$

④将 $D(z)$ 变换成计算机数字算法并编程，经运行后检验系统的性能指标，再做必要的修正。

下面通过例题来说明这一过程。

【例题5.4】 用 w 变换法设计相位校正器 $D(z)$，采样周期 $T=10$ s，被控对象的传递函数 $G_c(z)=\dfrac{1}{s^2}$。

解 系统的广义对象脉冲传递函数为

$$G(z)=Z\left[\frac{1-e^{-Ts}}{s}\frac{1}{s^2}\right]=(1-z^{-1})Z\left[\frac{1}{s^2}\right]=\frac{T^2}{2}\frac{(z+1)}{(z-1)^2}$$

用 $z=\dfrac{2+Tw}{2-Tw}$ 代入上式，有

$$G(w)=\frac{T^2}{2}\frac{\dfrac{2+Tw}{2-Tw}+1}{\left(\dfrac{2+Tw}{2-Tw}-1\right)^2}=\frac{1-\dfrac{w}{2T}}{w^2}$$

令 $w=j\nu$，则

$$G(j\nu)=\frac{1-\dfrac{j\nu}{2T}}{(j\nu)^2}=\frac{\dfrac{j\nu}{2T}-1}{\nu^2}=\frac{0.05j\nu-1}{\nu^2}$$

由上式可画出 $G(j\nu)$ 的伯德图，如图5.22所示。由图知，在 $\nu<2$ 的频段，相位角必须增加。故选用超前校正器。设 $\nu_z=0.3$，$\nu_p=3$，代入 $\varphi_m=\arctan\dfrac{1}{2}\left[\sqrt{\dfrac{\nu_p}{\nu_z}}-\sqrt{\dfrac{\nu_z}{\nu_p}}\right]\approx 55°$ 中，可以产生约55°的相位超前。所以校正器的传递函数为

$$D(j\nu)=\frac{1+\dfrac{j\nu}{0.3}}{1+\dfrac{j\nu}{3}}$$

校正后的伯德图如图5.23所示。为使系统获得满意的相位裕量，需有 $\dfrac{1}{3.16}$ 的增益。所以，

$D(w)=\dfrac{1}{3.16}\dfrac{1+\dfrac{w}{0.3}}{1+\dfrac{w}{3}}$，将其转换到 z 平面上，有

$$D(z)=D(w)\bigg|_{w=\frac{2}{T}\frac{(1-z^{-1})}{(1+z^{-1})}}=\frac{1}{3.16}\frac{(3T+20)z+3T-20}{(3T+2)z+3T-2}$$

令 $T=10$ s 代入，有

$$D(z)=0.49\,\frac{z+0.2}{z+0.875}=0.49\,\frac{1+0.2z^{-1}}{1+0.875z^{-1}}$$

这就是所求的数字控制器。

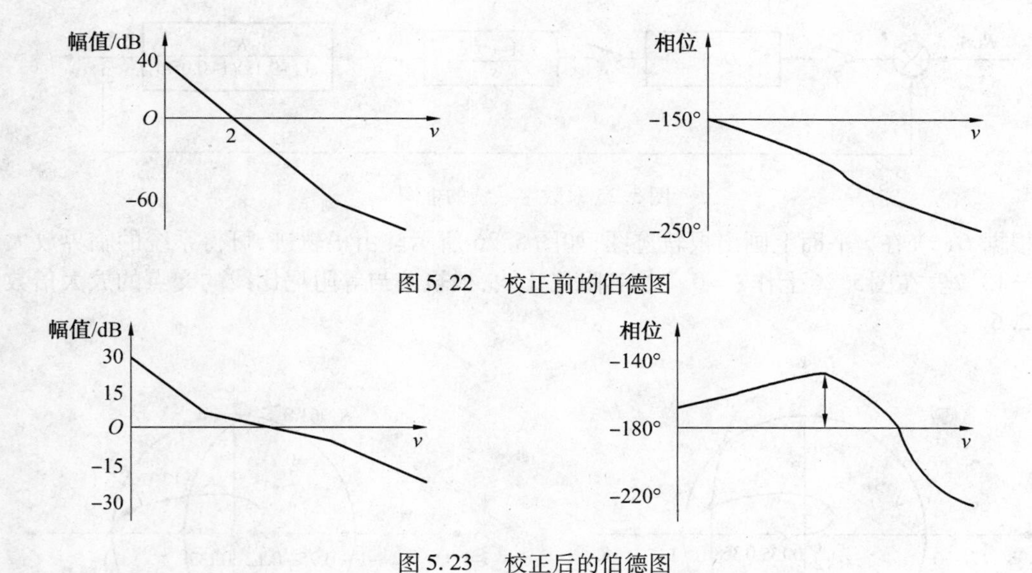

图 5.22 校正前的伯德图

图 5.23 校正后的伯德图

5.4 数字控制器的根轨迹设计法

控制系统的根轨迹设计方法是一种图解方法，它是在已知控制系统开环传递函数的零极点分布情况下，研究系统的某个或某些参数的变化对控制系统闭环传递函数极点分布的影响。这种定性分析在分析系统性能和提出改善系统性能途径等方面具有重要意义。这种方法同样可以用于数字控制器的分析和设计。

针对图 5.24 所示系统的闭环 z 传递函数为

$$\Phi(z)=\frac{KD(z)G(z)}{1+KD(z)G(z)} \tag{5.71}$$

式中 K 为系统的开环增益。系统的特征方程为 $1+KD(z)G(z)=0$，将增益 K 从 0 变化到 ∞ 时，闭环系统的根在 z 平面上的轨迹，称为闭环系统的根轨迹。由根轨迹与 z 平面上的单位圆的交点，可以确定系统开环增益的范围，由其与某等阻尼比线（ξ 线）的交点就可以大致了解闭环系统的动态特性。

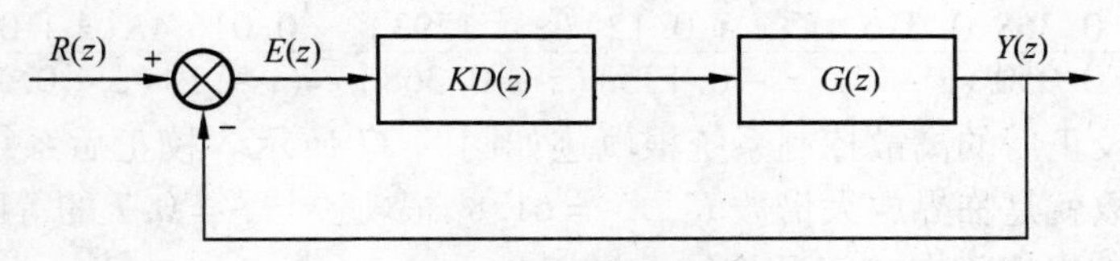

图 5.24 数字控制系统框图

下面通过一个例子来说明用根轨迹法设计数字控制器的方法。

【例题 5.5】 如图 5.25 所示的计算机控制系统，采样周期为 $T=0.1$ s，试用根轨迹法设计数字控制器 $D(z)$，使系统的阻尼比 $\xi=0.7$，速度误差 $K_v\geqslant 0.5$。

解 系统没校正前的开环 z 传递函数为

$$G(z)=Z\left[\frac{1-e^{-Ts}}{s}\frac{K}{s(1+0.1s)(1+0.05s)}\right]$$

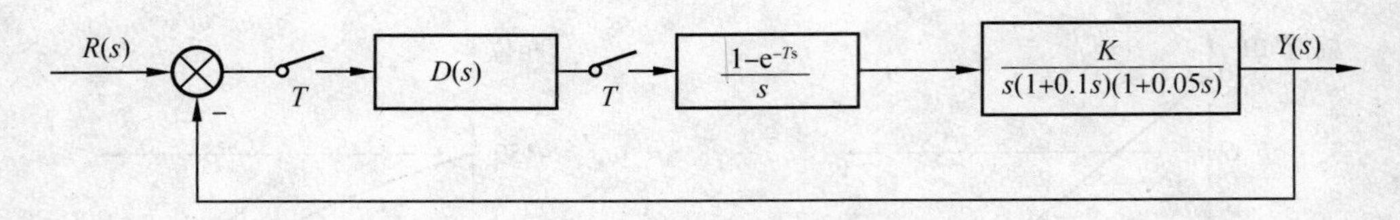

图 5.25　数字系统的框图

根据 $G(z)$ 在 z 平面上画出根轨迹图,如图 5.26 所示。由根轨迹,可得系统的临界放大倍数 $K_c = 13.2$。在图5.26 上作 $\xi = 0.7$ 的等阻尼比线,根轨迹与等阻尼比线的交点的放大倍数为 $K_c = 2.6$。

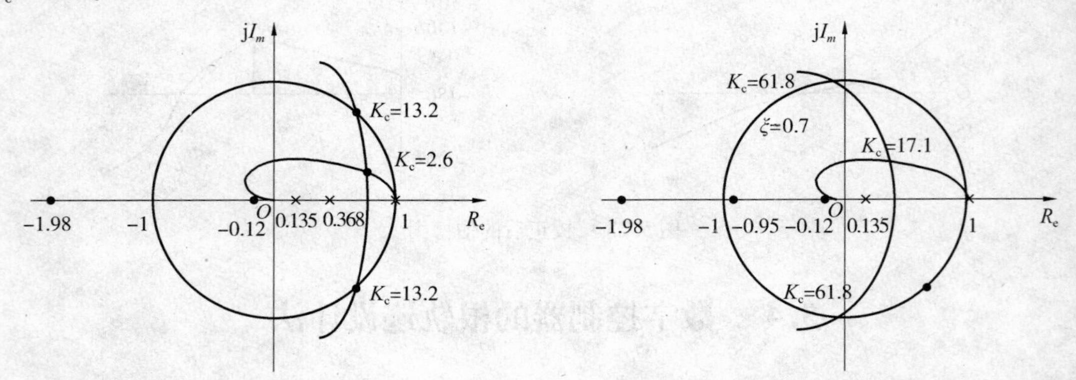

图 5.26　校正前系统的根轨迹图

图 5.27　校正后系统的根轨迹图

由速度误差系数公式

$$K_v = \lim_{z \to 1}(z-1)G(z) = \lim_{z \to 1}\frac{0.0164 \times 2.6(z+0.12)(z+1.93)}{(z-1)(z-0.368)(z-0.135)} = 0.26$$

可见,校正前的系统,若 $\xi = 0.7$ 时,K_v 只有 0.26,不满足系统指标要求,为了改善系统的性能,添加合适的零极点,使根轨迹弯向 z 平面的左半面。根据开环零极点分布对根轨迹的影响,应该引入一个新的零点,以抵消原来的极点 0.368。同时,附加一个新的极点 −0.95,以使根轨迹弯向左边。由此得到校正网络的 z 传递函数为

$$D(z) = \frac{z-0.368}{z+0.95}$$

校正后的计算机控制系统的开环 z 传递函数为

$$D(z)G(z) = \frac{z-0.368}{z+0.950}\,\frac{0.0164K(z+0.12)(z+1.93)}{(z-1)(z-0.135)(z-0.368)} = \frac{0.0164K(z+0.12)(z+1.93)}{(z-1)(z-0.135)(z+0.950)}$$

由该式作出校正后的离散控制系统根轨迹如图 5.27 所示。校正后系统的根轨迹与单位圆交点处放大倍数就是临界放大倍数 K_c,$K_c = 61.8$,根轨迹与 $\xi = 0.7$ 的等阻尼比线交点的放大倍数 $K = 17.1$。根据静态速度误差公式有

$$K_v = \lim_{z \to 1}(z-1)D(z)G(z) = \lim_{z \to 1}(z-1)\frac{0.0164 \times 17.1(z+0.12)(z+1.93)}{(z-1)(z-0.135)(z+0.950)} \approx 0.55$$

由此可见经过校正后的系统 $\xi = 0.7$,$K_v > 0.5$,所以满足性能指标的要求。

通过观察校正后系统的动态特性来检验设计是否可行,为此可以求出校正后的系统闭环脉冲传递函数为

$$\Phi(z) = \frac{D(z)G(z)}{1+D(z)G(z)} = \frac{0.28(z^2+2.05z+0.232)}{z^3-0.095z^2-0.369z+0.193}$$

当输入为单位阶跃序列时($R(z)=\dfrac{1}{1-z^{-1}}$)，系统输出的 z 变换为

$$Y(z)=\Phi(z)R(z)=0.28z^{-1}+0.827z^{-2}+0.943z^{-3}+1.08z^{-4}+1.004z^{-5}+1.04z^{-6}+0.982z^{-7}+1.016z^{-8}+0.99z^{-9}+z^{-10}+0.985z^{-11}+\cdots$$

根据输出序列，可得到校正后系统的超调量 $\sigma=8\%$，调节时间 $t_s=5T=0.5$ s。

本章小结

1. 计算机控制系统的离散化设计是以采样理论为基础，以 z 变换为工具，在 z 域直接设计数字控制器 $D(z)$。

2. 设计的数字控制器 $D(z)$ 必须满足性能要求，即稳定性、准确性、快速性和可实现性。

3. 有波纹和无波纹系统设计，要满足对 $\Phi(z)$ 和 $\Phi_e(z)$ 的约束条件及必要条件。

4. 对含有纯滞后对象的控制，数字控制器的设计可采用史密斯预估器法，也可以采用大林算法，视具体情况采用。

5. 频率法和根轨迹法，在连续控制系统设计中是比较成熟的，也可以用到离散系统中数字控制器的设计，但要经过变换和画图，使用起来不是很方便。

习　题

1. 试叙述最少拍有波纹系统的数字控制器的设计步骤。

2. 最少拍控制系统是如何定义的？该系统有什么不足之处？

3. 一连续控制器的传递函数为

$$D(s)=\frac{U(s)}{E(s)}=\frac{2}{s(1+0.1s)}$$

用零阶保持器的 Z 变换法求数字控制器 $D(z)$。

4. 已知模拟滤波器的传递函数为

$$D(s)=\frac{U(s)}{E(s)}=\frac{\omega_c}{s+\omega_c}$$

$\omega_c=16$ rad/s，采样周期 $T=0.1$ s，试用双线性变换法设计数字滤波器。

5. 模拟滤波器的传递函数为

$$D(s)=\frac{U(s)}{E(s)}=\frac{T(s+6)}{(s+3)(s+2)}$$

采样周期为 T，试用零极点匹配法设计数字滤波器。

6. 已知模拟滤波器的传递函数为

$$D(s)=\frac{U(s)}{E(s)}=\frac{b}{s+b}$$

采样周期为 T，试用阶跃不变法设计数字滤波器。

7. 已知模拟滤波器的传递函数为

$$D(s)=\frac{U(s)}{E(s)}=\frac{b}{s^2+b^2}$$

采样周期为 T，试用冲激不变法设计数字滤波器。

8. 设计最少拍随动系统。已知被控对象的广义对象脉冲传递函数为

$$G(z)=Z[H_0(s)G_c(s)]=\frac{0.368z^{-1}(1+0.718z^{-1})}{(1-z^{-1})(1-0.368z^{-1})}$$

采样周期为0.5 s。

(1) 针对单位速度输入函数设计最少拍数字控制器,并画出系统的输出波形图。

(2) 设计好的最少拍控制系统不变,输入函数改为单位阶跃,分析系统的输出并画出输出波形图,分析输出性能的变化。

(3) 同理,设计好的系统不变,输入改为单位加速度函数,分析系统的输出。

9. 已知一控制系统中被控对象的广义对象脉冲传递函数为

$$G(z)=Z[H_0(s)G_c(s)]=\frac{0.368z^{-1}(1+0.718z^{-1})}{(1-z^{-1})(1-0.368z^{-1})}$$

采样周期 $T=1$ s,输入为单位速度函数,请设计快速有波纹系统的数字控制器 $D(z)$,并分析系统的输出和数字控制器的输出。画出两者的波形图。

10. 已知控制系统中的被控对象为 $G_c(s)=\frac{1}{s(2s+1)}$,采样周期为 $T=1$ s,针对单位阶跃输入,设计最少拍无波纹系统的数字控制器 $D(z)$。写出系统的输出和数字控制器的输出表达式,并画出两者的波形图。注:被控对象的广义对象脉冲传递函数为

$$G(z)=Z[H_0(s)G_c(s)]=\frac{0.231z^{-1}(1+0.847z^{-1})}{(1-z^{-1})(1-0.6065z^{-1})}$$

11. 已知控制系统的被控对象的传递函数为 $G_c(s)=\frac{e^{-s}}{2s+1}$,用大林法设计数字控制器 $D(z)$。已知采样周期为 $T=1$ s。

12. 已知被控对象的传递函数为 $G_c(s)=\frac{k}{s(1+0.1s)(1+0.05s)}$,设采样周期为 $T=0.1$ s,试用根轨迹法设计数字控制器 $D(z)$,使系统满足 $\xi=0.7$ 和 $K_v\geqslant 1.5$ 的要求。

13. 已知被控对象的传递函数为 $G_c(s)=\frac{k}{s(s+1)}$,采样周期为1.57 s,要求系统的相位裕度为45°,且为了满足准确度要求所需的 K_v 值而要求 $k=1.57$,试用 W 变换的Bode图法确定数字控制器 $D(z)$。

第6章 计算机控制系统的状态空间设计法

本章重点：状态空间法的基本概念；状态空间的描述方法；离散系统的能观性和能控性；离散系统的状态空间设计的一些基本方法。

本章难点：离散系统的状态空间设计的基本方法。

在经典控制理论中，用传递函数来分析和设计单输入单输出系统，这是一种行之有效的方法。但是传递函数只能反映出系统输出变量与输入变量之间外部关系，不能反映系统内部的变化情况；经典方法只适用于单输入单输出线性定常系统，对于时变系统、复杂非线性系统和多输入多输出系统则无能为力。经典控制理论的基础是传递函数建立在零初始条件下，不能包含系统的全部信息，设计时无法考虑初始条件。用经典控制理论设计控制器只能根据幅值裕度、相位裕度、超调量、调节时间等性能指标来确定系统的性能和设计系统。现代复杂控制系统往往有多个输入多个输出，且在系统内部有着复杂的相互联系关系，分析和设计这样的系统，经典控制理论无能为力了。

现代控制理论，是用状态空间模型来设计和分析多输入多输出系统。这些系统可以是线性的，也可以是非线性的；可以是定常的，也可以是时变的。另外，现代控制理论采用的分析方法是时域的，时域方法对控制过程来说是直接的。现代控制理论采用的分析方法是基于确定一个控制规律或最优控制策略，在现代控制理论的综合设计过程中还应考虑任意初始条件。所以，基于状态空间描述的现代控制理论为数字控制器的设计提供了更好的工具。

6.1 状态空间法的基本概念

状态空间法是建立在 n 个一阶微分方程或差分方程描述系统的基础上。而 n 个一阶微分方程或差分方程，采用向量矩阵符号后，可以简化系统的数学表达式，并且适于用计算机进行计算，以及用来处理最优问题。

状态：是指系统过去、现在、将来所处的状况，是系统动态信息的集合。动态系统可由 $t = t_0$ 时刻的状态和 $t \geqslant t_0$ 时的输入来确定系统在 $t \geqslant t_0$ 的任意时刻状态，与 t_0 前的状态和输入无关。

状态变量：是指确定系统状态的一组最小变量，一般用小写字母如 $x_1(t), x_2(t), \cdots, x_n(t)$ 表示。

状态向量：如果完全描述一个给定系统的动态行为需要 n 个状态变量，那么将这些状态变量看作是向量 $\boldsymbol{x}(t)$ 的各个分量，则 $\boldsymbol{x}(t)$ 就是状态向量，并用小写黑体字母表示，即

$$\boldsymbol{x}(t)=\begin{bmatrix}x_1(t)\\x_2(t)\\\vdots\\x(t)\end{bmatrix}$$

或
$$\boldsymbol{x}^{\mathrm{T}}(t)=[x_1(t)\quad x_2(t)\quad\cdots\quad x_n(t)]$$

状态空间:以各状态变量作为坐标轴所组成的 n 维空间称为状态空间。状态向量则可用状态空间的一个点来表示。

状态方程:一个描述系统的 n 阶微分方程或差分方程变换成一阶微分方程组或差分方程组的形式,再将一阶方程组用向量矩阵表示成一个表达式,该式称为状态方程。状态方程一般由系统的微分方程或差分方程、传递函数导出。选择不同的状态变量会导出不同的状态向量。因此状态方程不是唯一的。在状态空间分析方法中,用3种变量来描述一个系统,即输入变量、状态变量和输出变量。

状态空间表达式(状态空间模型):将状态方程和输出方程组合起来,构成对一个动态系统完整的描述,称为状态空间表达式或状态空间模型。如

$$\dot{\boldsymbol{x}}(t)=\boldsymbol{A}\boldsymbol{x}(t)+\boldsymbol{B}\boldsymbol{u}(t)\quad\text{(状态方程)}\tag{6.1}$$

$$\boldsymbol{y}(t)=\boldsymbol{C}\boldsymbol{x}(t)+\boldsymbol{D}\boldsymbol{u}(t)\quad\text{(输出方程)}\tag{6.2}$$

式中,$\boldsymbol{x}(t)$ 为 n 维状态向量;$\dot{\boldsymbol{x}}(t)$ 为 n 维状态向量的一阶导数;$u(t)$ 为 r 维输入函数;$\boldsymbol{y}(t)$ 为 m 维输出量;$\boldsymbol{A}$ 为 $n\times n$ 矩阵;$\boldsymbol{B}$ 为 $n\times r$ 控制矩阵;$\boldsymbol{C}$ 为 $m\times n$ 输出矩阵;$\boldsymbol{D}$ 为 $n\times r$ 直接传递矩阵。矩阵 $\boldsymbol{A},\boldsymbol{B},\boldsymbol{C},\boldsymbol{D}$ 完全表征了系统动态特性。

6.2 离散系统的状态空间描述

用状态方程和输出方程来描述系统的方法称为状态空间描述。

6.2.1 由差分方程建立离散状态空间模型

1. 输入不含高阶差分

输入不含高阶差分的单输入单输出线性定常离散系统的差分方程可表示为

$$y(k+n)+a_1y(k+n-1)+a_2y(k+n-2)+\cdots+a_{n-1}y(k+1)+a_ny(k)=bu(k)\tag{6.3}$$

式中:$y(k)$ 表示第 k 个采样瞬时系统的输出;$u(k)$ 表示第 k 个采样瞬时系统的输入;$a_i(i=1,2,\cdots,n)$、b 为表征系统特征的常系数。选取状态变量为

$$\begin{cases}x_1(k)=y(k)\\x_2(k)=y(k+1)=x_1(k+1)\\x_3(k)=y(k+2)=x_2(k+1)\\\vdots\\x_n(k)=y(k+n-1)=x_{n-1}(k+1)\end{cases}\tag{6.4}$$

而
$$x_{n+1}(k)=y(k+n)=x_n(k+1)\tag{6.5}$$

由式(6.4)和式(6.5)写出状态变量的一阶差分方程组,即

$$\begin{cases} x_1(k+1)=x_2(k) \\ x_2(k+1)=x_3(k) \\ \vdots \\ x_{n-1}(k+1)=x_n(k) \\ x_n(k+1)=x_{n+1}(k)=-a_nx_1(k)-a_{n-1}x_2(k)-\cdots-a_1x_n(k)+bu(k) \end{cases} \tag{6.6}$$

将上式写成向量矩阵的形式,得到状态方程,即

$$\boldsymbol{x}(k+1)=\boldsymbol{Fx}(k)+\boldsymbol{Hu}(k) \tag{6.7}$$

式中

$$\boldsymbol{x}(k)=\begin{bmatrix} x_1(k) \\ x_2(k) \\ \vdots \\ x_n(k) \end{bmatrix},\boldsymbol{F}=\begin{bmatrix} 0 & 1 & 0 & \cdots & 0 \\ 0 & 0 & 1 & \cdots & 0 \\ \vdots & \vdots & \vdots & & \vdots \\ -a_n & -a_{n-1} & -a_{n-2} & \cdots & -a_1 \end{bmatrix},\boldsymbol{H}=\begin{bmatrix} 0 \\ 0 \\ b \end{bmatrix}$$

由式(6.4)可知

$$y(k)=x_1(k) \tag{6.8}$$

将该式写成向量矩阵的形式,得到输出方程,即

$$\boldsymbol{y}(k)=\boldsymbol{Cx}(k) \tag{6.9}$$

式中

$$\boldsymbol{x}(k)=\begin{bmatrix} x_1(k) \\ x_2(k) \\ \vdots \\ x_n(k) \end{bmatrix},\boldsymbol{C}=[1,0,\cdots,0]$$

单输入单输出线性定常离散系统的状态空间模型又称为离散状态空间模型,其描述为

$$\begin{aligned} \boldsymbol{x}(k+1)&=\boldsymbol{Fx}(k)+\boldsymbol{Hu}(k) \\ \boldsymbol{y}(k)&=\boldsymbol{Cx}(k) \end{aligned} \tag{6.10}$$

2. 输入含有高阶差分

输入含有高阶差分的单输入单输出线性定常离散系统的差分方程可表示为

$$\begin{aligned} &y(k+n)+a_1y(k+n-1)+a_2y(k+n-2)+\cdots+a_ny(k)= \\ &b_0u(k+n)+b_1(k+n-1)+b_2u(k+n-2)+\cdots+b_nu(k) \end{aligned} \tag{6.11}$$

选取状态变量为

$$\begin{cases} x_1(k)=y(k)-h_0u(k) \\ x_2(k)=y(k+1)=x_1(k+1)-h_1u(k) \\ x_3(k)=y(k+2)=x_2(k+1)-h_2u(k) \\ \vdots \\ x_n(k)=y(k+n-1)=x_{n-1}(k+1)-h_{n-1}u(k) \end{cases} \tag{6.12}$$

而

$$x_{n+1}(k)=y(k+n)=x_n(k+1)-h_nu(k) \tag{6.13}$$

式中

$$\begin{aligned} h_0 &= b_0 \\ h_1 &= b_1 - a_1 h_0 \\ h_2 &= b_2 - a_1 h_1 - a_2 h_0 \\ h_3 &= b_3 - a_1 h_2 - a_2 h_1 - a_3 h_0 \\ &\vdots \\ h_n &= b_n - a_1 h_{n-1} - \cdots - a_{n-1} h_1 - a_n h_0 \end{aligned} \tag{6.14}$$

则输入含有高阶差分的单输入单输出线性定常离散系统的状态空间模型为

$$\begin{aligned} \boldsymbol{x}(k+1) &= \boldsymbol{F}\boldsymbol{x}(k) + \boldsymbol{H}\boldsymbol{u}(k) \\ \boldsymbol{y}(k) &= \boldsymbol{C}\boldsymbol{x}(k) + \boldsymbol{D}\boldsymbol{u}(k) \end{aligned} \tag{6.15}$$

式中

$$\boldsymbol{x}(k) = \begin{bmatrix} x_1(k) \\ x_2(k) \\ \vdots \\ x_n(k) \end{bmatrix}, \quad \boldsymbol{F} = \begin{bmatrix} 0 & 1 & 0 & \cdots & 0 \\ 0 & 0 & 1 & \cdots & 0 \\ \vdots & \vdots & \vdots & & \vdots \\ -a_n & -a_{n-1} & -a_{n-2} & \cdots & -a_1 \end{bmatrix}, \quad \boldsymbol{H} = \begin{bmatrix} h_1 \\ h_2 \\ \vdots \\ h_{n-1} \\ h_n \end{bmatrix},$$

$$\boldsymbol{C} = [1 \quad 0 \quad \cdots \quad 0], \boldsymbol{D} = h_0 = b_0$$

其中 $\boldsymbol{F}$ 为系数矩阵，$\boldsymbol{H}$ 为控制矩阵，$\boldsymbol{C}$ 为输出系数矩阵，$\boldsymbol{D}$ 为直接传递系数矩阵。

【例 6.1】 设线性定常离散系统的差分方程为

$$y(k+3) + 3y(k+2) + 8y(k+1) + 7y(k) = 9u(k)$$

求该系统的状态空间模型。

解 由上述方程知：$a_1 = 3, a_2 = 8, a_3 = 7, b = 9$，则由式(6.7)和式(6.9)可写出

$$\begin{bmatrix} x_1(k+1) \\ x_2(k+1) \\ x_3(k+1) \end{bmatrix} = \begin{bmatrix} 0 & 1 & 0 \\ 0 & 0 & 1 \\ -7 & -8 & -3 \end{bmatrix} \begin{bmatrix} x_1(k) \\ x_2(k) \\ x_3(k) \end{bmatrix} + \begin{bmatrix} 0 \\ 0 \\ 9 \end{bmatrix} \boldsymbol{u}(k)$$

或写为

$$\boldsymbol{x}(k+1) = \boldsymbol{F}\boldsymbol{x}(k) + \boldsymbol{H}\boldsymbol{u}(k)$$

$$\boldsymbol{y}(k) = [1 \quad 0 \quad 0] \begin{bmatrix} x_1(k) \\ x_2(k) \\ x_3(k) \end{bmatrix}$$

或写为

$$\boldsymbol{y}(k) = \boldsymbol{C}\boldsymbol{x}(k)$$

【例 6.2】 设线性定常离散系统的差分方程为

$$y(k+3) + 3y(k+2) + 8y(k+1) + 7y(k) = 9u(k+1) + 6u(k)$$

写出该系统的状态空间模型。

解 由上述方程可知：$a_1 = 3, a_2 = 8, a_3 = 7, b_0 = b_1 = 0, b_2 = 9, b_3 = 6$

由式(6.12)和式(6.13)得

$$h_1 = b_1 - a_1 h_0 = 0$$
$$h_2 = b_2 - a_1 h_1 - a_2 h_0 = 9$$
$$h_3 = b_3 - a_1 h_2 - a_2 h_1 - a_3 h_0 = -21$$

由式(6.14)和式(6.15)得

$$\begin{bmatrix} x_1(k+1) \\ x_2(k+1) \\ x_3(k+1) \end{bmatrix} = \begin{bmatrix} 0 & 1 & 0 \\ 0 & 0 & 1 \\ -7 & -8 & -3 \end{bmatrix} \begin{bmatrix} x_1(k) \\ x_2(k) \\ x_3(k) \end{bmatrix} + \begin{bmatrix} 0 \\ 9 \\ -21 \end{bmatrix} \boldsymbol{u}(k)$$

或写成

$$\boldsymbol{x}(k+1) = \boldsymbol{F}\boldsymbol{x}(k) + \boldsymbol{H}\boldsymbol{u}(k)$$

$$\boldsymbol{y}(k) = \begin{bmatrix} 1 & 0 & 0 \end{bmatrix} \begin{bmatrix} x_1(k) \\ x_2(k) \\ x_3(k) \end{bmatrix}$$

或写成

$$\boldsymbol{y}(k) = \boldsymbol{C}\boldsymbol{x}(k)$$

6.2.2　多输入多输出离散系统的状态空间描述

线性定常系统多输入多输出离散系统的状态空间模型为

$$\boldsymbol{x}(k+1) = \boldsymbol{F}\boldsymbol{x}(k) + \boldsymbol{H}\boldsymbol{u}(k) \tag{6.16}$$
$$\boldsymbol{y}(k) = \boldsymbol{C}\boldsymbol{x}(k) + \boldsymbol{D}\boldsymbol{u}(k) \tag{6.17}$$

式中:$\boldsymbol{x}(k)$ 为 n 维状态向量;$\boldsymbol{u}(k)$ 为 r 维输入向量;$\boldsymbol{y}(k)$ 为 m 维输出向量;$\boldsymbol{F}$ 为 $n \times n$ 维系数矩阵;$\boldsymbol{H}$ 为 $n \times r$ 维控制矩阵;$\boldsymbol{D}$ 为 $m \times r$ 维直接传递函数矩阵。系统的方框图如图 6.1 所示。

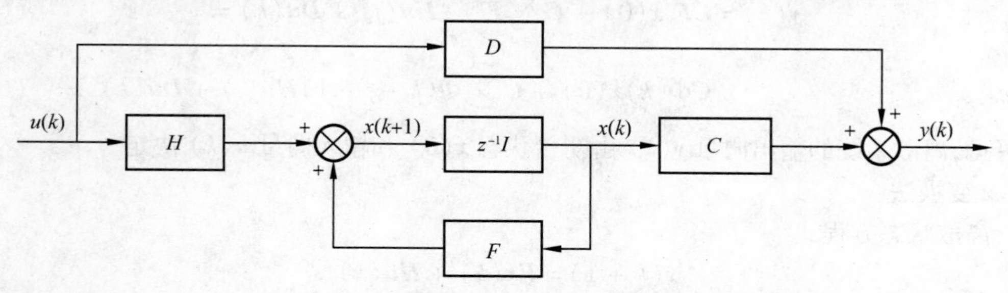

图 6.1　线性定常多输入多输出离散系统方框图

图中 z^{-1} 为单位延迟器。其输入为 $(k+1)T$ 时刻的状态 $x(k+1)$,输出为延迟一个采样周期的 kT 时刻的状态 $x(k)$;T 为采样周期。

由于矩阵 $\boldsymbol{D}$ 只表示输入对输出的直接传递作用的强弱,不影响系统的动态响应性质,所以在状态空间描述中,常常不考虑矩阵 $\boldsymbol{D}$ 的影响,这时系统的状态空间描述为

$$\boldsymbol{x}(k+1) = \boldsymbol{F}\boldsymbol{x}(k) + \boldsymbol{H}\boldsymbol{u}(k)$$
$$\boldsymbol{y}(k) = \boldsymbol{C}\boldsymbol{x}(k)$$

6.2.3　离散状态方程的求解

离散状态方程有两种解法:递推法和 z 变换法。

1. 递推法

线性定常离散系统的状态方程为

$$\boldsymbol{x}(k+1)=\boldsymbol{F}\boldsymbol{x}(k)+\boldsymbol{H}\boldsymbol{u}(k) \tag{6.18}$$

用递推法可得到状态方程的解为

$$\begin{aligned}
&\boldsymbol{x}(1)=\boldsymbol{F}\boldsymbol{x}(0)+\boldsymbol{H}\boldsymbol{u}(0)\\
&\boldsymbol{x}(2)=\boldsymbol{F}\boldsymbol{x}(1)+\boldsymbol{H}\boldsymbol{u}(1)=\boldsymbol{F}^2\boldsymbol{x}(0)+\boldsymbol{F}\boldsymbol{H}\boldsymbol{u}(0)+\boldsymbol{H}\boldsymbol{u}(1)\\
&\boldsymbol{x}(3)=\boldsymbol{F}\boldsymbol{x}(2)+\boldsymbol{H}\boldsymbol{u}(2)=\boldsymbol{F}^3\boldsymbol{x}(0)+\boldsymbol{F}^2\boldsymbol{H}\boldsymbol{u}(0)+\boldsymbol{F}\boldsymbol{H}\boldsymbol{u}(1)+\boldsymbol{H}\boldsymbol{u}(2)\\
&\vdots\\
&\boldsymbol{x}(k)=\boldsymbol{F}^k\boldsymbol{x}(0)+\sum_{j=0}^{k-1}\boldsymbol{F}^{k-j-1}\boldsymbol{H}\boldsymbol{u}(j),k=1,2,\cdots
\end{aligned} \tag{6.19}$$

解 $\boldsymbol{x}(k)$ 由两部分组成：一部分表示初始状态 $\boldsymbol{x}(0)$ 的组合；另一部分表示输入 $\boldsymbol{u}(j)$ 的组合。令

$$\boldsymbol{\Phi}(k)=\boldsymbol{F}^k \tag{6.20}$$

则

$$\boldsymbol{\Phi}(k+1)=\boldsymbol{F}\boldsymbol{\Phi}(k),\boldsymbol{\Phi}(0)=\boldsymbol{I}$$

式中 $\boldsymbol{\Phi}(k)$ 称为离散系统的状态转移矩阵。将其带入式(6.19)中，则得到离散状态方程解的另一种形式，即

$$\boldsymbol{x}(k)=\boldsymbol{\Phi}(k)\boldsymbol{x}(0)+\sum_{j=0}^{k-1}\boldsymbol{\Phi}(k-j-1)\boldsymbol{H}\boldsymbol{u}(j) \tag{6.21}$$

此式又称为离散状态转移方程。

将式(6.19)和式(6.21)带入式(6.17)的输出方程中，则得

$$\boldsymbol{y}(k)=\boldsymbol{C}\boldsymbol{F}^k\boldsymbol{x}(0)+\boldsymbol{C}\sum_{j=0}^{k-1}\boldsymbol{F}^{k-j-1}\boldsymbol{H}\boldsymbol{u}(j)+\boldsymbol{D}\boldsymbol{u}(k)= \tag{6.22}$$

$$\boldsymbol{C}\boldsymbol{\Phi}(k)\boldsymbol{x}(0)+\boldsymbol{C}\sum_{j=0}^{k-1}\boldsymbol{\Phi}(k-j-1)\boldsymbol{H}\boldsymbol{u}(j)+\boldsymbol{D}\boldsymbol{u}(k) \tag{6.23}$$

由此可见，离散系统的输出向量 $\boldsymbol{y}(k)$ 由初始状态 $\boldsymbol{x}(0)$ 和输入向量 $\boldsymbol{u}(k)$ 决定。

2. z 变换法

对离散状态方程式

$$\boldsymbol{x}(k+1)=\boldsymbol{F}\boldsymbol{x}(k)+\boldsymbol{H}\boldsymbol{u}(k)$$

进行 z 变换，则有

$$\begin{aligned}
z\boldsymbol{x}(z)-z\boldsymbol{x}(0)&=\boldsymbol{F}\boldsymbol{x}(z)+\boldsymbol{H}\boldsymbol{U}(z)\\
(z\boldsymbol{I}-\boldsymbol{F})\boldsymbol{x}(z)&=z\boldsymbol{x}(0)+\boldsymbol{H}\boldsymbol{U}(z)\\
\boldsymbol{x}(z)&=(z\boldsymbol{I}-\boldsymbol{F})^{-1}[z\boldsymbol{x}(0)+\boldsymbol{H}\boldsymbol{U}(z)]
\end{aligned}$$

对上式进行 z 反变换，则得

$$\boldsymbol{x}(k)=\boldsymbol{Z}^{-1}[(z\boldsymbol{I}-\boldsymbol{F})^{-1}z]\boldsymbol{x}(0)+\boldsymbol{Z}^{-1}[(z\boldsymbol{I}-\boldsymbol{F})^{-1}\boldsymbol{H}\boldsymbol{U}(z)] \tag{6.24}$$

将式(6.24)与式(6.21)进行比较，可得

$$\boldsymbol{\Phi}(k)=Z^{-1}[(zI-\boldsymbol{F})^{-1}z] \tag{6.25}$$

$$\sum_{j=0}^{k-1}\boldsymbol{\Phi}(k-j-1)\boldsymbol{H}\boldsymbol{u}(j)=\boldsymbol{Z}^{-1}[(z\boldsymbol{I}-\boldsymbol{F})\boldsymbol{H}\boldsymbol{U}(z)] \tag{6.26}$$

式中 $k = 1,2,\cdots$。

由 z 变换法得到的解，包含矩阵$(z\boldsymbol{I} - \boldsymbol{F})$求逆，可用分析的方法或用计算机程序进行。然后还要对$(z\boldsymbol{I} - \boldsymbol{F})^{-1}z$ 和$(z\boldsymbol{I} - \boldsymbol{F})^{-1}\boldsymbol{HU}(z)$进行 z 的反变换。

6.2.4　离散状态空间方程与 z 传递函数之间的转换

1. 由 z 传递函数转换成离散状态空间方程

上面讨论了由差分方程导出离散状态空间方程。现在讨论由 z 传递函数建立离散状态空间方程，这种转换的方法很多，下面介绍一种直接程序法。

单输入单输出离散系统，它的 z 传递函数为

$$G(z) = \frac{Y(z)}{U(z)} = \frac{b_0 z^n + b_1 z^{n-1} + \cdots + b_n}{z^n + a_1 z^{n-1} + \cdots + a_n} = \frac{b_0 + b_1 z^{-1} + \cdots + b_n z^{-n}}{1 + a_1 z^{-1} + \cdots a_n z^{-n}} \tag{6.27}$$

$$G(z) = b_0 + \frac{(b_1 - a_1 b_0)z^{-1} + (b_2 - a_2 b_0)z^{-2} + \cdots + (b_0 - a_n b_0)z^{-n}}{1 + a_1 z^{-1} + a_2 z^{-2} + \cdots + a_n z^{-n}} \tag{6.28}$$

将上式改写成下列形式，即

$$Y(z) = b_0 U(z) + \frac{(b_1 - a_1 b_0)z^{-1} + (b_2 - a_2 b_0)z^{-2} + \cdots + (b_n - a_n b_0)z^{-n}}{1 + a_1 z^{-1} + a_2 z^{-2} + \cdots + a_n z^{-n}} U(z) \tag{6.29}$$

定义

$$Y_{\mathrm{b}}(z) = \frac{(b_1 - a_1 b_0)z^{-1} + (b_2 - a_2 b_0)z^{-2} + \cdots + (b_n - a_n b_0)z^{-n}}{1 + a_1 z^{-1} + a_2 z^{-2} + \cdots + a_n z^{-n}} U(z) \tag{6.30}$$

则式(6.29)可写成

$$Y(z) = b_0 U(z) + Y_{\mathrm{b}}(z) \tag{6.31}$$

再将(6.30)式改写成

$$\begin{aligned} &\frac{Y_{\mathrm{b}}(z)}{(b_1 - a_1 b_0)z^{-1} + (b_2 - a_2 b_0)z^{-2} + \cdots + (b_n - a_n b_0)z^{-n}} = \\ &\frac{U(z)}{1 + a_1 z^{-1} + a_2 z^{-2} + \cdots + a_n z^{-n}} = W(z) \end{aligned} \tag{6.32}$$

由上式可以得到下列两个方程，即

$$W(z) = -a_1 z^{-1} W(z) - a_2 z^{-2} W(z) - \cdots - a_n z^{-n} W(z) + U(z) \tag{6.33}$$

$$Y_{\mathrm{b}}(z) = (b_1 - a_1 b_0)z^{-1} W(z) + (b_2 - a_2 b_0)z^{-2} W(z) + \cdots + (b_n - a_n b_0)z^{-n} W(z) \tag{6.34}$$

定义状态变量，选择

$$\begin{cases} X_1(z) = z^{-n} W(z) \\ X_2(z) = z^{-n+1} W(z) \\ \quad\vdots \\ X_{n-1}(z) = z^{-2} W(z) \\ X_n(z) = z^{-1} W(z) \end{cases} \tag{6.35}$$

由上式可得

$$z X_1(z) = X_2(z)$$

$$zX_2(z)=X_3(z)$$
$$\vdots$$
$$zX_{n-1}(z)=X_n(z)$$

根据差分方程,对上述 $n-1$ 个方程进行 z 的反变换,得到差分方程

$$\begin{aligned}x_1(k+1)&=x_2(k)\\x_2(k+1)&=x_3(k)\\&\vdots\\x_{n-1}(k+1)&=x_n(k)\end{aligned} \tag{6.36}$$

将式(6.35)带入式(6.33),得

$$zX_n(z)=-a_1X_n(z)-a_2X_{n-1}(z)-\cdots-a_nX_1(z)+U(z)$$

对该式进行 z 的反变换,则有

$$x_n(k+1)=a_nx_1(k)-a_{n-1}x_2(k)-\cdots-a_1x_n(k)+u(k) \tag{6.37}$$

由式(6.36)和式(6.37)得离散系统状态方程,即

$$\begin{bmatrix}x_1(k+1)\\x_2(k+1)\\\vdots\\x_{n-1}(k+1)\\x_n(k+1)\end{bmatrix}=\begin{bmatrix}0&1&0&\cdots&0\\0&0&1&\cdots&0\\\vdots&\vdots&\vdots&&\vdots\\0&0&0&\cdots&1\\-a_n&-a_{n-1}&-a_{n-2}&\cdots&-a_1\end{bmatrix}\begin{bmatrix}x_1(k)\\x_2(k)\\\vdots\\x_{n-1}(k)\\x_n(k)\end{bmatrix}+\begin{bmatrix}0\\0\\\vdots\\0\\1\end{bmatrix}\boldsymbol{u}(k) \tag{6.38}$$

将式(6.34)改写成下列形式,即

$$Y_{\mathrm{b}}(z)=(b_1-a_1b_0)X_n(z)+(b_2-a_2b_0)X_{n-1}(z)+\cdots+(b_n-a_nb_0)X_1(z)$$

对上式取 z 的反变换,再考虑式(6.31),则有

$$y(k)=(b_n-a_nb_0)x_1(k)+(b_{n-1}-a_{n-1}b_0)x_2(k)+\cdots+(b_1-a_1b_0)x_n(k)+b_0u(k) \tag{6.39}$$

将上式写成向量矩阵的形式,则得输出方程为

$$\boldsymbol{y}(k)=[b_n-a_nb_0\quad b_{n-1}-a_{n-1}b_0\quad\cdots\quad b_1-a_1b_0]\begin{bmatrix}x_1(k)\\x_2(k)\\\vdots\\x_n(k)\end{bmatrix}+b_0\boldsymbol{u}(k) \tag{6.40}$$

由式(6.38)和式(6.40)组成离散系统的状态空间方程为

$$\boldsymbol{x}(k+1)=\boldsymbol{F}\boldsymbol{x}(k)+\boldsymbol{H}\boldsymbol{u}(k) \tag{6.41}$$
$$\boldsymbol{y}(k)=\boldsymbol{C}\boldsymbol{x}(k)+\boldsymbol{D}\boldsymbol{u}(k) \tag{6.42}$$

式中

$$\boldsymbol{F}=\begin{bmatrix}0&1&0&\cdots&0\\0&0&1&\cdots&0\\\vdots&\vdots&\vdots&&\vdots\\0&0&0&\cdots&1\\-a_n&-a_{n-1}&-a_{n-2}&\cdots&-a_1\end{bmatrix},\quad H=\begin{bmatrix}0\\0\\\vdots\\0\\1\end{bmatrix},$$

$$\boldsymbol{C}=[b_n-a_nb_0\quad b_{n-1}-a_{n-1}b_0\quad\cdots\quad b_1a_1b_0],\boldsymbol{D}=b_0$$

【例6.3】　已知系统的 z 传递函数为

$$G(z)=\frac{z+7}{z^2+3z+6}$$

求系统的离散状态空间方程。

解

$$G(z)=\frac{z+7}{z^2+3z+6}=\frac{z^{-1}+7z^{-2}}{1+3z^{-1}+6z^{-2}}=\frac{b_0+b_1z^{-1}+b_2z^{-2}}{1+a_1z^{-1}+a_2z^{-2}}$$

比较系数可得　　　$b_0=0,b_1=1,b_2=7,a_1=3,a_2=6$

根据式(6.38)和式(6.40),可得

$$\begin{bmatrix}x_1(k+1)\\x_2(k+1)\end{bmatrix}=\begin{bmatrix}0&1\\-6&-3\end{bmatrix}\begin{bmatrix}x_1(k)\\x_2(k)\end{bmatrix}+\begin{bmatrix}0\\1\end{bmatrix}\boldsymbol{u}(k)$$

$$\boldsymbol{y}(k)=[b_2-a_2b_0\quad b_1-a_1b_0]\begin{bmatrix}x_1(k)\\x_2(k)\end{bmatrix}+b_0\boldsymbol{u}(k)=[7\quad 1]\begin{bmatrix}x_1(k)\\x_2(k)\end{bmatrix}$$

写成向量矩阵式为

$$\boldsymbol{x}(k+1)=\boldsymbol{F}\boldsymbol{x}(k)+\boldsymbol{H}u(k)$$
$$\boldsymbol{y}(k)=\boldsymbol{C}\boldsymbol{x}(k)$$

式中

$$\boldsymbol{x}(k)=\begin{bmatrix}x_1(k)\\x_2(k)\end{bmatrix},\boldsymbol{F}=\begin{bmatrix}0&1\\-6&-3\end{bmatrix},\boldsymbol{H}=\begin{bmatrix}0\\1\end{bmatrix},\boldsymbol{C}=[7\quad 1]$$

【例6.4】　已知系统的 z 传递函数为

$$G(z)=\frac{3z^2+4z+1}{z^2+6z+12}$$

求系统的离散状态空间方程。

解

$$G(z)=\frac{3z^2+4z+1}{z^2+6z+12}=\frac{3+4z^{-1}+z^{-2}}{1+6z^{-1}+12z^{-2}}=\frac{b_0+b_1z^{-1}+b_2z^{-2}}{1+a_1z^{-1}+a_2z^{-2}}$$

经比较系数得　　　$b_0=3,b_1=4,b_2=1,a_1=6,a_2=12$

根据式(6.38)和式(6.40)得

$$\begin{bmatrix}x_1(k+1)\\x_2(k+1)\end{bmatrix}=\begin{bmatrix}0&1\\a_2&a_1\end{bmatrix}\begin{bmatrix}x_1(k)\\x_2(k)\end{bmatrix}+\begin{bmatrix}0\\1\end{bmatrix}\boldsymbol{u}(k)=\begin{bmatrix}0&1\\-12&-6\end{bmatrix}\begin{bmatrix}x_1(k)\\x_2(k)\end{bmatrix}+\begin{bmatrix}0\\1\end{bmatrix}\boldsymbol{u}(k)$$

$$\boldsymbol{y}(k)=[b_2-a_2b_0\quad b_1-a_1b_0]\begin{bmatrix}x_1(k)\\x_2(k)\end{bmatrix}+b_0\boldsymbol{u}(k)=[-35\quad -14]\begin{bmatrix}x_1(k)\\x_2(k)\end{bmatrix}+3\boldsymbol{u}(k)$$

写成向量矩阵式就是状态空间方程,即

$$\begin{cases}\boldsymbol{x}(k+1)=\boldsymbol{F}\boldsymbol{x}(k)+\boldsymbol{H}\boldsymbol{u}(k)\\\boldsymbol{y}(k)=\boldsymbol{C}\boldsymbol{x}(k)+\boldsymbol{D}\boldsymbol{u}(k)\end{cases}$$

式中

$$\boldsymbol{F}=\begin{bmatrix}0&1\\-12&-6\end{bmatrix},\boldsymbol{H}=\begin{bmatrix}0\\1\end{bmatrix},\boldsymbol{C}=[-35\quad -14],\boldsymbol{D}=3$$

2. 由离散状态空间方程导出 z 传递函数

对单输入单输出线性定常离散系统，由离散状态空间方程导出 z 传递函数，使用的方法与连续系统的方法类似。

脉冲传递函数矩阵简称 z 传递函数，是将 z 传递函数模型的概念扩展到多输入多输出系统得到的数字模型。下面讨论由离散状态空间方程导出脉冲传递函数方程。

n 阶线性定常离散系统，在 r 维输入和 m 维输出时状态空间方程为

$$\boldsymbol{x}(k+1)=\boldsymbol{F}\boldsymbol{x}(k)+\boldsymbol{H}\boldsymbol{u}(k) \tag{6.43}$$

$$\boldsymbol{y}(k)=\boldsymbol{C}\boldsymbol{x}(k)+\boldsymbol{D}\boldsymbol{u}(k) \tag{6.44}$$

式中：$\boldsymbol{x}(k)$ 是 n 维向量；$\boldsymbol{u}(k)$ 是 r 维输入向量；$\boldsymbol{y}(k)$ 为 m 维输出向量；$\boldsymbol{F}$ 为 $n\times n$ 维系数矩阵；$\boldsymbol{H}$ 为 $n\times r$ 维控制矩阵；$\boldsymbol{C}$ 为 $m\times n$ 维输出矩阵；$\boldsymbol{D}$ 为 $m\times r$ 维直接传递矩阵。对以上两式进行 z 变换得到：

$$z\boldsymbol{X}(z)-z\boldsymbol{x}(0)=\boldsymbol{F}\boldsymbol{X}(z)+\boldsymbol{H}\boldsymbol{U}(z) \tag{6.45}$$

$$\boldsymbol{Y}(z)=\boldsymbol{C}\boldsymbol{X}(z)+\boldsymbol{D}\boldsymbol{U}(z) \tag{6.46}$$

在定义 z 传递函数时，假设初始条件为零。此处，同样假设初始条件为零，即初始条件为 $\boldsymbol{x}(0)=0$，则有

$$\boldsymbol{X}(z)=(z\boldsymbol{I}-\boldsymbol{F})^{-1}\boldsymbol{H}\boldsymbol{U}(z) \tag{6.47}$$

$$\boldsymbol{Y}(z)=[\boldsymbol{C}(z\boldsymbol{I}-\boldsymbol{F})^{-1}\boldsymbol{H}+\boldsymbol{D}]\boldsymbol{U}(z)=\boldsymbol{G}(z)\boldsymbol{U}(z) \tag{6.48}$$

则有

$$\boldsymbol{G}(z)=\frac{\boldsymbol{Y}(z)}{\boldsymbol{U}(z)}=\boldsymbol{C}(z\boldsymbol{I}-\boldsymbol{F})^{-1}\boldsymbol{H}+\boldsymbol{D} \tag{6.49}$$

因为 $z\boldsymbol{I}-\boldsymbol{F}$ 矩阵求逆，可写成

$$(z\boldsymbol{I}-\boldsymbol{F})^{-1}=\frac{\mathrm{adj}(z\boldsymbol{I}-\boldsymbol{F})}{|z\boldsymbol{I}-\boldsymbol{F}|} \tag{6.50}$$

故

$$\boldsymbol{G}(z)=\frac{\boldsymbol{C}\mathrm{adj}(z\boldsymbol{I}-\boldsymbol{F})\boldsymbol{H}+\boldsymbol{D}|z\boldsymbol{I}-\boldsymbol{F}|}{|z\boldsymbol{I}-\boldsymbol{F}|} \tag{6.51}$$

式中 $|z\boldsymbol{I}-\boldsymbol{F}|$ 是矩阵 $(z\boldsymbol{I}-\boldsymbol{F})$ 对应的行列式，$\mathrm{adj}(z\boldsymbol{I}-\boldsymbol{F})$ 为矩阵 $(z\boldsymbol{I}-\boldsymbol{F})$ 的伴随矩阵。

由该式可见，$G(z)$ 的极点是 $|z\boldsymbol{I}-\boldsymbol{F}|=0$ 的零点。离散时间系统特征方程为

$$|z\boldsymbol{I}-\boldsymbol{F}|=0 \tag{6.52}$$

或

$$z^n+p_1z^{n-1}+p_2z^{n-2}+\cdots+p_{n-1}z+p_n=0 \tag{6.53}$$

可见系统的极点 $p_i(i=1,2,\cdots,n)$ 由 $\boldsymbol{F}$ 矩阵的元素决定。

6.3　离散系统的能控性和能观性

离散系统的能控性和能观性是现代控制理论中两个基本的核心概念，是卡尔曼（R. E. kalman）于 1960 年首先提出来的。前面曾经指出，状态方程是描述系统的输入信号对系统状态的控制能力，输出方程是描述系统输出对系统状态的反应能力。能控性和能观性是用来定性地描述这两种能力。

6.3.1　能控性和能观性定义

能控性和能观性概念在现代控制理论中对控制系统的设计非常重要。例如在最优控制问

题中，若系统状态不受控于输入，则最优控制根本无法实现。又如，若系统能控但某些状态不能观测且不可直接进行物理测量，则无法实现系统的任意状态反馈，从而也无法利用系统的能控性达到控制目的。

能控性和能观性与系统的状态空间描述模型有必然联系，故可以通过系统的状态空间描述模型得到解答。

1. 线性定常离散系统的能控性及其判据

(1) 状态能控性

线性定常离散系统的状态空间方程为

$$\boldsymbol{x}(k+1)=\boldsymbol{F}\boldsymbol{x}(k)+\boldsymbol{H}\boldsymbol{u}(k) \tag{6.54}$$

式中：$\boldsymbol{x}(k)$ 为 n 维状态向量；$\boldsymbol{F}$ 为 $n\times n$ 维矩阵；$\boldsymbol{H}$ 为 $n\times r$ 维矩阵；$\boldsymbol{u}(k)$ 为 r 维输入向量。

能控定义：如果在有限采样间隔 $0\leqslant kT\leqslant nT$ 内，存在着阶梯控制信号 $\boldsymbol{u}(kT)$，使得状态 $\boldsymbol{x}(kT)$ 由任意状态开始，能转移到任意期望的状态 x_t，则称该系统的状态是能控的，简称状态能控。

能控性判据：系统状态完全能控的充分必要条件为由 F、H 构成的能控矩阵

$$\boldsymbol{Q}_1=[\boldsymbol{H}\quad \boldsymbol{F}\boldsymbol{H}\quad \cdots\quad \boldsymbol{F}^{n-1}\boldsymbol{H}] \tag{6.55}$$

的秩为 n，即 $\mathrm{rank}\boldsymbol{Q}_1=n$，$\boldsymbol{Q}_1$ 为 $n\times nr$ 矩阵。

【例6.5】 设线性定常离散系统的状态方程为

$$\begin{bmatrix}x_1(k+1)\\x_2(k+1)\\x_3(k+1)\end{bmatrix}=\begin{bmatrix}2&3&-2\\0&4&0\\5&1&1\end{bmatrix}\begin{bmatrix}x_1(k)\\x_2(k)\\x_3(k)\end{bmatrix}+\begin{bmatrix}0&1\\1&0\\0&0\end{bmatrix}\begin{bmatrix}u_1(k)\\u_2(k)\end{bmatrix}$$

试判断系统状态是否完全能控。

解　$\boldsymbol{F}=\begin{bmatrix}2&3&-2\\0&4&0\\5&1&1\end{bmatrix}$，$\boldsymbol{H}=\begin{bmatrix}0&1\\1&0\\0&0\end{bmatrix}$，$\boldsymbol{FH}=\begin{bmatrix}2&3&-2\\0&4&0\\5&1&1\end{bmatrix}\begin{bmatrix}0&1\\1&0\\0&0\end{bmatrix}=\begin{bmatrix}3&2\\4&0\\1&5\end{bmatrix}$

$$\boldsymbol{F}^2\boldsymbol{H}=\begin{bmatrix}2&3&-2\\0&4&0\\5&1&1\end{bmatrix}\begin{bmatrix}2&3&-2\\0&4&0\\5&1&1\end{bmatrix}\begin{bmatrix}0&1\\1&0\\0&0\end{bmatrix}=\begin{bmatrix}16&-6\\16&0\\20&15\end{bmatrix}$$

由式(6.55)有

$$\mathrm{rank}\,\boldsymbol{Q}_1=\mathrm{rank}[\boldsymbol{H}\quad \boldsymbol{FH}\quad \boldsymbol{F}^2\boldsymbol{H}]=\mathrm{rank}\begin{bmatrix}0&1&3&2&16&-6\\1&0&4&0&16&0\\0&0&1&5&20&15\end{bmatrix}=3$$

所以该系统的状态是完全能控的(秩等于状态变量的维数)。

【例6.6】 分析下列所给脉冲传递函数的能控性：

$$\frac{Y(z)}{U(z)}=\frac{z+0.2}{(z+0.8)(z+0.2)}$$

解　由上式可见，分子和分母因子$(z+0.2)$发生对消，于是失去一个自由度。由于零极点对消，系统的状态不是完全能控的，用能控判别矩阵同样可以得到这样的结论。

系统的一种状态空间实现为

$$\begin{bmatrix} x_1(k+1) \\ x_2(k+1) \end{bmatrix} = \begin{bmatrix} 0 & 1 \\ -0.16 & 1 \end{bmatrix} \begin{bmatrix} x_1(k) \\ x_2(k) \end{bmatrix} + \begin{bmatrix} 1 \\ -0.8 \end{bmatrix} \boldsymbol{u}(k)$$

$$\boldsymbol{y}(k) = [1 \quad 0] \begin{bmatrix} x_1(k) \\ x_2(k) \end{bmatrix}$$

$$\text{rank } \boldsymbol{Q}_1 = \text{rank} \begin{bmatrix} 1 & -0.8 \\ -0.8 & 0.64 \end{bmatrix} = 1$$

能控矩阵 $\boldsymbol{Q}_1$ 不是满秩,故系统状态不完全能控。

(2) 输出能控性

设计一个控制系统,要控制的是输出,而不是系统的状态。状态完全能控不能满足控制系统输出的要求。因而要定义输出的完全可控性。

系统的输出方程为

$$\boldsymbol{y}(k) = \boldsymbol{C}\boldsymbol{x}(k) + \boldsymbol{D}\boldsymbol{u}(k) \tag{6.56}$$

式中:$\boldsymbol{y}(k)$ 为第 k 个采样周期的 m 维输出向量;$\boldsymbol{x}(k)$ 为第 k 个采样周期的 $m \times n$ 维状态向量;$\boldsymbol{u}(k)$ 为第 k 个采样周期的 r 维控制向量;$\boldsymbol{C}$ 为 $m \times n$ 维矩阵;$\boldsymbol{D}$ 为 $m \times r$ 维矩阵。

输出的能控性定义:如果在一个有限时间 $0 \leqslant kT \leqslant nT$ 内,用一个无约束的控制向量 $u(k)$,使系统的输出量 $y(0)$ 转移到任意期望的最终输出向量 y_t,则称该系统输出是完全能控的,简称输出能控。

输出完全能控的判据为 $\boldsymbol{F},\boldsymbol{H},\boldsymbol{C},\boldsymbol{D}$ 构成的输出能控矩阵:

$$\boldsymbol{Q}_2 = [\boldsymbol{CH} \quad \boldsymbol{CFH} \quad \boldsymbol{CF}^2\boldsymbol{H} \quad \cdots \quad \boldsymbol{CF}^{n-1}\boldsymbol{H} \quad \boldsymbol{D}] \tag{6.57}$$

的秩等于 m,即 $\text{rank } \boldsymbol{Q}_2 = m$。$\boldsymbol{Q}_2$ 为 $m \times (n+1)r$ 矩阵。

【例 6.7】 设线性定常离散系统的状态空间方程为

$$\begin{bmatrix} x_1(k+1) \\ x_2(k+1) \end{bmatrix} = \begin{bmatrix} -2 & 3 \\ 1 & 0 \end{bmatrix} \begin{bmatrix} x_1(k) \\ x_2(k) \end{bmatrix} + \begin{bmatrix} -3 \\ 1 \end{bmatrix} \boldsymbol{u}(k)$$

$$\boldsymbol{y}(k) = [1 \quad -1] \begin{bmatrix} x_1(k) \\ x_2(k) \end{bmatrix} + \boldsymbol{u}(k)$$

试判断该系统输出是否能控。

解 系统输出能控矩阵

$$\boldsymbol{Q}_2 = [\boldsymbol{CH} \quad \boldsymbol{CFH} \quad \boldsymbol{D}], \boldsymbol{CH} = [1 \quad -1] \begin{bmatrix} -3 \\ 1 \end{bmatrix} = -4$$

$$\boldsymbol{CFH} = [1 \quad -1] \begin{bmatrix} -2 & 3 \\ 1 & 0 \end{bmatrix} \begin{bmatrix} -3 \\ 1 \end{bmatrix} = 12, \boldsymbol{D} = 1$$

则

$$\boldsymbol{Q}_2 = [-4 \quad 12 \quad 1], \text{rank } \boldsymbol{Q}_2 = 1$$

故该系统是输出完全能控的。

再判断一下系统状态是否完全能控。

系统状态能控矩阵为

$$\boldsymbol{Q}_1 = [\boldsymbol{H} \quad \boldsymbol{FH}]$$

$$H = \begin{bmatrix} -3 \\ 1 \end{bmatrix}, FH = \begin{bmatrix} -2 & 3 \\ 1 & 0 \end{bmatrix} \begin{bmatrix} -3 \\ 1 \end{bmatrix} = \begin{bmatrix} 9 \\ 3 \end{bmatrix}$$

故

$$Q_1 = [H \quad FH] = \begin{bmatrix} -3 & 9 \\ 1 & 3 \end{bmatrix}, \text{rank}\, Q_1 = 1$$

故该系统状态不完全能控。

上面的例题说明,系统输出能控性与系统状态能控性不等价,也就是说状态的完全能控对输出能控既不是必要的也不是充分的。

2. 线性定常离散系统的能观性

线性定常离散系统的状态方程和输出方程为

$$x(k+1) = Fx(k) + Hu(k) \tag{6.58}$$

$$y(k) = Cx(k) + Du(k) \tag{6.59}$$

式中:$x(k)$ 为 n 维向量;$u(k)$ 为 r 维向量;$y(k)$ 为 m 维向量;F 为 $n \times n$ 维矩阵;H 为 $n \times r$ 维矩阵;C 为 $m \times n$ 维矩阵;D 为 $m \times r$ 维矩阵。

能观性定义:若在有限个采样周期内,初始状态 $x(0)$ 都可以由输出 $y(k)$ 的观测值确定,则称该系统是完全能观测的,简称系统能观性。

能观测性判据:系统能观性的充分必要条件为由 F、C 构成的能观测矩阵

$$W = \begin{bmatrix} C \\ CF \\ \vdots \\ CF^{n-1} \end{bmatrix} \tag{6.60}$$

的秩为 n,即 $\text{rank}\, W = n$。

由上式可见,系统能观测性是讨论输出 $y(k)$ 和状态变量 $x(k)$ 之间的关系。

【例 6.8】 设线性定常离散系统的状态空间方程为

$$x(k+1) = \begin{bmatrix} 2 & 0 & 3 \\ -1 & -2 & 0 \\ 0 & 1 & 2 \end{bmatrix} x(k) + \begin{bmatrix} 1 & 0 \\ 0 & 1 \\ 0 & 0 \end{bmatrix} u(k)$$

$$y(k) = \begin{bmatrix} 1 & 0 & 0 \\ 0 & 1 & 0 \end{bmatrix} x(k)$$

试判断系统的能观测性。

解 $F = \begin{bmatrix} 2 & 0 & 3 \\ -1 & -2 & 0 \\ 0 & 1 & 2 \end{bmatrix}$, $C = \begin{bmatrix} 1 & 0 & 0 \\ 0 & 1 & 0 \end{bmatrix}$,

$$CF = \begin{bmatrix} 2 & 0 & 3 \\ -1 & -2 & 0 \\ 0 & 1 & 2 \end{bmatrix} \begin{bmatrix} 1 & 0 & 0 \\ 0 & 1 & 0 \end{bmatrix} = \begin{bmatrix} 2 & 0 & 3 \\ -1 & -2 & 0 \end{bmatrix},$$

$$CF^2 = \begin{bmatrix} 2 & 0 & 3 \\ -1 & -2 & 0 \\ 0 & 1 & 2 \end{bmatrix} \begin{bmatrix} 2 & 0 & 3 \\ -1 & -2 & 0 \\ 0 & 1 & 2 \end{bmatrix} \begin{bmatrix} 1 & 0 & 0 \\ 0 & 1 & 0 \end{bmatrix} = \begin{bmatrix} 4 & 3 & 12 \\ 0 & 4 & -3 \end{bmatrix},$$

$$\boldsymbol{W} = \begin{bmatrix} C \\ CF \\ CF^2 \end{bmatrix} = \begin{bmatrix} 1 & 0 & 0 \\ 0 & 1 & 0 \\ 2 & 0 & 3 \\ -1 & -2 & 0 \\ 4 & 3 & 12 \\ 0 & 4 & -3 \end{bmatrix}$$

由 $\boldsymbol{W}$ 的前 3 行可知，$\text{rank}\boldsymbol{W} = 3$。因此该系统是能观测的。

6.3.2 对偶原理

线性定常离散系统的能控性与能观测性是从不同的角度去研究系统的两个重要概念。它们之间存在着对偶关系。

若有两个系统 S_1 与 S_2，S_1 的状态空间表达式为

$$\begin{aligned} \boldsymbol{x}(k+1) &= \boldsymbol{A}\boldsymbol{x}(k) + \boldsymbol{B}\boldsymbol{u}(k) \\ \boldsymbol{y}(k) &= \boldsymbol{C}\boldsymbol{x}(k) \end{aligned} \tag{6.61}$$

S_2 的状态空间表达式为

$$\begin{aligned} \bar{\boldsymbol{x}}(k+1) &= \bar{\boldsymbol{A}}\bar{\boldsymbol{x}}(k) + \bar{\boldsymbol{B}}\bar{\boldsymbol{u}}(k) \\ \bar{\boldsymbol{y}}(k) &= \bar{\boldsymbol{C}}\bar{\boldsymbol{x}}(k) \end{aligned} \tag{6.62}$$

若满足

$$\begin{cases} \bar{\boldsymbol{A}} = \boldsymbol{A}^{\mathrm{T}} \\ \bar{\boldsymbol{B}} = \boldsymbol{C}^{\mathrm{T}} \\ \bar{\boldsymbol{C}} = \boldsymbol{B}^{\mathrm{T}} \end{cases} \tag{6.63}$$

则称系统 S_1 和 S_2 是互为对偶的。这里，系统 S_1 是个 r 维输入、m 维输出的 n 阶系统，则其对偶系统 S_2 是个 m 维输入、r 维输出的 n 阶系统。

对于系统 S_1，若系统状态完全能控和状态完全能观测，则有

$$\begin{cases} \boldsymbol{Q}_1 = [\boldsymbol{B} \quad \boldsymbol{AB} \quad \cdots \quad \boldsymbol{A}^{n-1}\boldsymbol{B}] \\ \boldsymbol{W}^{\mathrm{T}} = [\boldsymbol{C}^{\mathrm{T}} \quad \boldsymbol{A}^{\mathrm{T}}\boldsymbol{C}^{\mathrm{T}} \quad \cdots \quad (\boldsymbol{A}^{\mathrm{T}})^{n-1}\boldsymbol{C}^{\mathrm{T}}] \end{cases} \tag{6.64}$$

对于系统 S_2，若系统状态完全能控和状态完全能观测，则有 S_2 的能控矩阵 $\bar{\boldsymbol{Q}}_1$ 和能观测矩阵 $\bar{\boldsymbol{W}}^{\mathrm{T}}$ 为

$$\begin{cases} \bar{\boldsymbol{Q}}_1 = [\boldsymbol{C}^{\mathrm{T}} \quad \boldsymbol{A}^{\mathrm{T}}C^{\mathrm{T}} \quad \cdots \quad (\boldsymbol{A}^{\mathrm{T}})^{n-1}\boldsymbol{C}^{\mathrm{T}}] \\ \bar{\boldsymbol{W}}^{\mathrm{T}} = [\boldsymbol{B}^{\mathrm{T}} \quad \boldsymbol{AB} \quad \cdots \quad \boldsymbol{A}^{n-1}\boldsymbol{B}] \end{cases} \tag{6.65}$$

由式(6.64)和式(6.65)可见，S_2 的状态完全能控条件与系统 S_1 的能观性条件是等价的；系统 S_2 的状态完全能观测性条件与系统 S_1 的状态完全能控性条件是等价的。

所以对偶原理可表述如下：设 $S_1 = (A, B, C)$、$S_2 = (\bar{A}, \bar{B}, \bar{C})$ 是互为对偶的两个系统，则 S_1 的能控性等价于 S_2 的能观测性；S_1 的能观测性等价于 S_2 的能控性。或者说，若 S_1 是状态完全能控的(完全能观测的)，则 S_2 的状态完全能观测的(完全能控的)。

利用对偶原理，一个给定系统的能观测性(状态能控性)，可借助其对偶系统的能控性(能观测性)来研究，反之依然成立。

6.4　离散系统的状态空间设计法

在现代控制理论中,由于采用了状态空间来描述系统,在输入确定的情况下,根据状态变量就可以完全确定系统的行为,因此可以采用状态变量进行反馈来调整系统行为以达到期望目标。采用状态反馈不但可以实现闭环系统的极点任意配置,而且状态反馈也是实现系统解耦和构成线性最优调节器的主要手段。

6.4.1　极点配置设计法

这种方法的主要思想就是将系统的每一个状态变量乘以相应的反馈系数送到输入端与参考输入相加,其和作为受控系统的控制输入。通过对状态反馈矩阵的选择,使闭环系统的极点设置在所希望的位置上。

采用状态反馈任意配置闭环系统极点的充分必要条件是系统状态完全能控。因为状态反馈回路的信号引出点是每一个状态变量,所以要求系统的全部状态均可以直接测量。当系统的某些状态不能直接测量(如某些状态变量不是有实际意义的物理量)时,需要设计状态观测器先将不能直接测量的状态观测出来,然后再反馈,这种方法是后面要谈的。下面先讨论系统全部状态均可直接测量的情况。

若被控对象的全部状态变量都可以直接测量,系统的状态是完全能控的,系统可以通过状态反馈,任意配置极点,选择合适的状态反馈增益矩阵,可使系统的极点配置到期望的位置上。

设被控系统的框图如图6.2所示。

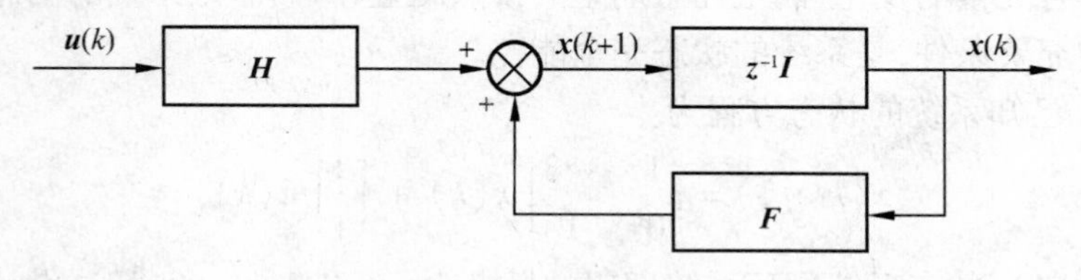

图6.2　被控对象结构图

被控对象的状态方程为

$$\boldsymbol{x}(k+1)=\boldsymbol{F}\boldsymbol{x}(k)+\boldsymbol{H}u(k) \tag{6.66}$$

式中:$\boldsymbol{x}(k)$为第k个采样瞬间的n维状态向量;$\boldsymbol{u}(k)$为在k采样时刻的控制信号;$\boldsymbol{F}$为$n\times n$维常数矩阵;$\boldsymbol{H}$为$n\times 1$维向量。

若选择控制信号为

$$\boldsymbol{u}(k)=-\boldsymbol{L}\boldsymbol{x}(k) \tag{6.67}$$

式中$\boldsymbol{L}=[l_1,l_2,\cdots,l_n]$为$1\times n$维状态反馈增益矩阵。采用线性状态反馈后,构成如图6.3所示闭环系统。

将式(6.67)代入式(6.66)中,则有

$$\boldsymbol{x}(k+1)=\boldsymbol{F}\boldsymbol{x}(k)+\boldsymbol{H}[-\boldsymbol{L}\boldsymbol{x}(k)]=(\boldsymbol{F}-\boldsymbol{H}\boldsymbol{L})\boldsymbol{x}(k) \tag{6.68}$$

对上式进行z变换得

$$z\boldsymbol{X}(z)=(\boldsymbol{F}-\boldsymbol{H}\boldsymbol{L})\boldsymbol{X}(z) \tag{6.69}$$

则闭环控制系统的特征方程为

$$\lambda(z) = |z\boldsymbol{I} - \boldsymbol{F} + \boldsymbol{HL}| \tag{6.70}$$

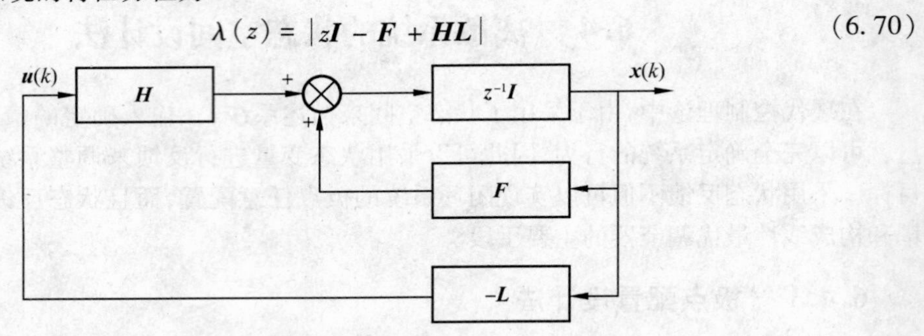

图 6.3　状态反馈闭环系统

特征方程的根就是闭环控制系统的极点。下面用待定系数法，确定状态反馈增益矩阵 $\boldsymbol{L}$ 的各个元素。

设闭环系统的期望极点为 $p_1, p_2, \cdots, p_n$，则系统的期望特征多项式为

$$\bar{\lambda}(z) = (z - p_1)(z - p_2)\cdots(z - p_n) = z^n - (p_1 + p_2 + \cdots + p_n)z^{n-1} + \cdots + (-1)^n p_1 p_2 \cdots p_n \tag{6.71}$$

要使状态反馈闭环极点取得期望值，可令式(6.70)和式(6.71)相等，即

$$\lambda(z) = \bar{\lambda}(z) \tag{6.72}$$

使等式两边关于 z 各次幂系数相等，可得到 $\boldsymbol{L}$ 矩阵的各个元素，从而得到反馈增益矩阵

$$\boldsymbol{L} = [l_1 \quad l_2 \quad \cdots \quad l_n] \tag{6.73}$$

通过 $\boldsymbol{L}$ 矩阵各元素的变化，满足任意期望的极点配置，从而满足系统的动态性能的要求。极点任意配置的充要条件，是系统的状态完全能控。

【例 6.9】　已知系统的状态方程为

$$\boldsymbol{x}(k+1) = \begin{bmatrix} 1 & -3 \\ 0 & 1 \end{bmatrix} \boldsymbol{x}(k) + \begin{bmatrix} 1 \\ 1 \end{bmatrix} \boldsymbol{u}(k)$$

式中 $\boldsymbol{u}(k) = -\boldsymbol{Lx}(k)$，状态反馈闭环系统期望的极点为 $p_1 = 0.6, p_2 = 0.3$，试设计状态反馈增益矩阵 $\boldsymbol{L} = [l_1 \quad l_2]$

解　期望的闭环系统特征方程为

$$\bar{\lambda}(z) = (z - p_1)(z - p_2) = (z - 0.6)(z - 0.3) = z^2 - 0.9z + 0.18$$

实际反馈系统闭环特征方程为

$$\lambda(z) = |z\boldsymbol{I} - \boldsymbol{F} + \boldsymbol{HL}| = \left| \begin{bmatrix} z & 0 \\ 0 & z \end{bmatrix} - \begin{bmatrix} 1 & -3 \\ 0 & 1 \end{bmatrix} + \begin{bmatrix} 1 \\ 1 \end{bmatrix} [l_1 \quad l_2] \right| =$$

$$\begin{vmatrix} z - 1 + l_1 & 3 + l_2 \\ l_1 & z - 1 + l_2 \end{vmatrix} = z^2 - (2 - l_1 - l_2)z + (1 - 4l_1 - l_2)$$

令 $\bar{\lambda}(z) = \lambda(z)$，比较两个特征方程两边关于 z 的同次幂系数有

$$\begin{cases} 2 - l_1 - l_2 = 0.9 \\ 1 - 4l_1 - l_2 = 0.18 \end{cases}$$

解得　$l_1 = -0.093\,3, l_2 = 1.193\,3$

故状态反馈增益矩阵

$$L = [-0.0933 \quad 1.1933]$$

6.4.2　状态观测器设计法

利用状态反馈实现闭环系统的极点配置，需要利用系统全部状态变量。然而系统的状态变量并不都是能够用一些方法测量出来的，有些根本就无法测量，甚至一些中间变量根本就不具有常规的物理意义。这种情况下，要在工程上实现状态反馈，就需要构建状态观测器。所谓状态观测器，是一个在物理上可以实现的动态系统，它利用待观测系统的可以测量得到的输入和输出信息来估计待观测系统的状态变量，以便用该组状态变量的估计值来代替待观测系统的真实状态变量进行状态反馈，以实现闭环系统极点的重新配置。下面讨论带状态观测器的状态反馈控制系统设计。

在实际系统中，从输出变量 $\boldsymbol{y}(k)$ 和控制变量 $\boldsymbol{u}(k)$ 中观测（估计）不能直接测量的状态变量是有必要的。状态观测器的示意图如图 6.4 所示。图中 $\boldsymbol{y}(k)$ 和 $\boldsymbol{u}(k)$ 为状态观测器的输入，$\hat{\boldsymbol{x}}(k)$ 为状态观测器的输出。

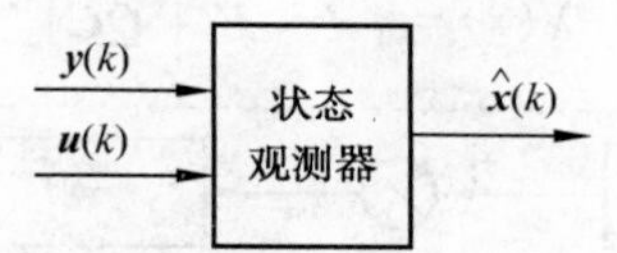

图 6.4　状态观测器示意图

被控对象的状态方程和输出方程为

$$\boldsymbol{x}(k+1) = \boldsymbol{F}\boldsymbol{x}(k) + \boldsymbol{H}\boldsymbol{u}(k) \tag{6.74}$$

$$\boldsymbol{y}(k) = \boldsymbol{C}\boldsymbol{x}(k) \tag{6.75}$$

式中：$\boldsymbol{x}(k)$ 为 n 维状态向量；$\boldsymbol{u}(k)$ 为 r 维控制向量；$\boldsymbol{y}(k)$ 为 m 维输出向量；$\boldsymbol{F}$ 为 $n \times n$ 维矩阵；$\boldsymbol{H}$ 为 $n \times r$ 维矩阵；$\boldsymbol{C}$ 为 $m \times n$ 维矩阵。

若状态空间模型用状态观测器观测状态，构造一个与被控对象具有相同参数的状态空间模型，即

$$\hat{\boldsymbol{x}}(k+1) = \boldsymbol{F}\hat{\boldsymbol{x}}(k) + \boldsymbol{H}\boldsymbol{u}(k) \tag{6.76}$$

$$\hat{\boldsymbol{y}}(k) = \boldsymbol{C}\hat{\boldsymbol{x}}(k) \tag{6.77}$$

系统状态与观测状态之差为

$$\bar{\boldsymbol{x}}(k) = \boldsymbol{x}(k) - \hat{\boldsymbol{x}}(k) \tag{6.78}$$

式中 $\bar{\boldsymbol{x}}(k)$ 称为状态估计误差。用式(6.74)减去式(6.76)，得

$$\boldsymbol{x}(k+1) - \hat{\boldsymbol{x}}(k+1) = \boldsymbol{F}(\boldsymbol{x}(k) - \hat{\boldsymbol{x}}(k)) \tag{6.79}$$

$$\bar{\boldsymbol{x}}(k+1) = \boldsymbol{F}\bar{\boldsymbol{x}}(k) \tag{6.80}$$

先来讨论单输入单输出的情况，所得到的结论可以推广到多输入多输出的情况。

用全维状态观测器对系统能直接测量和不能直接测量的状态，全部都进行观测。也就是说观测的维数与系统的维数是相同的。如果用测量的系统输出值 $\boldsymbol{y}(k) = \boldsymbol{C}\boldsymbol{x}(k)$ 与观测的输出值 $\hat{\boldsymbol{y}}(k) = \boldsymbol{C}\hat{\boldsymbol{x}}(k)$ 之差作为反馈，来控制 $\hat{\boldsymbol{x}}(k)$，构成闭环观测器。对单输入单输出系统，状态方程(6.76)变成下列形式，即

$$\hat{\boldsymbol{x}}(k+1)=\boldsymbol{F}\hat{\boldsymbol{x}}(k)+\boldsymbol{H}\boldsymbol{u}(k)+\boldsymbol{Q}(\boldsymbol{y}(k)-\boldsymbol{C}\hat{\boldsymbol{x}}(k))=(\boldsymbol{F}-\boldsymbol{QC})\hat{\boldsymbol{x}}(k)+\boldsymbol{H}\boldsymbol{u}(k)+\boldsymbol{Q}\boldsymbol{y}(k) \tag{6.81}$$

式中 $\boldsymbol{Q}$ 为状态观测器的反馈增益矩阵（为 $n\times m$ 维），简称观测器增益矩阵。它可以改善状态空间模型的特性，根据需要来确定它的值。

在用观测状态 $\hat{\boldsymbol{x}}(k)$ 构成控制信号 $\boldsymbol{u}(k)$，即

$$\boldsymbol{u}(k)=-\boldsymbol{L}\hat{\boldsymbol{x}}(k) \tag{6.82}$$

式中 $\boldsymbol{L}$ 为状态反馈增益矩阵，可用前面介绍的极点配置法进行设计。带有状态观测器的控制系统框图如图 6.5 所示。

将式(6.74) 减去式(6.71) 可得状态观测误差 $\bar{\boldsymbol{x}}(k+1)$，即

$$\bar{\boldsymbol{x}}(k+1)=\boldsymbol{x}(k+1)-\hat{\boldsymbol{x}}(k+1)=\boldsymbol{F}\boldsymbol{x}(k)+\boldsymbol{H}\boldsymbol{u}(k)-[(\boldsymbol{F}-\boldsymbol{QC})\hat{\boldsymbol{x}}(k)+\boldsymbol{H}\boldsymbol{u}(k)+\boldsymbol{Q}\boldsymbol{y}(k)]$$

将 $\boldsymbol{y}(k)=\boldsymbol{C}\boldsymbol{x}(k)$ 带入上式得到

$$\bar{\boldsymbol{x}}(k+1)=(\boldsymbol{F}-\boldsymbol{QC})(\boldsymbol{x}(k)-\hat{\boldsymbol{x}}(k))=(\boldsymbol{F}-\boldsymbol{QC})\bar{\boldsymbol{x}}(k) \tag{6.83}$$

式中 $\boldsymbol{Q}$ 为观测器增益矩阵。对上式进行 z 变换，可得状态观测器观测误差的特征方程，即

$$z\bar{\boldsymbol{X}}(z)=(\boldsymbol{F}-\boldsymbol{QC})\bar{\boldsymbol{X}}(z) \tag{6.84}$$

$$\lambda(z)=|z\boldsymbol{I}-\boldsymbol{F}+\boldsymbol{QC}| \tag{6.85}$$

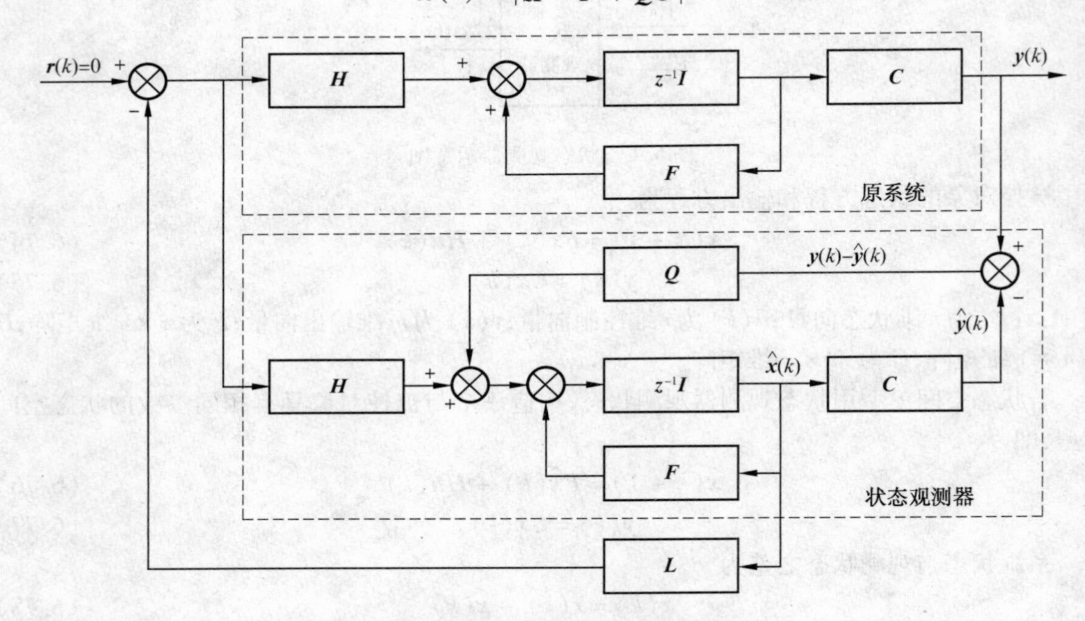

图 6.5　观测器组成的状态反馈闭环系统

由式(6.84) 可见，$\bar{\boldsymbol{x}}(k)$ 的动态特性取决于矩阵 $\boldsymbol{F}$、$\boldsymbol{C}$、$\boldsymbol{Q}$。在被控对象确定的情况下，设计观测器就是选择矩阵 $\boldsymbol{Q}$，使特征方程(6.85) 的特征值，也就是观测器的极点位于 z 平面的单位圆内期望的位置，使 $\bar{\boldsymbol{x}}(k)$ 收敛于零。

根据对系统的要求，设观测器的极点（即 $\lambda(z)=0$ 的根）为 $p_1,p_2,\cdots,p_n$ 得到观测器期望的特征方程为

$$\bar{\lambda}(z)=(z-p_1)(z-p_2)\cdots(z-p_n)=z^n+\lambda_1 z^{n-1}+\lambda_2 z^{n-2}+\cdots+\lambda_{n-1}z+\lambda_n \tag{6.86}$$

对比式(6.85) 和式(6.86)，观测器的增益矩阵 $\boldsymbol{Q}$ 应满足

$$\lambda(z)=\bar{\lambda}(z) \tag{6.87}$$

将式(6.87)展开,令 z 的同次幂的系数相等,可以求出 $\boldsymbol{Q}$ 矩阵的各个元素。

式(6.81)是由 $\boldsymbol{u}(k)$ 和 $\boldsymbol{y}(k)$ 的测量值生成系统的状态观测值 $\hat{\boldsymbol{x}}(k+1)$,而观测值 $\hat{\boldsymbol{x}}(k+1)$ 是超前测量值 $\boldsymbol{u}(k)$ 和 $\boldsymbol{y}(k)$ 一个采样周期,因此这种观测器又称为预估观测器。

【例6.10】　离散系统的状态空间模型为

$$\boldsymbol{x}(k+1)=\begin{bmatrix}0 & 0.1\\0 & 1\end{bmatrix}\boldsymbol{x}(k)+\begin{bmatrix}0.05\\0.1\end{bmatrix}\boldsymbol{u}(k)$$

$$\boldsymbol{y}(k)=[1\quad 0]\boldsymbol{x}(k)$$

试设计观测器,并要求将观测器的极点配置在原点,即 z 平面单位圆的圆心。

解　设计观测器,即寻求状态观测器的增益矩阵 $\boldsymbol{Q}$,将极点配置在 z 平面单位圆内圆点,即期望的极点 $p_1=0,p_2=0$。期望的特征方程为

$$\bar{\lambda}(z)=(z-0)(z-0)=z^2$$

系统的特征方程为

$$\lambda(z)=|z\boldsymbol{I}-\boldsymbol{F}+\boldsymbol{QC}|=\left|z\begin{vmatrix}1 & 0\\0 & 1\end{vmatrix}-\begin{vmatrix}1 & 0.1\\0 & 1\end{vmatrix}+\begin{vmatrix}q_1\\q_2\end{vmatrix}[1\quad 0]\right|=$$

$$z^2+(q_1-2)z+(1-q_1+0.1q_2)$$

令 $\bar{\lambda}(z)=\lambda(z)$,即

$$z^2=z^2+(q_1-2)z+(1-q_1+0.1q_2)$$

比较 z 的同次幂系数,有

$$\begin{cases}q_1-2=0\\1-q_1+0.1q_2=0\end{cases}\qquad\qquad\begin{cases}q_1=2\\q_2=10\end{cases}$$

则

$$\boldsymbol{Q}=\begin{bmatrix}q_1\\q_2\end{bmatrix}=\begin{bmatrix}2\\10\end{bmatrix}$$

在对离散控制系统用状态反馈方法进行设计时,系统设计可分为极点配置设计和状态观测器设计两部分进行。当被控对象(即原系统)既能控又能观测时,系统的极点配置设计和观测器设计可独立进行。观测器设计不影响配置好的极点,状态反馈也不影响观测器的收敛性,这就是分离定理。

6.4.3　离散二次型最优设计法

前面介绍的系统离散化设计方法实质都是利用极点配置来解决系统综合问题。下面介绍的二次型性能最优设计法不是采用极点配置策略来满足性能指标的要求,而是采用一种使二次型性能指标取极值的最优控制策略,即性能指标以对状态和控制作用的二次型积分形式给出。设计的目的就是寻求一种控制策略,使设定的性能指标达到极大或极小。这种方法得到的最优控制也是全状态反馈。

1. 状态描述

设线性离散系统的状态方程为

$$\boldsymbol{x}(k+1)=\boldsymbol{Ax}(k)+\boldsymbol{Bu}(k)$$
$$\boldsymbol{y}(k)=\boldsymbol{Cx}(k)\tag{6.88}$$

初始状态 $\boldsymbol{x}(0)$ 已知,$\boldsymbol{x}(0) \neq 0$。控制的要求是寻找一个控制作用序列 $\boldsymbol{u}_k(i)(i=0,1,2,\cdots,N-1)$,使系统在 N 步控制节拍内从 $\boldsymbol{x}(0)$ 转移到 $\boldsymbol{x}(N)$ 附近,并使下面的性能指标式(6.89)为最小。

性能指标用 $\boldsymbol{J}$ 表示,采用二次型形式。上述要求表述如下:

$$\boldsymbol{J}=\boldsymbol{x}^{\mathrm{T}}(N)\boldsymbol{Q}_0\boldsymbol{x}(N)+\sum_{k=0}^{N-1}[\boldsymbol{x}^{\mathrm{T}}(k)\boldsymbol{Q}_1\boldsymbol{x}(k)+\boldsymbol{u}^{\mathrm{T}}(k)\boldsymbol{Q}_2\boldsymbol{u}(k)] \tag{6.89}$$

式中:$\boldsymbol{Q}_0$、$\boldsymbol{Q}_1$、$\boldsymbol{Q}_2$ 称为加权矩阵;$\boldsymbol{Q}_0$、$\boldsymbol{Q}_1$ 为半正定矩阵;$\boldsymbol{Q}_2$ 为正定矩阵,均为实对称方阵(通常取对角阵);$\boldsymbol{Q}_0$ 表示对终端状态 $\boldsymbol{x}(N)$ 大小的调节程度;$\boldsymbol{Q}_1$ 表示在控制过程中对状态大小的调节程度;$\boldsymbol{Q}_2$ 表示在控制过程中对控制作用大小的调节程度。这种表达既简单又合乎逻辑。

在性能指标中,若对终端状态没有要求,第一项可以去掉。另外终端时刻也可以任意选取,当 N 是有限时,性能指标称为有限时间最优性能指标;当 N 趋于无穷大时,则称为无限时间性能指标,此时性能指标 $\boldsymbol{J}$ 可写成

$$\boldsymbol{J}=\sum_{k=0}^{\infty}[\boldsymbol{x}^{\mathrm{T}}(k)\boldsymbol{Q}_1\boldsymbol{x}(k)+\boldsymbol{u}^{\mathrm{T}}(k)\boldsymbol{Q}_2\boldsymbol{u}(k)] \tag{6.90}$$

因为在无限长时间后,系统已趋于平衡状态,没有必要对终端状态进行调节。

2. 最优控制规律的求解

最优原理可叙述如下:若控制 $\boldsymbol{u}(k)=g[x(k)]$ 在时间间隔 $0\leqslant k\leqslant N$ 内是最优的,则在任何时间间隔 $m\leqslant k\leqslant N(0\leqslant m<N)$ 中,$\boldsymbol{u}(k)$ 也是最优的。

最优原理说明,从 $k=0$ 到 $k=N$ 的 N 级最优控制的后 $N-m$ 级控制也是最优的。这样,就可以从终端倒推计算每一级的最优控制。

根据式(6.89),可得从 $k=m(m=0,1,\cdots,N-1)$ 到 $k=N$ 的性能指标 $\boldsymbol{J}_{N-m}$ 为

$$\boldsymbol{J}_{N-m}[\boldsymbol{x}(m)]=\boldsymbol{x}^{\mathrm{T}}(N)\boldsymbol{Q}_0\boldsymbol{x}(N)+\sum_{k=m}^{N-1}[\boldsymbol{x}^{\mathrm{T}}(k)\boldsymbol{Q}_1\boldsymbol{x}(k)+\boldsymbol{u}^{\mathrm{T}}(k)\boldsymbol{Q}_2\boldsymbol{u}(k)] \tag{6.91}$$

当 $m=N$ 时,终端性能指标为

$$\boldsymbol{J}_0[\boldsymbol{x}(N)]=\boldsymbol{x}^{\mathrm{T}}(N)\boldsymbol{Q}_0\boldsymbol{x}(N) \tag{6.92}$$

当 $m=N-1$ 时,最后一级性能指标为

$$\begin{aligned}\boldsymbol{J}_1[\boldsymbol{x}(N-1)]=&\boldsymbol{x}^{\mathrm{T}}(N)\boldsymbol{Q}_0\boldsymbol{x}(N)+\boldsymbol{x}^{\mathrm{T}}(N-1)\boldsymbol{Q}_1\boldsymbol{x}(N-1)+\boldsymbol{u}^{\mathrm{T}}(N-1)\boldsymbol{Q}_2\boldsymbol{u}(N-1)=\\&\boldsymbol{x}^{\mathrm{T}}(N-1)(\boldsymbol{Q}_1+\boldsymbol{A}^{\mathrm{T}}\boldsymbol{Q}_0\boldsymbol{A})\boldsymbol{x}(N-1)+\boldsymbol{x}^{\mathrm{T}}(N-1)\boldsymbol{A}^{\mathrm{T}}\boldsymbol{Q}_0\boldsymbol{B}\boldsymbol{u}(N-1)+\\&\boldsymbol{u}^{\mathrm{T}}(N-1)\boldsymbol{B}^{\mathrm{T}}\boldsymbol{Q}_0\boldsymbol{A}\boldsymbol{x}(N-1)+\boldsymbol{u}^{\mathrm{T}}(N-1)(\boldsymbol{Q}_2+\boldsymbol{B}^{\mathrm{T}}\boldsymbol{Q}_0\boldsymbol{B})\boldsymbol{u}(N-1)\end{aligned} \tag{6.93}$$

为使 $\boldsymbol{J}_1[\boldsymbol{x}(N-1)]$ 最小,令

$$\frac{\partial\boldsymbol{J}_1[\boldsymbol{x}(N-1)]}{\partial\boldsymbol{u}(N-1)}=0$$

可解得

$$\boldsymbol{B}^{\mathrm{T}}\boldsymbol{Q}_0\boldsymbol{A}\boldsymbol{x}^{※}(N-1)+(\boldsymbol{Q}_2+\boldsymbol{B}^{\mathrm{T}}\boldsymbol{Q}_0\boldsymbol{B})\boldsymbol{u}^{※}(N-1)=0$$

最优控制

$$\boldsymbol{u}^{※}(N-1)=-(\boldsymbol{Q}_2+\boldsymbol{B}^{\mathrm{T}}\boldsymbol{Q}_0\boldsymbol{B})^{-1}\boldsymbol{B}^{\mathrm{T}}\boldsymbol{Q}_0\boldsymbol{A}\boldsymbol{x}^{※}(N-1) \tag{6.94}$$

将式(6.94)代入式(6.93)中,得到最后一级最优性能指标为

$$\boldsymbol{J}_1^{※}[\boldsymbol{x}(N-1)]=\boldsymbol{x}^{※\mathrm{T}}(N-1)[\boldsymbol{Q}_1+\boldsymbol{A}^{\mathrm{T}}\boldsymbol{Q}_0\boldsymbol{A}-\boldsymbol{A}^{\mathrm{T}}\boldsymbol{Q}_0\boldsymbol{B}(\boldsymbol{Q}_2+\boldsymbol{B}^{\mathrm{T}}\boldsymbol{Q}_0\boldsymbol{B})^{-1}\boldsymbol{B}^{\mathrm{T}}\boldsymbol{Q}_0\boldsymbol{A}]\boldsymbol{x}^{※}(N-1) \tag{6.95}$$

在上式中，令

$$Q_0 = P(N)$$

$$P(N-1) = Q_1 + A^{T}Q_0A - A^{T}Q_0B(Q_2 + B^{T}Q_0B)^{-1}B^{T}Q_0A =$$
$$Q_1 + A^{T}P(N)A - A^{T}P(N)B(Q_2 + B^{T}P(N)B)^{-1}B^{T}P(N)A$$

于是由式(6.92)和式(6.95)，有

$$J_0[x(N)] = x^{T}(N)P(N)x(N)$$

$$J_1^{※}[x(N-1)] = x^{※T}(N-1)P(N-1)x^{※}(N-1)$$

推广到一般，有

$$J_{N-k}^{※}[x(k)] = x^{※T}(k)P(k)x^{※}(k) \tag{6.96}$$

式中 $k=0,1,\cdots,N$。

式(6.96)中

$$P(k) = Q_1 + A^{T}P(k+1)A - A^{T}P(k+1)B * [Q_2 + B^{T}P(k+1)B]^{-1}B^{T}P(k+1)A \tag{6.97}$$

式(6.97)称为黎卡提(Riccati)方程，$P(k)$ 称为 Riccati 增益矩阵，最优控制 $u^{※}(k)$ 和反馈增益矩阵 $L(k)$ 为

$$u^{※}(k) = -[Q_2 + B^{T}P(k+1)B]^{-1}B^{-1}P(k+1)Ax^{※}(k) = -L(k)x^{※}(k) \tag{6.98}$$

$$L(k) = [Q_2 + B^{T}P(k+1)B]^{-1}B^{-1}P(k+1)A \tag{6.99}$$

由式(6.97)和式(6.99)，可得出

$$P(k) = Q_1 + A^{T}P(k+1)A - A^{T}P(k+1)BL(k) \tag{6.100}$$

在 $k=0$ 时，最优性能指标为

$$J_N^{※}[x(0)] = x^{T}(0)P(0)x(0) \tag{6.101}$$

【例 6.11】 二阶系统的状态方程为

$$x(k+1) = Ax(k) + Bu(k) \tag{6.102}$$

式中

$$A = \begin{bmatrix} 0 & 1 \\ -1 & 1 \end{bmatrix}, B = \begin{bmatrix} 0 \\ 1 \end{bmatrix}$$

已知 $x(0) = [1 \quad 1]^{T}$，试求最优控制 $u^{※}(k)$，$k=0,1,\cdots,7$，使性能指标

$$J = \sum_{k=0}^{7} 2x^2(k) + \sum_{k=0}^{7} 2u^2(k)$$

最小。

解　由给定的性能指标 J 与式(6.89)比较可知

$$Q_0 = \begin{bmatrix} 0 & 0 \\ 0 & 0 \end{bmatrix}, Q_1 = \begin{bmatrix} 2 & 0 \\ 0 & 0 \end{bmatrix}, Q_2 = 2$$

由式(6.100)有

$$P(k) = Q_1 + A^{T}P(k+1)[A - BL(k)] =$$
$$\begin{bmatrix} 2 & 0 \\ 0 & 0 \end{bmatrix} + \begin{bmatrix} 0 & -1 \\ 1 & 1 \end{bmatrix} P(k+1)\left[\begin{bmatrix} 0 & 1 \\ -1 & 1 \end{bmatrix} - \begin{bmatrix} 0 \\ 1 \end{bmatrix} L(k)\right] \tag{6.103}$$

由式(6.99)有

$$L(k)=\left[2+\begin{bmatrix}0 & 1\end{bmatrix}P(k+1)\begin{bmatrix}0\\1\end{bmatrix}\right]^{-1}\begin{bmatrix}0 & 1\end{bmatrix}P(k+1)\begin{bmatrix}0 & 1\\-1 & 1\end{bmatrix} \tag{6.104}$$

由终端的边界条件开始计算黎卡提(Riccati) 增益矩阵

$$P(8)=Q_0=\begin{bmatrix}0 & 0\\0 & 0\end{bmatrix}$$

由式(6.103) 和式(6.104) 的递推关系,解出

$$P(7)=\begin{bmatrix}2 & 0\\0 & 0\end{bmatrix} \qquad L(7)=\begin{bmatrix}0 & 0\end{bmatrix}$$

$$P(6)=\begin{bmatrix}2 & 0\\0 & 2\end{bmatrix} \qquad L(6)=\begin{bmatrix}0 & 0\end{bmatrix}$$

$$P(5)=\begin{bmatrix}3 & -1\\-1 & 3\end{bmatrix} \qquad L(5)=\begin{bmatrix}-0.5 & -0.5\end{bmatrix}$$

$$P(4)=\begin{bmatrix}3.2 & -0.8\\-0.8 & 3.2\end{bmatrix} \qquad L(4)=\begin{bmatrix}-0.6 & 0.4\end{bmatrix}$$

$$P(3)=\begin{bmatrix}3.23 & -0.922\\-0.922 & 3.69\end{bmatrix} \qquad L(3)=\begin{bmatrix}-0.615 & 0.462\end{bmatrix}$$

$$P(2)=\begin{bmatrix}3.297 & -0.973\\-0.973 & 3.729\end{bmatrix} \qquad L(2)=\begin{bmatrix}-0.651 & 0.481\end{bmatrix}$$

$$P(1)=\begin{bmatrix}3.301 & -0.962\\-0.962 & 3.75\end{bmatrix} \qquad L(1)=\begin{bmatrix}-0.652 & 0.485\end{bmatrix}$$

当 $N\to\infty$ 时,黎卡提(Riccati) 增益矩阵趋近于常数

$$P=\begin{bmatrix}3.308 & -0.972\\-0.972 & 3.780\end{bmatrix}$$

对应的反馈增益矩阵为

$$L=\begin{bmatrix}-0.654 & 0.486\end{bmatrix}$$

根据式(6.98) 和式(6.102) 可计算出最优控制 $u^{※}(k)$ 和最优轨迹线 $x_1^{※}(k)$、$x_2^{※}(k)$。

本章小结

在经典控制理论中,用传递函数来分析和设计单输入单输出系统,这是一种行之有效的方法。状态空间设计法是属于现代控制理论的内容,用来探讨、设计和分析多输入多输出控制系统,这些系统可以是线性的,也可以是非线性的;可以是定常的,也可以是时变的。现代控制理论采用的分析方法是基于确定一个控制规律或最优控制策略,在现代控制理论的综合设计过程中还应考虑任意初始条件。

习　题

1. 离散系统的差分方程为

$$y(k+2)+y(k+1)+0.16y(k)=u(k-1)+2u(k)$$

求系统的状态空间模型、特征方程及特征根。

2. 已知系统的状态空间模型为$\begin{cases}\dot{\boldsymbol{x}}(t)=\boldsymbol{A}\boldsymbol{x}(t)+\boldsymbol{B}\boldsymbol{u}(t)\\ \boldsymbol{y}(t)=\boldsymbol{C}\boldsymbol{x}(t)\end{cases}$

式中

$$\boldsymbol{x}(t)=\begin{bmatrix}x_1(t)\\x_2(t)\end{bmatrix},\boldsymbol{y}(t)=\begin{bmatrix}y_1(t)\\y_2(t)\end{bmatrix},\boldsymbol{u}(t)=\begin{bmatrix}u_1(t)\\u_2(t)\end{bmatrix}$$

$$\boldsymbol{A}=\begin{bmatrix}0&1\\0&-2\end{bmatrix},\boldsymbol{B}=\begin{bmatrix}1&0\\0&1\end{bmatrix},\boldsymbol{C}=\begin{bmatrix}1&0\\0&1\end{bmatrix}$$

求系统的传递矩阵。

3. 简述系统的能控性和能观性。

4. 已知系统的状态空间模型为

$$\begin{bmatrix}x_1(k+1)\\x_2(k+1)\end{bmatrix}=\begin{bmatrix}0&1\\-0.4&-1.3\end{bmatrix}\begin{bmatrix}x_1(k)\\x_2(k)\end{bmatrix}+\begin{bmatrix}0\\1\end{bmatrix}\boldsymbol{u}(k)$$

$$\boldsymbol{y}(k)=[0\quad 1]\begin{bmatrix}x_1(k)\\x_2(k)\end{bmatrix}$$

试判断系统的能控性和能观性。

5. 已知离散系统的状态空间模型为

$$\begin{bmatrix}x_1(k+1)\\x_2(k+1)\end{bmatrix}=\begin{bmatrix}0.368&0\\0.623&1\end{bmatrix}\begin{bmatrix}x_1(k)\\x_2(k)\end{bmatrix}+\begin{bmatrix}0.632\\0.368\end{bmatrix}\boldsymbol{u}(k)$$

$$\boldsymbol{y}(k)=[0\quad 1]\begin{bmatrix}x_1(k)\\x_2(k)\end{bmatrix}$$

试判断系统的能控性和能观性。

6. 简述对偶原理和分离原理。

7. 已知系统的状态空间模型为

$$\begin{bmatrix}x_1(k+1)\\x_2(k+1)\end{bmatrix}=\begin{bmatrix}1&-1\\0&1\end{bmatrix}\begin{bmatrix}x_1(k)\\x_2(k)\end{bmatrix}+\begin{bmatrix}1\\1\end{bmatrix}\boldsymbol{u}(k)$$

状态反馈闭环系统期望的极点为0.4,0.6,试确定状态反馈增益矩阵$\boldsymbol{L}=[l_1\quad l_2]$。

8. 已知系统的状态空间模型为

$$\begin{bmatrix}x_1(k+1)\\x_2(k+2)\end{bmatrix}=\begin{bmatrix}0&1\\-1&1\end{bmatrix}\begin{bmatrix}x_1(k)\\x_2(k)\end{bmatrix}+\begin{bmatrix}0\\1\end{bmatrix}\boldsymbol{u}(k)$$

$$\boldsymbol{y}(k)=[2\quad 0]\begin{bmatrix}x_1(k)\\x_2(k)\end{bmatrix}$$

观测器期望的极点为z平面单位圆的圆心,即(0,0),试设计观测增益矩阵$\boldsymbol{Q}=\begin{bmatrix}Q_{e1}\\Q_{e2}\end{bmatrix}$。

9. 系统的状态方程为

$$\begin{bmatrix}x_1(k+1)\\x_2(k+1)\\x_3(k+1)\end{bmatrix}=\begin{bmatrix}0&1&0\\0&0&1\\-2&1&-1\end{bmatrix}\begin{bmatrix}x_1(k)\\x_2(k)\\x_3(k)\end{bmatrix}+\begin{bmatrix}0\\0\\1\end{bmatrix}\boldsymbol{u}(k)$$

$$\begin{bmatrix} y_1(k) \\ y_2(k) \\ y_3(k) \end{bmatrix} = \begin{bmatrix} 1 & 2 & 3 \\ 4 & 5 & 6 \\ 3 & 1 & -2 \end{bmatrix} \begin{bmatrix} x_1(k) \\ x_2(k) \\ x_3(k) \end{bmatrix} + \begin{bmatrix} 6 \\ -3 \\ 0 \end{bmatrix} \boldsymbol{u}(k)$$

试设计一个输出反馈矩阵,以使得所有的闭环极点设置在 $z=0$ 处。

10. 系统的状态方程为 $\boldsymbol{x}(k+1) = \begin{bmatrix} 0.627 & 0.361 \\ 0.09 & 0.853 \end{bmatrix} \boldsymbol{x}(k) + \begin{bmatrix} 0.025 \\ 0.1156 \end{bmatrix} \boldsymbol{u}(k)$,要求期望的闭环极点配置在 $z_{1,2}=0.5 \pm \mathrm{j}0.2$ 处,试设计状态反馈控制器。

第7章　计算机控制系统的模糊控制

本章重点:模糊控制的基本理论、控制原理、模糊控制器的设计方法。

本章难点:模糊控制器的设计过程。

当被控对象是一些模糊过程,或系统构成的不确定性问题,它们的结构参数不清楚或很难确定,通常不能用确切的数学模型描述。对这样的对象,用传统的控制方法实现自动控制是不可能获得满意的效果。为了解决这种不确定性对象的控制问题,人们将模糊理论引入到控制系统中,从而形成了模糊控制理论。模糊控制理论与计算机技术相结合使模糊控制理论得到了迅速发展,成为自动控制的一个重要分支。

模糊控制方法与传统的定量控制方法有着本质的不同。主要体现在:用语言变量来代替数学变量;用模糊条件语句来描述变量之间的关系;用模糊算法来描述复杂关系;大多数模糊自动控制过程均是以操作人员的经验为基础。因此模糊控制器的设计不要求掌握被控对象的精确数学模型,通常是先根据经验确定它的各个参数和控制规则,即根据人工控制规律组织控制决策表,然后由该表决定控制量的大小。

7.1　模糊控制的数学工具

7.1.1　模糊集合

在人类的思维中,有许多模糊的概念,如大、小、高、矮、冷、热等,都没有明确的内涵和外延,只能用模糊集合来描述;有的概念有清晰的内涵和外延,如男人和女人。我们把前者叫做模糊集合,用大写字母下加波浪线表示,如 $\underset{\sim}{A}$ 表示模糊集合;而后者叫普通集合(或经典集合),用 A 表示。

一般而言,在不同程度上具有某种特定属性的所有元素的总和叫做模糊集合。

例如,矮个子就是一个模糊集合,它是指身材有不同程度矮小的那一群人,它没有明确的界线,也就是说你无法绝对的指出哪些人属于这个集合,而哪些人不属于这个集合,类似这样的概念,在人们的日常生活中到处可见。

在普通集合中,使用特征函数来描述集合。而对模糊的事情,用特征函数来描述其属性是不恰当的。因为模糊事物根本无法确定其归属。为了说明具有模糊性事物的属性,可以把特征函数取值0,1的情况,改为对[0,1]区间取值。这样,特征函数就可以在0 ~ 1之间取无穷个值,即特征函数演变为连续逻辑函数。这样一来,就得到了描述模糊集合的特征函数——

隶属函数,用 $\mu_{\underset{\sim}{A}}$ 表示,它是模糊数学中最基本最重要的概念。

隶属函数的定义:用于描述模糊集合,并在[0,1]闭区间连续取值的特征函数叫做隶属函数。隶属函数用 $\mu_{\underset{\sim}{A}}(x)$ 表示,其中 $\underset{\sim}{A}$ 表示模糊集合,而 x 是 $\underset{\sim}{A}$ 的元素。隶属函数满足

$$0 \leqslant \mu_{\underset{\sim}{A}}(x) \leqslant 1$$

有了隶属函数以后,就可以把元素对模糊集合的归属程度恰当的表示出来。

例如,在讨论人的论域集合时,某人是否属于老年人集合的隶函数,可用下式进行计算,即

$$\mu_{老年人}(x) = \frac{1}{1 + \left(\frac{5}{x - 50}\right)^2}$$

式中的 x 表示50岁以上的年龄(即 $x > 50$),由计算可得

$$\mu_{老年人}(55) = 0.5$$
$$\mu_{老年人}(60) = 0.8$$
$$\mu_{老年人}(70) = 0.94$$

计算表明55岁的人只能算半老,而70岁的人属于老年人,集合的隶属程度为0.94。

7.1.2 模糊集合的表示方法

由于模糊集合没有明确的边界,只能使用隶属函数作为一种描述方法。

设定论域 U,$\mu_{\underset{\sim}{A}}$ 为 U 到[0,1]闭区间的任一映射,有

$$\mu_{\underset{\sim}{A}}: U \to [0,1] \tag{7.1}$$
$$x \to \mu_{\underset{\sim}{A}}(x) \tag{7.2}$$

都可确定 U 的一个模糊集合 $\underset{\sim}{A}$,$\mu_{\underset{\sim}{A}}$ 称为模糊集合 $\underset{\sim}{A}$ 的隶属函数。$\forall x \in U$,$\mu_{\underset{\sim}{A}}$ 称为元素 x 对 $\underset{\sim}{A}$ 的隶属度,即 x 隶属 $\underset{\sim}{A}$ 的程度。

对于论域 U 上的模糊集合 $\underset{\sim}{A}$,通常采用Zadeh表示法。当论域 U 为离散有限域 $\{x_1, x_2, \cdots, x_n\}$ 时,按Zadeh表示法,则 U 上的模糊集合 $\underset{\sim}{A}$ 可表示为

$$\underset{\sim}{A} = \sum_{i=1}^{n} \frac{\mu_{\underset{\sim}{A}}(x_i)}{x_i} = \frac{\mu_{\underset{\sim}{A}}(x_1)}{x_1} + \frac{\mu_{\underset{\sim}{A}}(x_2)}{x_2} + \cdots + \frac{\mu_{\underset{\sim}{A}}(x_n)}{x_n} \tag{7.3}$$

其中 $\mu_{\underset{\sim}{A}}(x_i)$ 为隶属度($i = 1, 2, \cdots, n$),x_i 为论域中的元素。当隶属度为0时,该项可略去不写,例如:

$$\underset{\sim}{A} = \frac{1}{a} + \frac{0.9}{b} + \frac{0.4}{c} + \frac{0.2}{d} + \frac{0}{e}$$

或
$$\underset{\sim}{A} = \frac{1}{a} + \frac{0.9}{b} + \frac{0.4}{c} + \frac{0.2}{d}$$

【注意】 上式不是分式求和,仅是一种表示方法的符号,其分母表示论域 U 中的元素,分子表示相应元素的隶属度,隶属度为0的那项可以省略。

当 U 连续有限时,模糊集合可以表示为

$$\underset{\sim}{A} = \int_{x \to U} \left(\frac{\mu_{\underset{\sim}{A}}(x)}{x}\right) \tag{7.4}$$

【注意】　上式中的符号$\int$不是表示积分运算，而是表示连续域 U 上的元素 x 与隶属度 $\mu_{\underset{\sim}{A}}(x)$ 一一对应关系的总体集合。

7.1.3　模糊集合的运算

对于给定论域 U 上的模糊集合 $\underset{\sim}{A},\underset{\sim}{B},\underset{\sim}{C}$，借助隶属函数定义它们之间的运算关系。

①等集。对两个模糊集 $\underset{\sim}{A},\underset{\sim}{B}$，若对所有元素 x，它们的隶属度函数相等，即 $\mu_{\underset{\sim}{A}}(x)=\mu_{\underset{\sim}{B}}(x)$，则 $\underset{\sim}{A},\underset{\sim}{B}$ 也相等。

用数学符号来描述为 $\forall x \in U$，都有 $\mu_{\underset{\sim}{A}}(x)=\mu_{\underset{\sim}{B}}(x)$，则称 $\underset{\sim}{A}$ 与 $\underset{\sim}{B}$ 相等，记为 $\underset{\sim}{A}=\underset{\sim}{B}$。

② 补集。$\forall x \in U$，都有 $\mu_{\underset{\sim}{B}}(x)=1-\mu_{\underset{\sim}{A}}(x)$，则称 $\underset{\sim}{B}$ 是 $\underset{\sim}{A}$ 的补集。

③ 并集。$\forall x \in U$，都有 $\mu_{\underset{\sim}{C}}(x)=\max\{\mu_{\underset{\sim}{A}}(x),\mu_{\underset{\sim}{B}}(x)\}=\mu_{\underset{\sim}{A}}(x) \vee \mu_{\underset{\sim}{B}}(x)$，则称 $\underset{\sim}{C}$ 是 $\underset{\sim}{A}$ 与 $\underset{\sim}{B}$ 的并集，记作 $\underset{\sim}{C}=\underset{\sim}{A}\cup\underset{\sim}{B}$。

④ 交集。$\forall x \in U$，都有 $\mu_{\underset{\sim}{C}}(x)=\min\{\mu_{\underset{\sim}{A}}(x),\mu_{\underset{\sim}{B}}(x)\}=\mu_{\underset{\sim}{A}}(x) \wedge \mu_{\underset{\sim}{B}}(x)$，则称 $\underset{\sim}{C}$ 为 $\underset{\sim}{A}$ 与 $\underset{\sim}{B}$ 的交集，记作 $\underset{\sim}{C}=\underset{\sim}{A}\cap\underset{\sim}{B}$。

⑤ 包含。$\forall x \in U$，都有 $\mu_{\underset{\sim}{A}}(x) \geqslant \mu_{\underset{\sim}{B}}(x)$，则称 $\underset{\sim}{A}$ 包含 $\underset{\sim}{B}$，记作 $\underset{\sim}{A}\supseteq\underset{\sim}{B}$。

另外，普通集合中交换律、幂等律、结合律、分配率、吸收率、摩根定律也同样适用于模糊集合的运算，但是互补律不成立。

7.1.4　隶属函数确定方法

1. 模糊统计法

模糊统计是对模糊性事物的可能性程度进行统计，统计的结果为隶属度。

在论域 U 中给出一个元素 x，再考虑 n 个有模糊集合 $\underset{\sim}{A}$ 属性的普通集合 A^*，以及元素 x 对 A^* 的归属次数。x 对 A^* 的归属次数和 n 的比值就是统计出的 x 对 $\underset{\sim}{A}$ 的隶属函数，即

$$\mu_{\underset{\sim}{A}}(x)=\lim_{n\to\infty}\frac{x\in A^* \text{ 的次数}}{n} \tag{7.5}$$

当 n 足够大时，隶属函数 $\mu_{\underset{\sim}{A}}(x)$ 是一个稳定值。

2. 二元对比排序法

二元对比排序法是通过对多个事物之间两两对比来确定某种特征下的顺序，由此来决定这些事物对该特征的隶属函数的形式。二元对比排序法，根据比对测度要求不同，又分为多种不同方法。这里就不多谈了。下面介绍一种比较实用的方法。

设定论域中一对元素 (x_1,x_2)，其具有某特征的等级分别为 $g_1(x_1)$ 和 $g_2(x_2)$，即在 x_1 和 x_2 的二元对比中，如果 x_1 具有某特征的程度用 $g_1(x_1)$ 来表示，则 x_2 具有该特征的程度用 $g_2(x_2)$ 表示。并且该二元比较级的数对 $(g_1(x_1),g_2(x_2))$ 必须满足

$$0 \leqslant g_1(x_1) \leqslant 1,0 \leqslant g_2(x_2) \leqslant 1$$

$$g(\frac{x_1}{x_2})=\frac{g_1(x_1)}{\max[g_1(x_1),g_2(x_2)]} \tag{7.6}$$

则有
$$g(\frac{x_1}{x_2})=\begin{cases}\dfrac{g_1(x_1)}{g_2(x_2)}; & g_1(x_1)\leqslant g_2(x_2)\\ 1; & g_2(x_2)\leqslant g_1(x_1)\end{cases}\tag{7.7}$$

这里$x_1,x_2\in U$,若由$g(\frac{x_1}{x_2})$为元素构成矩阵,并设$g(\frac{x_i}{x_j})$,当$i=j$时,取值为1,则得到矩阵$\boldsymbol{G}$,被称为“相及矩阵”。如:

$$\boldsymbol{G}=\begin{bmatrix}1 & g(\frac{x_1}{x_2})\\ g(\frac{x_2}{x_1}) & 1\end{bmatrix}\tag{7.8}$$

3. 专家经验法

专家经验法是根据专家的实际经验给出模糊信息的处理算式或相应的权系数来确定隶属函数的一种方法。如果专家经验越成熟,实践时间越长,则按此专家经验确定的隶属函数将取得更好的效果。

7.1.5　模糊关系

1. 关系

客观世界的各事物之间普遍存在着联系,描述事物之间联系的数学模型之一就是关系。关系常用符号R表示。

(1) 关系的概念

若R为由集合X到集合Y的普通关系,则对任意$x\in X,y\in Y$,都只能有以下两种情况:

X与Y有某种关系,即xRy;X与Y无某种关系,即$x\bar{R}y$。

(2) 直积

由X到Y的关系R,也可以用序偶(x,y)来表示,其中$x\in X,y\in Y$。所有有关系R的序偶可以构成一个R集。

在集X和集Y中各取出一元素排成序时,所有这样的序对的全体所组成的集合叫做X和Y的直积集(也称笛卡尔乘积集),记为

$$X\times Y=\{(x,y)\mid x\in X,y\in Y\}$$

显然R集是x和y的直积集的一个子集,即

$$R\subset X\times Y$$

(3) 几种关系

① 自返性关系:一个关系R,若$\forall x\in X$,都有xRX,即集合的每一个元素x都自身有这一关系,则称R为具有自返性的关系。例如,把X看作是集合,同族关系便具有自返性,但父子关系不具有自返性。

② 对称性关系:一个X中的关系R,若$\forall x,y\in X$,若有xRy,必有yRx,即满足这一关系的两个元素的地位可以对调,则称R为具有对称性关系。例如兄弟关系和朋友关系都具有对称性,但父子关系不具有对称性。

③ 传递性关系:一个X中的关系R,若$\forall x,y,z\in X$,且有xRy,yRz,则必有xRz,则称R具有

传递性关系。例如:兄弟关系和同族关系具有传递性,但父子关系不具有传递性。

具有自返性和对称性的关系称为相容关系,具有传递性的相容关系称为等价关系。

2. 模糊关系

两组事物之间的关系不宜用"有"或"无"作肯定或否定回答时,可以用模糊关系来描述。

设 $X \times Y$ 为集合 X 与集合 Y 的直积集,$\underset{\sim}{R}$ 是 $X \times Y$ 的一个模糊子集,它的隶属函数 $\mu_{\underset{\sim}{R}}(x,y)(x \in X, y \in Y)$,这样就确定了一个 X 与 Y 的模糊关系 $\underset{\sim}{R}$,由隶属函数 $\mu_{\underset{\sim}{R}}(x,y)$ 描述,函数值 $\mu_{\underset{\sim}{R}}(x,y)$ 代表序偶 (x,y) 具有关系 $\underset{\sim}{R}$ 的程度。

一般情况,只要给出直积空间 $X \times Y$ 中的模糊集 $\underset{\sim}{R}$ 的隶属函数 $\mu_{\underset{\sim}{R}}(x,y)$,集合 X 到集合 Y 的模糊关系 $\underset{\sim}{R}$ 也就确定了。模糊关系也有自返性、对称性、传递性等关系。

自返性:一个模糊关系 $\underset{\sim}{R}$,若 $\forall x \in X$,有 $\mu_{\underset{\sim}{R}}(x,y) = 1$,即每一个元素 x 与自身隶属于模糊关系 $\underset{\sim}{R}$ 的程度为1,则称 $\underset{\sim}{R}$ 为具有自返性的模糊关系。例如,相像关系就具有自返性,仇敌关系就不具有自返性。

对称性:一个模糊关系 $\underset{\sim}{R}$,若 $\forall x,y \in X$,均有 $\mu_{\underset{\sim}{R}}(x,y) = \mu_{\underset{\sim}{R}}(y,x)$,即 x 与 y 隶属于模糊关系 $\underset{\sim}{R}$ 的程度和 y 与 x 隶属于模糊关系 $\underset{\sim}{R}$ 的程度相同,则称 $\underset{\sim}{R}$ 为具有对称性的模糊关系。例如,相像关系就具有对称性,而相爱关系就不具有对称性。

传递性:一个模糊关系 $\underset{\sim}{R}$,若 $\forall x,y,z \in X$,均有 $\mu_{\underset{\sim}{R}}(x,z) \geqslant \min[\mu_{\underset{\sim}{R}}(x,y), \mu_{\underset{\sim}{R}}(y,z)]$,即 x 与 y 隶属于模糊关系 $\underset{\sim}{R}$ 的程度和 y 与 z 隶属于模糊关系 $\underset{\sim}{R}$ 的程度中较小的一个值都小于 x 和 z 隶属于模糊关系 $\underset{\sim}{R}$ 的程度,则称 $\underset{\sim}{R}$ 为具有传递性的模糊关系。

3. 模糊矩阵

当 $X = \{x_i \mid i = 1,2,\cdots,m\}$,$Y = \{y_i \mid i = 1,2,\cdots,n\}$ 是有限集合时,则 $X \times Y$ 的模糊关系 $\underset{\sim}{R}$ 可用下列 $m \times n$ 阶矩阵来表示:

$$\underset{\sim}{\boldsymbol{R}} = \begin{pmatrix} r_{11} & \cdots & r_{1n} \\ \vdots & & \vdots \\ r_{m1} & \cdots & r_{mn} \end{pmatrix} \tag{7.9}$$

式中元素 $r_{ij} = \mu_{\underset{\sim}{R}}(x_i, y_j)$。该矩阵称为模糊矩阵,可简记为 $\underset{\sim}{\boldsymbol{R}} = [r_{ij}]_{m \times n}$,$m$ 行 n 列矩阵。

为了讨论模糊矩阵运算方便,设矩阵为 $m \times n$ 阶方阵,即 $\underset{\sim}{\boldsymbol{A}} = [a_{ij}]_{m \times n}$,$\underset{\sim}{\boldsymbol{B}} = [b_{ij}]_{m \times n}$,此时模糊矩阵的交、并、补运算为:

① 模糊矩阵并:对于 $\underset{\sim}{\boldsymbol{A}} = [a_{ij}]_{m \times n}$,$\underset{\sim}{\boldsymbol{B}} = [b_{ij}]_{m \times n}$,若有 $\boldsymbol{C}_{ij} = \max[a_{ij}, b_{ij}] = a_{ij} V b_{ij}$,则称 $\underset{\sim}{\boldsymbol{C}} = [c_{ij}]_{m \times n}$ 为 $\underset{\sim}{\boldsymbol{A}}$ 和 $\underset{\sim}{\boldsymbol{B}}$ 的并,记为 $\underset{\sim}{\boldsymbol{C}} = \underset{\sim}{\boldsymbol{A}} \cup \underset{\sim}{\boldsymbol{B}}$。

② 模糊矩阵交:对于 $\underset{\sim}{\boldsymbol{A}} = [a_{ij}]_{m \times n}$ 和 $\underset{\sim}{\boldsymbol{B}} = [b_{ij}]_{m \times n}$,若有 $c_{ij} = \min[a_{ij}, b_{ij}] = a_{ij} \wedge b_{ij}$,则称 $\underset{\sim}{\boldsymbol{C}} = [c_{ij}]_{m \times n}$ 为 $\underset{\sim}{\boldsymbol{A}}$ 与 $\underset{\sim}{\boldsymbol{B}}$ 的交,记为 $\underset{\sim}{\boldsymbol{C}} = \underset{\sim}{\boldsymbol{A}} \cap \underset{\sim}{\boldsymbol{B}}$。

③ 模糊矩阵补:对于 $\boldsymbol{A} = [a_{ij}]_{m \times n}$,则 $[1 - a_{ij}]$ 为 $\underset{\sim}{\boldsymbol{A}}$ 的补矩阵,记为 $\underset{\sim}{\bar{\boldsymbol{A}}}$。

④ 模糊矩阵的合成运算:设合成算子用"∘"表示,它用来代表两个模糊矩阵的相乘,与线

性代数中的矩阵乘类似,所不同的是并非两项相乘后再相加,而是先取小后取大,即将普通矩阵运算中对应元素间相乘用取最小运算“∧”来代替,而元素间相加用取大“∨”来代替。

若 $\underset{\sim}{\boldsymbol{C}}=\underset{\sim}{\boldsymbol{A}}\circ\underset{\sim}{\boldsymbol{B}}$,则 $\underset{\sim}{\boldsymbol{C}}$ 中的元素:$c_{ij}=\max\{\min[a_{ik},b_{kj}]\}=\vee[a_{ik}\wedge b_{kj}]$。

例如:

$$\underset{\sim}{\boldsymbol{A}}=\begin{bmatrix}a_{11} & a_{12}\\ a_{21} & a_{22}\end{bmatrix},\underset{\sim}{\boldsymbol{B}}=\begin{bmatrix}b_{11} & b_{12}\\ b_{21} & b_{22}\end{bmatrix}$$

则

$$\underset{\sim}{\boldsymbol{A}}\circ\underset{\sim}{\boldsymbol{B}}=\begin{bmatrix}(a_{11}\wedge b_{11})\vee(a_{12}\wedge b_{21}) & (a_{11}\wedge b_{12})\vee(a_{12}\wedge b_{22})\\ (a_{21}\wedge b_{11})\vee(a_{22}\wedge b_{21}) & (a_{21}\wedge b_{12})\vee(a_{22}\wedge b_{22})\end{bmatrix} \tag{7.10}$$

4. 模糊逻辑

建立在取真“1”和取假“0”二值基础上的数学逻辑,已成为计算机科学的基础理论,然而在研究比较复杂的系统时,二值逻辑就无能为力了。因为复杂系统不仅结构和功能复杂,而且涉及的关系和变量多,并且具有模糊的特点。

模糊逻辑的真值 x 在区间[0,1]中连续取值,x 越接近1,说明真程度越大。模糊逻辑是二值逻辑的直接推广,因此模糊逻辑是无限多值逻辑,也就是连续值逻辑。模糊逻辑仍有二值逻辑的逻辑并(析取)、逻辑交(合并)、逻辑补(否定)的运算。

5. 模糊推理

应用模糊理论,可以对模糊命题进行模糊的演绎推理和归纳推理。下面介绍假言推理和条件语句。

(1) 假言推理

设 a,b 分别被描述为 X 与 Y 中的模糊子集 $\underset{\sim}{A}$ 与 $\underset{\sim}{B}$,$(a)\to(b)$ 表示从 X 到 Y 的一个模糊关系,它是 $X\times Y$ 的一个模糊子集,记作 $A\to B$(如 A 则 B),它的隶属函数为

$$\mu_{\underset{\sim}{A}\to\underset{\sim}{B}}(x,y)=[\mu_{\underset{\sim}{A}}(x,y)\wedge\mu_{\underset{\sim}{B}}(x,y)]\vee[1-\mu_{\underset{\sim}{A}}(x)] \tag{7.11}$$

例如,若 x 小则 y 大,已给 x 较小,试问 y 如何?设论域:$X=\{1,2,3,4,5\}=Y$

$$[小]=\frac{1}{1}+\frac{0.5}{2}+\frac{0}{3}+\frac{0}{4}+\frac{0}{5}$$

$$[较小]=\frac{1}{1}+\frac{0.5}{2}+\frac{0.2}{3}+\frac{0}{4}+\frac{0}{5}=\underset{\sim}{A}_1$$

$$[大]=\frac{0}{1}+\frac{0}{2}+\frac{0}{3}+\frac{0.5}{4}+\frac{1}{5}$$

则 $\underset{\sim}{A}\to\underset{\sim}{B}=[若x小则y大](x,y)=[(小)(x)\wedge(大)(y)]\vee[1-(小)(x)]$,算得矩阵 $\underset{\sim}{\boldsymbol{R}}$ 为

$$\mu_{小\to大(x,y)}=\begin{bmatrix}0 & 0 & 0 & 0.5 & 1\\ 0.5 & 0.5 & 0.5 & 0.5 & 0.5\\ 1 & 1 & 1 & 1 & 1\\ 1 & 1 & 1 & 1 & 1\\ 1 & 1 & 1 & 1 & 1\end{bmatrix}=\underset{\sim}{\boldsymbol{R}}$$

矩阵中各元素的值是按隶属函数算出来的。如第二行第四列中的0.5是这样算得的:

$$\mu_{小\to大(2,4)} = [\mu_{小(2)} \wedge \mu_{大(4)}] \vee [1 - \mu_{小(2)}] = [0.5 \wedge 0.5] \vee [1 - 0.5] = 0.5$$

然后进行合成运算，由模糊集合较小的定义，可进行如下的合成运算：

[较小]∘[若 x 小则 y 大] $= \underset{\sim}{A}_1 \circ \underset{\sim}{\boldsymbol{R}} = (1 \quad 0.5 \quad 0.2 \quad 0 \quad 0) \circ \underset{\sim}{\boldsymbol{R}} = (0.4 \quad 0.4 \quad 0.4 \quad 0.5 \quad 1)$ 结果与[大] $= \frac{0}{1} + \frac{0}{2} + \frac{0}{3} + \frac{0.5}{4} + \frac{1}{5}$ 比较可得"y 比较大"。

(2) 模糊条件语句

在模糊控制中，应用较多的是模糊条件语句。它的一般语句格式为"若 $\underset{\sim}{A}$ 则 $\underset{\sim}{B}$，否则 $\underset{\sim}{C}$"。用模糊关系表示为

$$\underset{\sim}{R} = (\underset{\sim}{A} \times \underset{\sim}{B}) \cup (\bar{\underset{\sim}{A}} \times \underset{\sim}{C}) \tag{7.12}$$

或表示为

$$\underset{\sim}{R} = (a \to b) \vee (\bar{a} \to c)$$

其中，a 在论域 X 上，对应于 X 上的模糊子集 $\underset{\sim}{A}$；b，c 在论域 Y 上，对应于 Y 上的模糊子集 $\underset{\sim}{B}$ 和 $\underset{\sim}{C}$。$(a \to b) \vee (\bar{a} \to c)$ 表示 $X \times Y$ 的一个模糊子集 $\underset{\sim}{R}$，$\underset{\sim}{R} = (\underset{\sim}{A} \times \underset{\sim}{B}) \cup (\bar{\underset{\sim}{A}} \times \underset{\sim}{C})$，则隶属函数为

$$\mu_{(A\to B)\vee(\bar{A}\to C)}(x,y) = [\mu_{\underset{\sim}{A}}(x) \wedge \mu_{\underset{\sim}{B}}(y)] \vee [1 - \mu_{\underset{\sim}{A}}(x) \wedge \mu_{\underset{\sim}{C}}(y)] \tag{7.13}$$

若输入 $\underset{\sim}{A}$ 时，根据模糊关系的合成规则，即可按下式求得输出 $\underset{\sim}{B}$ 为

$$\underset{\sim}{B} = \underset{\sim}{A} \circ \underset{\sim}{B} = \underset{\sim}{A} \circ [(\underset{\sim}{A} \times \underset{\sim}{B}) \cup (\bar{\underset{\sim}{A}} \times \underset{\sim}{C})] \tag{7.14}$$

即

$$\underset{\sim}{B} = \underset{\sim}{A} \circ [(\underset{\sim}{A} \to \underset{\sim}{B}) \vee (\bar{\underset{\sim}{A}} \to \underset{\sim}{C})]$$

7.2 模糊控制原理

模糊控制系统的组成具有典型计算机控制系统的组成结构形式。模糊控制系统由模糊控制器、输入/输出接口、执行机构、被控对象和测量装置等5个部分组成，结构框图如图7.1所示。

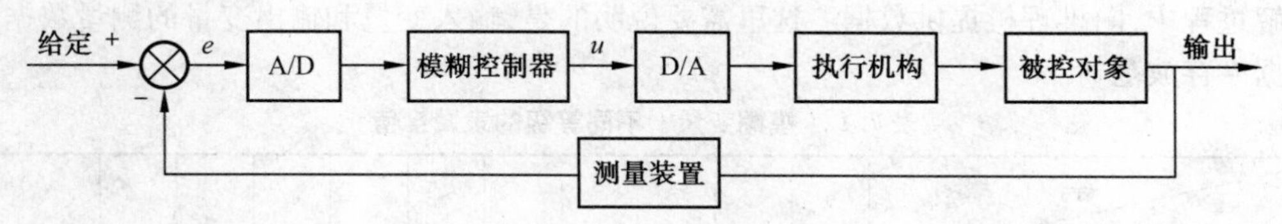

图7.1 模糊控制系统的组成

7.2.1 模糊控制器的组成

系统中的核心是模糊控制器。模糊控制器的组成包括输入量模糊化接口、知识库、推理机、解模糊接口4个部分，其结构组成如图7.2所示。

1. 模糊化接口

模糊控制器的确定量输入必须经过模糊化后，转换成一个模糊矢量才能用于模糊控制器。模糊化过程可以按模糊化等级进行。

例如，取值在 $[a,b]$ 间的连续量 x 经公式

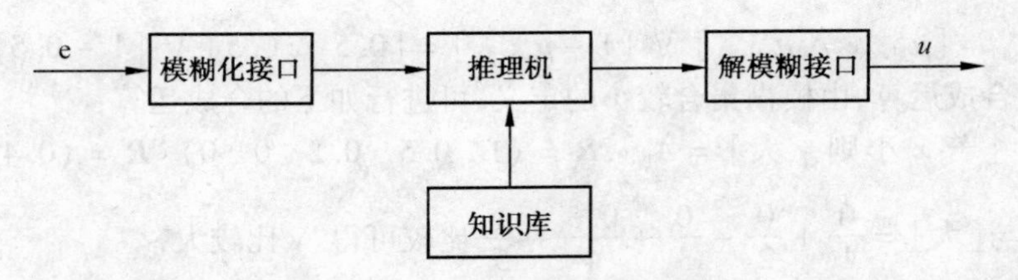

图 7.2　模糊控制器的结构

$$y = \frac{12}{b-a}\left(x - \frac{a+b}{2}\right) \tag{7.15}$$

变换为取值在[-6,6]间的连续量 y，再将 y 模糊化为七级，相应的模糊量用模糊语言表示如下：

在 -6 附近称为负大，记为 NL；

在 -4 附近称为负中，记为 NM；

在 -2 附近称为负小，记为 NS；

在 0 附近称为适中，记为 ZO；

在 2 附近称为正小，记为 PS；

在 4 附近称为正中，记为 PM；

在 6 附近称为正大，记为 PL。

因此，对于模糊输入变量 y，其模糊子集为 y = {NL,NM,NS,ZO,PS,PM,PL}

这样，它们对应的模糊子集可用表 7.1 表示。表中的数为对应元素在对应模糊集中的隶属度。当然，这仅是一个示意性的表，目的在于说明从精确量向模糊量的转换过程。实际的模糊集要根据具体问题来决定。

2. 知识库

知识库由数据库和规则库两部分组成。

数据库中存放的内容是所有输入输出变量的全部模糊子集的隶属度矢量值，若论域为连续域，则为隶属度函数。例如，可将表 7.1 中内容存放于数据库中，在规则推理的模糊关系方程求解过程中，向推理机提供数据。这里需要说明的是，输入变量和输出变量的测量数据不属于数据库存放范畴。

表 7.1　模糊变量 y 不同等级的隶属度值

模糊变量 \ 隶属度 \ 等级	-6	-5	-4	-3	-2	-1	0	1	2	3	4	5	6
PL	0	0	0	0	0	0	0	0	0.2	0.4	0.7	0.8	1
PM	0	0	0	0	0	0	0	0	0.2	0.7	1	0.7	0.2
PS	0	0	0	0	0	0	0.3	0.8	1	0.7	0.5	0.2	0
ZO	0	0	0	0	0.1	0.6	1	0.6	0.1	0	0	0	0
NS	0	0.2	0.5	0.4	1	0.8	0.3	0	0	0	0	0	0
NM	0.2	0.7	1	0.7	0.2	0	0	0	0	0	0	0	0
NL	1	0.8	0.7	0.4	0.2	0	0	0	0	0	0	0	0

规则库是用来存放全部模糊控制规则，在推理时为“推理机”提供控制规则。模糊控制器

的规则是基于专家知识或手动操作经验来建立的，它是按人的直觉推理的一种语言表示形式。模糊规则通常由一系列的关系词连接而成，如 if－then，else，also，end，or 等。关系词必须经过"翻译"，才能将模糊规则数值化。如果某模糊控制器的输入变量为偏差 e 和偏差变化 e_c，模糊控制器的输出变量为 u，其相应的语言变量为 E、EC 和 U，给出下述一组模糊控制规则：

R1：if E = NL and EC = NL then U = PL；

R2：if E = NL and EC = NM then U = PL；

R3：if E = NL and EC = NS then U = PM；

R4：if E = NL and EC = ZO then U = PM；

R5：if E = NM and EC = NL then U = PL；

R6：if E = NM and EC = NM then U = PL；

R7：if E = NM and EC = NS then U = PM；

R8：if E = NM and EC = ZO then U = PM；

R9：if E = NS and EC = NL then U = PL；

R10：if E = NS and EC = NM then U = PL；

R11：if E = NS and EC = NS then U = PM；

R12：if E = NS and EC = ZO then U = PS；

R13：if E = ZO and EC = NL then U = PL；

R14：if E = ZO and EC = NM then U = PM；

R15：if E = ZO and EC = NS then U = PM；

R16：if E = ZO and EC = ZO then U = ZO。

通常把"if …"部分称为"前提部分"，而"then …"部分称为"结论部分"，语言变量 E 与 EC 为输入变量，而 U 为输出变量。

3. 推理机

推理机是模糊控制器中，根据输入模糊量和知识库进行模糊推理，求解模糊关系方程，并获得模糊控制量的功能部分。模糊控制规则也就是模糊决策，它是人们在控制生产过程中的经验总结。模糊推理有时也称为似然推理，推理过程有如下的形式：

一维推理：

前提：if $\underset{\sim}{A} = \underset{\sim}{A}_1$, then $\underset{\sim}{B} = \underset{\sim}{B}_1$

条件：if $\underset{\sim}{A} = \underset{\sim}{A}_2$

结论：then $\underset{\sim}{B}$ =?

二维推理：

前提：if $\underset{\sim}{A} = \underset{\sim}{A}_1$ and $\underset{\sim}{B} = \underset{\sim}{B}_1$, then $\underset{\sim}{C} = \underset{\sim}{C}_1$

条件：if $\underset{\sim}{A} = \underset{\sim}{A}_2$ and $\underset{\sim}{B} = \underset{\sim}{B}_2$

结论：then $\underset{\sim}{C}$ =?

当上述给定条件为模糊集时，可以利用似然推理。在模糊控制中，由于控制器的输入变量（如偏差和偏差变化）往往不是一个模糊子集，而是一些孤点（如 $a = a_0, b = b_0$）等，因此这种推理方式一般不能直接使用，模糊推理方式将略有不同，一般可分为以下 3 种方式，先设有两条推理规则：

(1) if $\underset{\sim}{A} = \underset{\sim}{A}_1$ and $\underset{\sim}{B} = \underset{\sim}{B}_1$, then $\underset{\sim}{C} = \underset{\sim}{C}_1$

(2) if $\underset{\sim}{A} = \underset{\sim}{A}_2$ and $\underset{\sim}{B} = \underset{\sim}{B}_2$, then $\underset{\sim}{C} = \underset{\sim}{C}_2$

则有

推理方式1:又称为极小运算法。

设 $a = a_0, b = b_0$,则新的隶属度为

$$\mu_{\underset{\sim}{C}}(z) = [w_1 \wedge \mu_{\underset{\sim}{C1}}(z)] \vee [w_2 \wedge \mu_{\underset{\sim}{C2}}(z)] \tag{7.16}$$

式中 $w_1 = \mu_{\underset{\sim}{A_1}}(a_0) \wedge \mu_{\underset{\sim}{B_1}}(b_0)$, $w_2 = \mu_{\underset{\sim}{A_2}}(a_0) \wedge \mu_{\underset{\sim}{B_2}}(b_0)$

该方法常用于模糊控制系统中,直接采用极大极小合成运算方法,计算较简便,但在合成运算中,信息丢失较多。

推理方式2:又称为代数乘积运算法。

设 $a = a_0, b = b_0$,有

$$\mu_{\underset{\sim}{C}}(z) = [w_1\mu_{\underset{\sim}{C_1}}(z)] \vee [w_2\mu_{\underset{\sim}{C_2}}(z)] \tag{7.17}$$

式中 $w_1 = \mu_{\underset{\sim}{A_1}}(a_0) \wedge \mu_{\underset{\sim}{B_1}}(b_0)$, $w_2 = \mu_{\underset{\sim}{A_2}}(a_0) \wedge \mu_{\underset{\sim}{B_2}}(b_0)$

推理方式3:该方式适合于隶属度为单调的情况。

设 $a = a_0, b = b_0$,有

$$z_0 = \frac{w_1 z_1 + w_2 z_2}{w_1 + w_2} \tag{7.18}$$

式中:$z_1 = \mu_{\underset{\sim}{C_1}}^{-1}(w_1)$;$z_2 = \mu_{\underset{\sim}{C_2}}^{-1}(w_2)$;$w_1 = \mu_{\underset{\sim}{A_1}}(a_0) \wedge \mu_{\underset{\sim}{B_1}}(b_0)$;$w_2 = \mu_{\underset{\sim}{A_2}}(a_0) \wedge \mu_{\underset{\sim}{B_2}}(b_0)$。

4. 清晰化接口

通过模糊控制推理所得到的输出量是模糊量,要进行控制必须经清晰化接口将其转换为精确量,这一过程又称为模糊判断,也称为去模糊,通常采用下述3种方法将模糊量转化为精确的执行量。

(1) 最大隶属度方法

若对应的模糊推理的模糊集 $\underset{\sim}{C}$ 中,元素 $u' \in U$ 且满足 $\mu_{\underset{\sim}{C}}(u') \geqslant \mu_{\underset{\sim}{C}}(u)$;$u \in U$,则取 u' 作为输出控制量的精确值。

如果这样的隶属度最大点 u' 不唯一,就取它们的平均值 $\bar{u}'$ 或 $[u_1', u_p']$ 中点 $(u_1' + u_p')/2$ 作为输出控制量(其中 $u_1' \leqslant u_2' \leqslant \cdots \leqslant u_p'$)。这种方法简单、易行、实时性好,但它包括的信息量少。

例如,若

$$\underset{\sim}{c} = \frac{0.2}{2} + \frac{0.7}{3} + \frac{1}{4} + \frac{0.7}{5} + \frac{0.2}{6}$$

则根据最大隶属度原则应取控制量 $u' = 4$。

又如,若

$$\underset{\sim}{c} = \frac{0.1}{-4} + \frac{0.4}{-3} + \frac{0.8}{-2} + \frac{1}{-1} + \frac{1}{0} + \frac{0.4}{1}$$

则按平均值法,应取

$$u' = \frac{0 + (-1)}{2} = \frac{-1}{2} = -0.5$$

(2) 加权平均法

加权平均法是模糊控制中应用较为广泛的一种判决方法,这种方法有两种判决形式。

① 普通加权平均法。输出的控制量由下式决定,即

$$u' = \frac{\sum_i \mu_{\underset{\sim}{C}}(u_i) \cdot u_i}{\sum_i \mu_{\underset{\sim}{C}}(u_i)} \tag{7.19}$$

例如,若

$$\underset{\sim}{c} = \frac{0.1}{2} + \frac{0.8}{3} + \frac{1.0}{4} + \frac{0.8}{5} + \frac{0.1}{6}$$

则控制量应为

$$u' = \frac{0.1 \times 2 + 0.8 \times 3 + 1.0 \times 4 + 0.8 \times 5 + 0.1 \times 6}{0.1 + 0.8 + 1.0 + 0.8 + 0.1} = 4$$

② 加权平均法。输出的控制量是由下式决定,即

$$u' = \frac{\sum_i k_i u_i}{\sum_i k_i} \tag{7.20}$$

式中 k_i 为加权系数,通过修改加权系数,可以改善系统的响应特性。

③ 中位数判决法。在最大隶属度判决法中,只考虑了最大隶属度数,而忽略了其他信息的影响。中位数判决法是将隶属函数曲线与横坐标所围成的面积平均分成两部分,以分界点所对应的论域元素 u_i 作为判断输出。

设模糊推理的输出为模糊量 $\underset{\sim}{c}$,若存在 u',并且使

$$\sum_{u_{\min}}^{u'} \mu_{\underset{\sim}{C}}(u) = \sum_{u'}^{u_{\max}} \mu_{\underset{\sim}{C}}(u) \tag{7.21}$$

取 u' 作为控制量的精确值。

7.2.2　模糊控制器设计

设计模糊控制系统的关键是设计模糊控制器。而设计一个模糊控制器就需要选择模糊控制器的结构,选取模糊规则,确定模糊化过程和进行清晰化确定,编写模糊化控制算法程序等一系列过程。

1. 模糊控制器的结构设计

(1) 单输入单输出结构

在单输入单输出系统中,受人工控制过程的启发,一般可设计成一维或二维模糊控制器。在极少数情况下,才有设计成二维控制器的要求。这里所讲的模糊控制器的维数通常是指输入变量的个数。

① 一维模糊控制器。这是一种最为简单的模糊控制器,其输入和输出变量均只有一个。假设模糊控制器输入变量为 x,输出变量为 y,此时的模糊规则(x 一般为控制误差,y 为控制量)为

$$\text{R1: if } x \text{ is } \underset{\sim}{A}_1 \text{ then } y \text{ is } \underset{\sim}{B}_1 \text{ or}$$

$$\vdots$$

$$\text{Rn: if } x \text{ is } \underset{\sim}{A}_n \text{ then } y \text{ is } \underset{\sim}{B}_n$$

这里,$\underset{\sim}{A}_1,\cdots,\underset{\sim}{A}_n$ 和 $\underset{\sim}{B}_1,\cdots,\underset{\sim}{B}_n$ 均为输入输出论域上的模糊子集。这类模糊规则的模糊关系为

$$\underset{\sim}{R}(x,y)=\bigcup_{i=1}^{n}\underset{\sim}{A}_i \times \underset{\sim}{B}_i \tag{7.22}$$

② 二维模糊控制器。这里的二维是指模糊控制器的输入变量是有两个,而控制器输出变量只有一个。这类模糊规则的一般形式为

$$\text{Ri: if } x_1 \text{ is } \underset{\sim}{A}_i^1 \text{ and } x_2 \text{ is } \underset{\sim}{A}_i^2 \text{ then } y \text{ is } \underset{\sim}{B}_i$$

这里,$\underset{\sim}{A}_i^1$,$\underset{\sim}{A}_i^2$ 和 $\underset{\sim}{B}_i$ 均为论域上的模糊子集。这类模糊规则的模糊关系为

$$\underset{\sim}{R}(x,y)=\bigcup_{i=1}^{n}(A_i^1 \times A_i^2)\times \underset{\sim}{B}_i \tag{7.23}$$

在实际系统中,x_1 一般取为误差,x_2 一般取为误差变化率,y 一般取为控制量。

(2) 多输入多输出结构

工业过程中的许多被控对象比较复杂,往往具有一个以上的输入和输出变量,以二输入三输出为例,则有

$$\text{Ri: if}(x_1 \text{ is } \underset{\sim}{A}_i^1 \text{ and } x_2 \text{ is } \underset{\sim}{A}_i^2)\text{ then}(y_1 \text{ is } \underset{\sim}{B}_i^1 \text{ and } y_2 \text{ is } \underset{\sim}{B}_i^2 \text{ and } y_3 \text{ is } \underset{\sim}{B}_i^3)$$

由于人对具体事物的逻辑思维一般不超过三维,因而很难对多输入多输出系统直接提取控制规则。例如,已有样本数据(x_1,x_2,y_1,y_2,y_3),则可将之变为(x_1,x_2,y_1),(x_1,x_2,y_2),(x_1,x_2,y_3)。这样,首先把多输入多输出系统化为多输出单输出的结构形式,然后用多输入单输出系统的设计方法进行模糊控制器设计。这样做,不仅设计简单,而且经人们长期实践检验,也是可行的,这就是多变量控制系统的模糊解耦问题。

2. 模糊规则的选择和模糊推理

(1) 模糊规则的选择

模糊规则的选择是设计模糊控制器的核心,由于模糊规则一般需要由设计者提出,因而在模糊规则的取舍上往往体现了设计者本身的主观倾向。模糊规则的选取过程可简单分为以下3个部分:

① 模糊语言变量的确定。一般来说,一个语言变量的语言值越多,对事物的描述就越准确,可能得到的控制效果就越好。当然过细的划分反而使控制规则变得复杂,因此应视具体情况而定。如误差等的语言变量的语言值一般取为{负大,负中,负小,正零,正小,正中,正大}。

② 语言值隶属函数的确定。语言值的隶属函数又称为语言值的语义规则,它有时以连续函数的形式出现,有时以离散的量化等级形式出现。连续的隶属函数描述比较准确,而离散的量化等级简洁直观。

③ 模糊控制规则的建立。模糊控制规则的建立通常采用经验归纳法和推理合成法。所谓经验归纳法,就是根据人工控制经验和直觉推理,经整理、加工、提炼后构成模糊规则的方法,它实质上是以感性认识上升到理性认识的一个飞跃过程。推理合成法是根据已有输入输

出数据对，通过模糊推理合成，求取模糊控制规则。

(2)模糊推理

模糊推理有时也称为似然推理，其一般形式为以下两种：

①一维形式。

if x is $\underset{\sim}{A}$ then y is $\underset{\sim}{B}$

if x is $\underset{\sim}{A_1}$ then y is?

②二维形式。

if x is $\underset{\sim}{A}$ and y is $\underset{\sim}{B}$ then z is $\underset{\sim}{C}$

if x is A_1 and y is B_1 then z is?

3. 去模糊化(清晰化接口)

去模糊化的目的是根据模糊推理的结果，求得最能反映控制量的真实分布。目前常用的方法有3种，即最大隶属度法、加权平均原则法和中位数判决法。

4. 模糊控制器论域及比例因子的确定

一般来说，任何控制系统的信号都是有界的。在模糊控制系统中，这个有限界一般称为该变量的基本论域，它是系统中实际量的变化范围。以两输入单输出的模糊控制系统为例，设定误差的基本论域为$[-|e_{max}|,|e_{max}|]$，误差变化率的基本论域为$[-|e_{cmax}|,|e_{cmax}|]$，控制量的变化范围为$[-|u_{max}|,|u_{max}|]$。类似地，设误差的模糊论域为

$$E=\{-l,-(l-1),\cdots,0,1,2,\cdots,l\}$$

误差变化率的论域为

$$EC=\{-m,-(m-1),\cdots,0,1,2,\cdots,m\}$$

控制量所取的论域为

$$U=\{-n,-(n-1),\cdots,0,1,2,\cdots,n\}$$

若用a_e,a_c,a_u分别表示误差、误差变化率和控制量的比例因子，则有

$$a_e=\frac{l}{|e_{max}|} \tag{7.24}$$

$$a_c=\frac{m}{|e_{max}|} \tag{7.25}$$

$$a_u=\frac{n}{|e_{max}|} \tag{7.26}$$

一般来说，a_e越大，系统的超调越大，过渡过程越长；a_e越小，则系统变化越慢，稳态精度降低；a_c越大，则系统输出变化率越小，系统变化越慢；若a_c越小，则系统反应越快，但超调增大。

5. 编写模糊控制器的算法程序

算法程序设计步骤如下：

①设置输入、输出变量及控制变量的基本论域，即$e\in[-|e_{max}|,|e_{max}|]$，$e_c\in[-|e_{cmax}|,|e_{cmax}|]$，$u\in[-|u_{max}|,|u_{max}|]$。预置量化常数$a_e,a_c,a_u$，以及采样周期$T$。

②在采样信号的作用下，启动A/D转换，进行数据采集和数字滤波等。

③ 计算 e 和 e_c，并判断它们是否已超过上(下)限值，若已超过，则将其设定为上(下)限值。

④ 按给定的输入比例因子 a_e、a_c 量化(模糊化)并由此查询控制表。

⑤ 查得控制量的量化值清晰化后，乘上适当的比例因子 a_u。若 u 已超过上(下)限值，则设置为上(下)限值。

⑥ 启动 D/A 转换，将模糊控制器的实际控制量输出。

7.3 双输入单输出模糊控制器设计

一般的模糊控制器都是采用双输入单输出系统。即在控制过程，不仅对实际偏差自动进行调节，还要求对实际误差变化率进行调节，这样才能保证系统稳定运行，不产生振荡等现象。

对于双输入单输出的模糊控制系统，其原理框图如图 7.3 所示。图中：e 为实际偏差；a_e 为偏差的比例因子；e_c 为实际偏差变化率，a_c 为偏差变化率比例因子；u 为控制量，a_u 为控制量的比例因子。

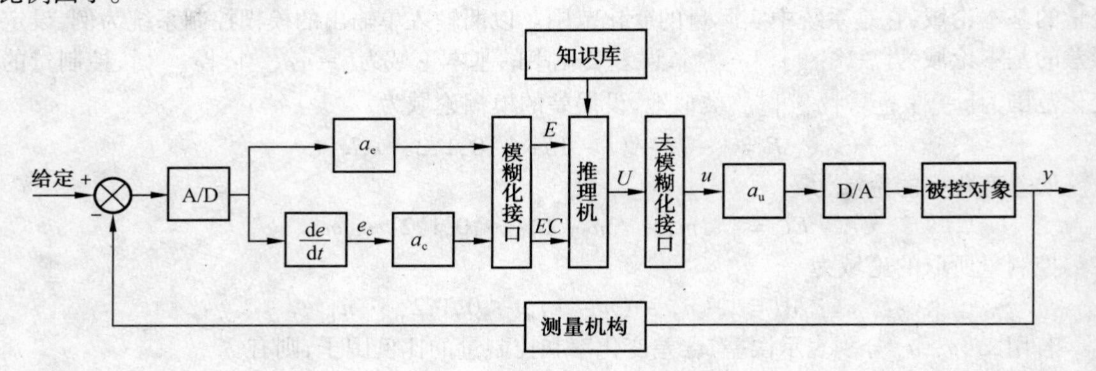

图 7.3　双输入单输出模糊控制体统结构图

1. 模糊化

设置输入输出变量的论域，并预置常数 a_e, a_c, a_u，如果偏差 $e \in [-|e_{max}|, |e_{max}|]$，且 $l = 6$，则由式(7.24)可知误差的比例因子为 $a_e = l/|e_{max}|$，这样就有

$$E = a_e * e$$

采用就近取整的原则，得 E 的论域为 [−6, −5, −4, −3, −2, −1, −0, +0, 1, 2, 3, 4, 5, 6]。

利用负大[NL]、负中[NM]、负小[NS]、负零[NO]、正零[PO]、正小[PS]、正中[PM]、正大[PL]等 8 个模糊状态来描述变量 E，那么 E 的赋值见表 7.2。

表 7.2　模糊变量 E 的赋值表

模糊变量 \ 隶属度 $\mu_E(x)$ \ E	-6	-5	-4	-3	-2	-1	-0	+0	1	2	3	4	5	6
PL	0	0	0	0	0	0	0	0	0	0	0.1	0.4	0.8	1.0
PM	0	0	0	0	0	0	0	0	0	0.2	0.7	1.0	0.7	0.2
PS	0	0	0	0	0	0	0	0.3	0.8	1.0	0.5	0.1	0	0
PO	0	0	0	0	0	0	0	1.0	0.6	0.1	0	0	0	0
NO	0	0	0	0	0.1	0.6	1.0	0	0	0	0	0	0	0
NS	0	0	0.1	0.5	1.0	0.8	0.3	0	0	0	0	0	0	0
NM	0.2	0.7	1.0	0.7	0.2	0	0	0	0	0	0	0	0	0
NL	1.0	0.8	0.4	0.1	0	0	0	0	0	0	0	0	0	0

如果偏差变化率 $e_c \in [-|e_{cmax}|, |e_{cmax}|]$，且 $m=6$，则由式(7.25)采用类似的方法得 EC 的论域为

$$[-6, -5, -4, -3, -2, -1, 0, 1, 2, 3, 4, 5, 6]$$

若采用负大[NL]、负中[NM]、负小[NS]、零[O]、正小[PS]、正中[PM]、正大[PL] 等 7 个模糊状态来描述 EC，那么 EC 的赋值见表 7.3。

表 7.3　模糊变量 EC 的赋值表

模糊变量 \ 隶属度 $\mu_{BC}(x)$ \ e_c	-6	-5	-4	-3	-2	-1	0	1	2	3	4	5	6
PL	0	0	0	0	0	0	0	0	0	0.1	0.4	0.8	1.0
PM	0	0	0	0	0	0	0	0	0.2	0.7	1.0	0.7	0.2
PS	0	0	0	0	0	0	0	0.9	1.0	0.7	0.2	0	0
O	0	0	0	0	0	0.5	1.0	0.5	0	0	0	0	0
NS	0	0	0.2	0.7	1.0	0.9	0	0	0	0	0	0	0
NM	0.2	0.7	1.0	0.7	0.2	0	0	0	0	0	0	0	0
NL	1.0	0.8	0.4	0.1	0	0	0	0	0	0	0	0	0

类似地，得到输出 U 的论域(由式 7.25 得到){-7, -6, -5, -4, -3, -2, -1, 0, 1, 2, 3, 4, 5, 6, 7}，也采用 NL、NM、NS、O、PS、PM、PL 等 7 个模糊状态来描述 U，那么 U 的赋值见表 7.4。

表 7.4　模糊变量 U 的赋值表

模糊变量 \ 隶属度 \ u	-7	-6	-5	-4	-3	-2	-1	0	1	2	3	4	5	6	7
PL	0	0	0	0	0	0	0	0	0	0	0	0.1	0.4	0.8	1.0
PM	0	0	0	0	0	0	0	0	0	0.2	0.7	1	0.7	0.2	0
PS	0	0	0	0	0	0	0	0.4	1.0	0.8	0.4	0.1	0	0	0
O	0	0	0	0	0	0	0.5	1.0	0.5	0	0	0	0	0	0
NS	0	0	0	0.1	0.4	0.8	1.0	0.4	0	0	0	0	0	0	0
NM	0	0.2	0.7	1.0	0.7	0.2	0	0	0	0	0	0	0	0	0
NL	1.0	0.8	0.4	0.1	0	0	0	0	0	0	0	0	0	0	0

2. 模糊控制关系和模糊推理

对于双输入单输出的模糊控制器,一般都采用“if A and B then C”的模糊条件语句(似然推理)。针对上面的论述过程,这里的条件语句应为

$$\text{if } \underset{\sim}{E} \text{ and } \underset{\sim}{EC} \text{ then } \underset{\sim}{U} \tag{7.27}$$

式(7.27)可以用一个 $\underset{\sim}{E}\times\underset{\sim}{EC}$ 到 $\underset{\sim}{U}$ 的模糊关系 $\underset{\sim}{R}$ 来描述,即

$$\underset{\sim}{R}=\underset{\sim}{E}\times\underset{\sim}{EC}\times\underset{\sim}{U} \tag{7.28}$$

或

$$\mu_{\underset{\sim}{R}}(e,e_c,u)=\mu_{\underset{\sim}{E}}(e)\wedge\mu_{\underset{\sim}{EC}}(e_c)\wedge\mu_{\underset{\sim}{U}}(u)$$

若被控对象的输出偏差 e 及偏差变化率 e_c 相应属于模糊 $\underset{\sim}{E}$ 和 $\underset{\sim}{EC}$,则模糊控制器输出的控制量可由如下模糊推理合成规则算法给出,即

$$\underset{\sim}{U}(k)=[\underset{\sim}{E}(k)\times\underset{\sim}{EC}(k)]\circ\underset{\sim}{R} \tag{7.29}$$

将模糊控制器实际的控制策略归纳为模糊控制推理规则表,见表 7.5。表中“※”表示在控制过程不可能出现的情况,称之为“死区”。

表 7.5　模糊推理规则表

EC \ 输出 \ E	NL	NM	NS	NO	PO	PS	PM	PL
PL	PL	PM	NL	NL	NL	NL	※	※
PM	PL	PM	NM	NM	NS	NS	※	※
PS	PL	PM	NS	NS	NS	NS	NM	NL
O	PL	PM	PS	O	O	NS	NM	NL
NS	PL	PM	PS	PS	PS	PS	NM	NL
NM	※	※	PS	PM	PM	PM	NM	NL
NL	※	※	PL	PL	PL	PL	NM	NL

3. 去模糊化

采用最大隶属度法的规则进行模糊决策,将 $\underset{\sim}{U}(k)$ 经过去模糊化后转换成相应的确定量。把运算的结果存贮在计算机系统中,如表 7.6 所示。系统运行时通过查表得到确定的输

出控制量,输出控制量乘上适当的比例因子 a_u,其结果用来进行 D/A 转换输出控制。

在实际控制过程中,只要在每一个控制周期中,将采集到的实测偏差 $e(k)(k=0,1,2,\cdots)$ 和计算得到的偏差变化 $e_c(k)=e(k)-e(k-1)$,分别乘以量化因子,取得以相应论域元素表征的查找查询表所需的 e_j 和 e_{cj},通过查找表 7.6 的相应行和列,可立即得到控制量 u_{ij},再乘以比例因子 a_u,就是加到被控对象上的实际控制量。

表 7.6　去模糊化后的控制表

e_c \ u \ e	6	−5	−4	−3	−2	−1	−0	+0	1	2	3	4	5	6
−6	7	6	7	6	4	4	4	4	2	1	0	0	0	0
−5	6	6	6	6	4	4	4	4	2	1	0	0	0	0
−4	7	6	7	6	4	4	4	4	2	1	0	0	0	0
−3	6	6	6	6	5	5	5	5	2	−2	0	−2	−2	−2
−2	7	6	7	6	4	4	1	1	0	−3	−3	−4	−4	−4
−1	7	6	7	6	4	4	1	1	0	−3	−3	−7	−6	−7
0	7	6	7	6	4	1	0	0	−1	−4	−6	−7	−6	−7
1	4	4	4	3	1	0	−1	−1	−4	−4	−6	−7	−6	−7
2	4	4	4	2	0	0	−1	−1	−4	−4	−6	−7	−6	−7
3	2	2	2	0	0	0	−1	−1	−3	−3	−6	−6	−6	−6
4	0	0	0	−1	−1	−3	−4	−4	−4	−4	−6	−7	−6	−7
5	0	0	0	−1	−1	−2	−4	−4	−4	−4	−6	−6	−6	−6
6	0	0	0	−1	−1	−1	−4	−4	−4	−4	−6	−7	−6	−7

上述所有的表格和模糊关系的计算,都可以离线计算和制表,然后存到计算机内存贮,以供查表查询用。

7.4　模糊数字 PID 控制器

在一般的模糊控制系统中,通常采用二维模糊控制器结构形式。这类控制器是以系统误差 E 和误差变化 EC 为输入语句变量,因此它有类似于 PI 控制器的作用。采用这类模糊控制器的控制系统,其动态特性较好,但静态特性不满意,即稳态控制精度差。由控制理论可知,积分控制作用能消除稳态误差,但动态响应慢,比例控制作用动态响应快,而比例积分控制作用即能获得较高的稳态精度,又能具有较高的动态响应。因此将 PI 控制策略引入模糊控制器中,构成模糊 - PI(或 PID) 复合控制,是改善模糊控制器稳态性能的一种有效途径。这种复合控制器有多种构成形式,工作原理也有所差异。

1. 比例 – 模糊 – PI 控制器

普通模糊控制器要提高精度和跟踪性能,就要对语言变量取更多的语言值,即分档越细,性能越好。缺点是带来的规则和计算量增加,以致模糊控制规则表也不好制订,调试困难。

为了解决这个问题可以采用在论域内用不同控制方式分段实现控制。当偏差大于某一个阈值时,用比例控制,以提高系统响应速度,加快响应过程;当偏差小到阈值以下时,切换转入模糊控制,提高系统的阻尼性能,减小响应过程中的超调。这样综合了比例控制和模糊控制的优点。在这种控制方法中,模糊控制的论域仅是整个论域的一部分,这就相当于模糊控制论域已被压缩,则相当于语言变量的语言值即分档数增加,提高了灵敏度和控制精度。

上述过程没有积分环节,而且对输入量处理是离散而有限的,即控制过程呈现阶梯状,最终可能还会出现稳态误差,而 PI 控制在小范围内调节效果是较理想的,其作用可消除稳态误差。于是可以考虑采用一种多模态分段控制算法来综合比例、模糊和比例 - 积分控制的长处。可使系统具有较快的响应速度和抗参数变化的适应性,同时可实现高精度的比例 - 模糊 - PI 控制。这种控制器的结构示意图如图 7.4 所示。

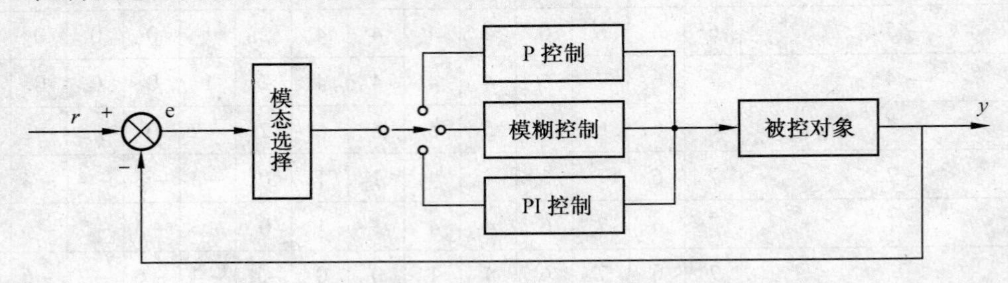

图 7.4　比例 - 模糊 - PI 控制器结构图

由于这 3 种控制方式在系统工作过程中分段切换使用,不会同时出现而相互影响,所以三者可以分别进行设计和调试。但是切换阈值的设定是个关键。从比例模态切换到模糊模态的阈值要选得适当,如果阈值太大,就会过早的进行模糊控制而影响系统的响应速度,但这有利于减小超调。反之,阈值选得太小,切换时会出现较大的超调。所以要找到一个合适的切换阈值,是要根据系统的特点来选取,在从模糊模态向 PI 模态切换时,一般选择在误差语言变量的语言值为“零”时,用以下 PI 算法:

$$U(k) = U(k-1) + k_P[E(k) - E(k-1)] + k_I E(k) \tag{7.30}$$

式中:k_P 为比例系数;k_I 为积分系数;U 为 PI 的输出控制量。

当模糊控制中语言变量的语言值为“零”时,其绝对误差实际上并不一定为“零”。所以在此基础上还可以根据绝对误差及误差的变化趋势来改变积分器的作用,以改善稳态的性能。当绝对误差朝着增大方向变化时,让积分器起作用,以抑制误差继续增大;当绝对误差朝着减小方向变化时,保持积分值为常数,这时积分器仅相当于一个放大器;当绝对误差为 0 或积分饱和时,将积分器关闭清零。

2. 偏差 e 的模糊积分的 PID 控制器

1988 年,由 M. Basseville 提出的一种 PID 模糊控制器,如图 7.5 所示。它是一种对偏差 e 的模糊值进行积分的 PID 模糊控制器。这种对偏差 e 的模糊值进行积分的 PID 模糊控制器可用来消除系统大的余差。但要消除稳定点附近的极限环振荡必须使 Δu_{min} 缩小。要达到这一要求,必须增加控制规则数,也就增加了模糊控制器的设计复杂性。

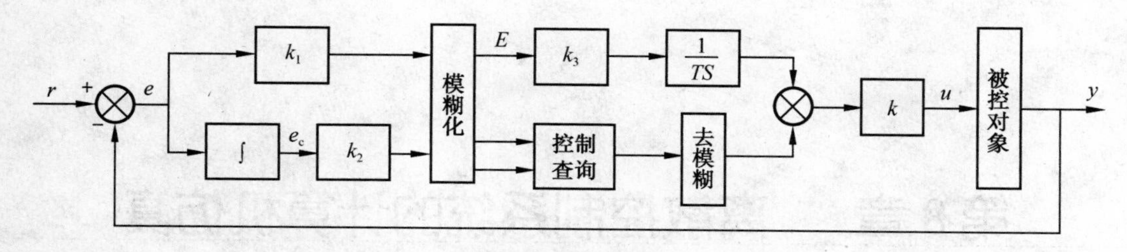

图7.5 偏差 e 的模糊积分的PID模糊控制器

本章小结

当被控对象的结构参数不清楚,不能用确切的数学模型描述,此时用模糊控制能获得比较满意的效果。模糊控制的特点是基于人工操作的经验为基础,用语言变量来代替数学变量,用模糊条件语句来描述变量之间的关系,得到控制量的模糊集(相当于一个范围),再用去模糊的方法判决精确控制量。

习 题

1. 模糊控制与PID控制和直接数字控制相比,有哪些优点?
2. 为什么说模糊控制程序设计是所有控制系统中最简单的一种程序设计方法?
3. 模糊-PI控制与传统PID控制各有什么优点?
4. 模糊控制规则的建立,一般采用什么方法?
5. 去模糊化的作用是什么?
6. 模糊条件语句为“若 $\underset{\sim}{A}$ 则 $\underset{\sim}{B}$,否则 $\underset{\sim}{C}$”,写出对应的模糊关系表达式。

第8章　离散控制系统的计算机仿真

本章重点：Simulink 的使用；仿真系统模型的创建；运行结果的分析。

本章难点：模型设计及参数整定。

控制系统计算机辅助设计是一门以计算机为工具进行的控制系统设计与分析的技术。

控制系统计算机辅助设计的软件包是从 20 世纪 70 年代发展起来的，最初是由英国的 H. H. Rosenbrock 学派将线性单变量控制系统的频域理论推广到多变量系统，随后 Manchester 大学的控制系统中心完成了该系统的计算机辅助设计软件包；日本的占田胜久主持开发的 DPACS - F 软件，在处理多变量系统的设计和分析上很有特色。同时，国际自动控制领域的一些学者用状态空间法发展了多变量系统控制理论，在控制系统设计软件上，提供了命令式的人机交互界面，在控制系统设计与仿真中给设计者以充分的主动权

控制系统仿真近年来不断发展，不断更新，基于 MATLAB 语言开发的专门应用于控制系统分析与设计的工具箱，对控制系统仿真技术的发展及应用起到巨大的推动作用。

本章主要围绕着控制系统仿真实现的问题，研究仿真的几种常用方法，阐述了 Simulink 动态仿真软件的应用。通过本章的学习，希望能使大家系统的了解目前控制领域的研究方法和实现方法，并从中掌握基本的系统仿真的技巧，进而帮助我们更好的设计计算机控制系统。

8.1　MATLAB - Simulink 简介

Simulink 是 MATLAB 软件的扩展，它是一个实现动态系统建模和仿真的软件包，它与 MATLAB 语言的主要区别在于：它与用户交互接口是基于 Windows 的模型化图形输入的，从而使得用户可以把更多的精力投入到系统模型的构建而非语言的编程上。

所谓模型化图形输入是指 Simulink 提供了一些按功能分类的基本系统模块，用户只需要知道这些模块的输入、输出及模块的功能，而不必考察模块内部是如何实现的，通过对这些基本模块的调用，再将它们连接起来就可以构成所需要的系统模型，进行仿真与分析。

1. Simulink 的启动

Simulink 的启动有两种方式：一种是启动 MATLAB 后，单击 MATLAB 主窗口的快捷按钮来打开“Simulink Library Browser”窗口，如图 8.1 所示。

另一种是在 MATLAB 命令窗口输入命令：

simulink

则启动 Simulink 仿真环境子窗口，展示出 Simulink 的功能模块，图与 8.1 相同。Simulink 的功

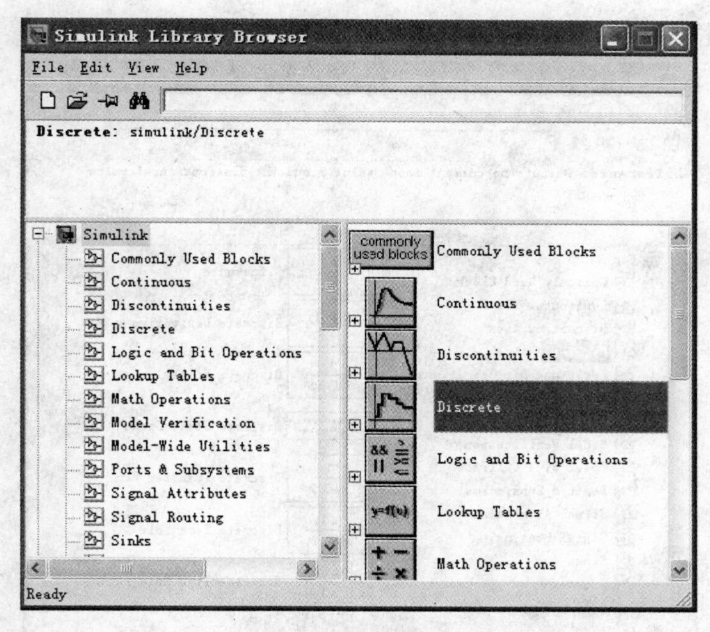

图 8.1　Simulink 模块库浏览界面

能模块组中有 Continuous、Discrete 等功能模块组。

2. Simulink 的菜单操作

Simulink 的主菜单中各选项有 File、Edit、View、Help，用于结构图处理与仿真操作。菜单项的选择与 Windows 类似。

3. Simulink 的功能模块库

Simulink 界面上的功能模块组如图 8.1 所示，按顺序有

(1) Commonly Used Blocks：仿真常用模块库

(2) Continuous：连续系统模块库

(3) Discontinuous：非连续系统模块库

(4) Discrete：离散系统模块库

(5) Logic and Bit Operations：逻辑运算和位运算模块库

(6) Lookup Tables：表查找模块库

(7) Math Operations：数学运算模块库

(8) Model Verification：模型验证模块库

(9) Model - Wide Utilities：进行模型扩充的实用模块库

(10) Ports & Subsystems：端口和子系统模块库

(11) Signals Attributes：信号属性模块库

(12) Signals Routing：提供用于输入、输出和控制的相关信号及相关处理的模块库

(13) Sinks：输出装置单元模块库

(14) Sources：信号源单元模块库

(15) User - defined Functions：用户自定义函数模块库

(16) Additional Math & Discrete：附加的数学和离散模块库

用鼠标单击图 8.1 左边组名称或者双击右边模块组图标，右边即显示该模块组的所有应

用模块。例如双击 Discrete,显示应用模块如图 8.2 所示。

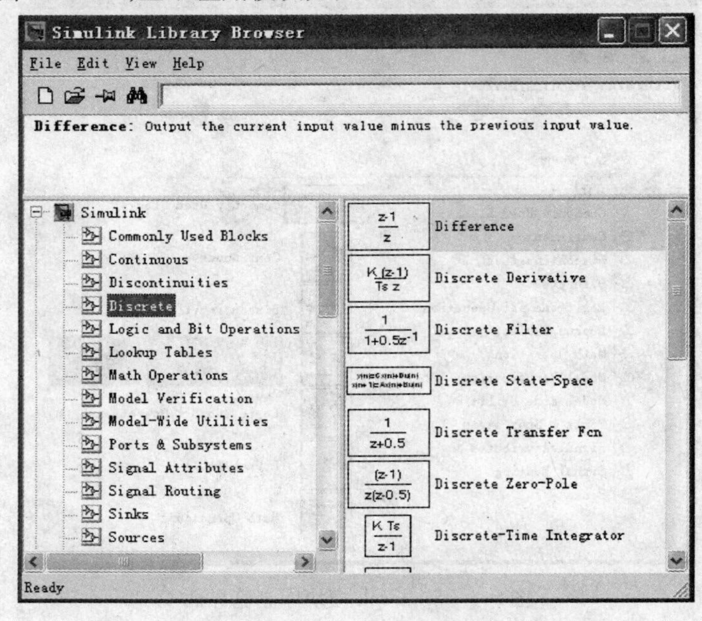

图 8.2　Discrete 模块组中的单元模块

8.2　Simulink 结构程序设计

1. 创建结构图文件

创建结构图文件通常有以下两种方法:

(1) 方法一

可以在 Simulink 界面上打开 File 菜单,如图 8.3 所示。选择 New,Model,打开一个名为 untitled 的结构图程序文件窗口,如图 8.4 所示。

(2) 方法二

在 MATLAB 命令平台打开 File,选择 New 来建立新文件。这时出现新建文件类型选项如图 8.5 所示。

选中 Model 后,即出现一个与方法一相同的文件窗口。

2. Simulink 仿真模型组成

一个典型的 Simulink 仿真模型由以下 3 种类型的模块组成:

(1) 信号源模块

信号源为系统的输入,它包括常用信号源、函数信号发生器(如正弦波和阶跃函数等)和用户自己在 MATLAB 中创建的自定义信号。

(2) 被模拟的系统模块

系统模块作为仿真的中心模块,它是 Simulink 仿真建模所需要解决的主要问题。

(3) 输出显示模块

系统的输出由显示模块接收。输出显示的形式包括显示、示波器显示和输出到文件或 MATLAB 工作空间中 3 种,输出模块主要在 Sinks 中。

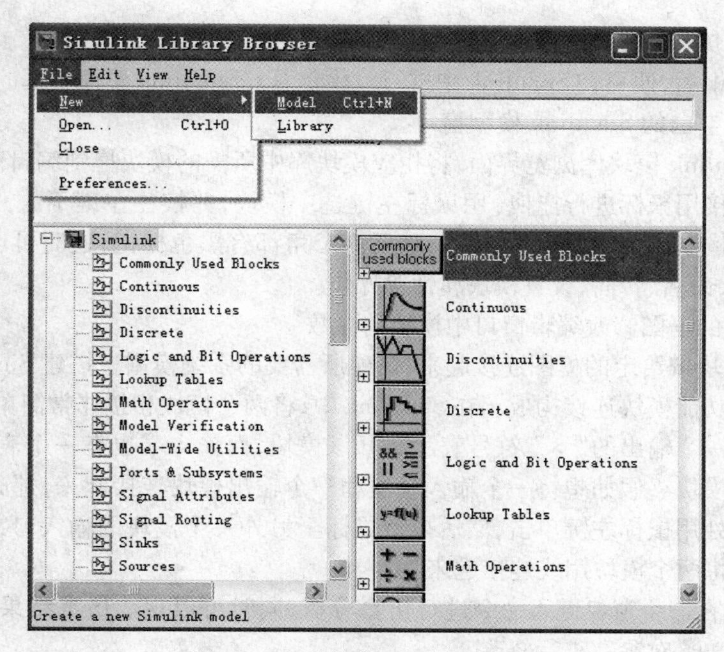

图 8.3　新建结构图程序文件菜单

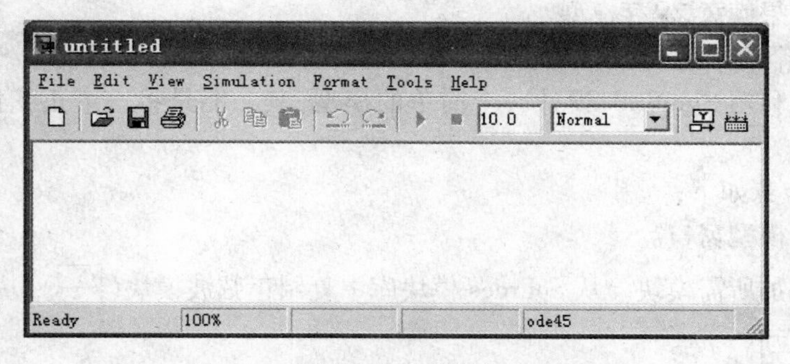

图 8.4　创建结构图程序文件方法一

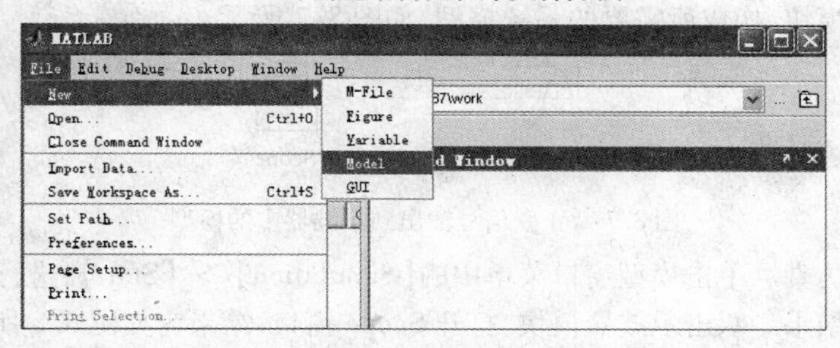

图 8.5　创建结构图程序文件方法二

构成 Simulink 仿真模型的 3 种模块的关联图如图 8.6 所示。

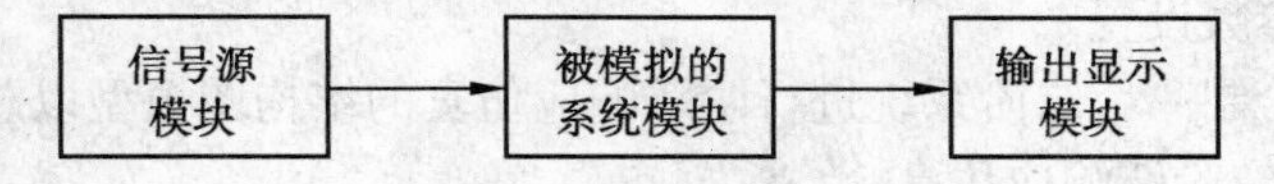

图 8.6　Simulink 仿真模型的结构关联图

3. Simulink 仿真的基本过程

启动Simulink后,便可在Simulink中进行建模仿真。Simulink建模仿真的基本过程如下:

① 打开一个空白的Simulink模型窗口。

② 进入Simulink模块库浏览界面,将相应模块库中所需的模块拖到编辑窗口里。模块库中的模块可以直接用鼠标进行拖拽(用鼠标左键选中模块,并按住左键不放),然后放到模型窗口中处理。在模型窗口中,选中该模块,然后四个角都有黑色标记,这时可以对该模块进行复制、删除、移动、命名、转向、设置模块属性等操作。

③ 按照给定的框图修改编辑窗口中模块的参数。

④ 将各个模块按给定的框图连接起来,搭建所需要的系统模型。搭建Simulink的模型主要是用线将各种功能模块连接构成。在Simulink中,将两个模块相接非常简单,在每个允许输出的模块口都有一个输出的“ > ”符号表示离开该模块,而输入端也有一个表示输入“ > ”的符号表示进入该模块。假如想将一个输入模块和一个输出模块连接起来,那么只需要在前一个模块的输出口处用鼠标左键单击,然后拖动鼠标至另外一个模块的输入口,松开鼠标左键,Simulink会自动将两个模块用线连接起来。

⑤ 用菜单或在命令窗口键入命令进行仿真分析,同时可以观察仿真结果,如果有不对的地方,可以随时停止,对参数进行修改。

⑥ 如果对结果满意,保存模型。

下面通过一个简单的模型来讲述Simulink建模仿真的基本操作过程。

【例8.1】 利用Simulink设计一个简单的模型,其功能是将一个正弦信号输出到示波器中。

解 基本步骤如下:

① 新建一个模型窗口。

② 为模型添加所需模块。从Sources模块库中复制正弦波模块( ),从Sinks模块库复制示波器模块( )。

③ 连接相关模块,构成所需要的系统模型,如图8.7所示。

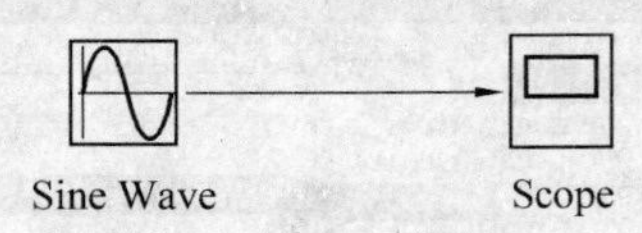

图8.7 正弦信号输出到示波器中的模型

④ 进行系统仿真。单击模型窗口菜单中的【Simulation】 > 【Start】,进行仿真。

⑤ 观察仿真结果。双击示波器模块,打开Scope窗口,结果为如图8.8所示的正弦波。

4. Simulink 仿真参数设定

结构图设计完成后,还不能立即进行系统仿真,需要设置相应的仿真参数。下面以一个例子来说明如何进行参数设置。

【例8.2】 试绘制一个二阶系统进行阶跃响应仿真的结构图模型以及对其所有模块进行参数设置,并进行给定阶跃响应仿真。

解

(1) 绘制系统结构模型的步骤

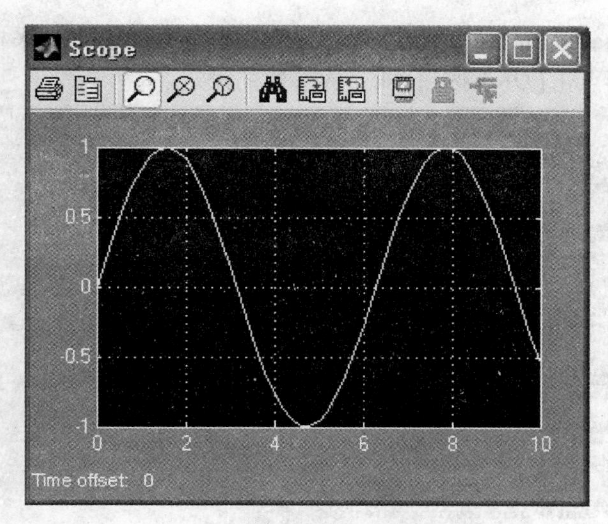

图8.8　示波器仿真结果

① 新建一个模型窗口。

② 从信号源模块库(Sources)、数学运算模块库(Math Operations)、连续模块库(Continuous)、输出模块库(Sinks)中,分别用鼠标把阶跃信号模块(Step)、求和器模块(Sum)、线性函数模型模块(Transfer Fcn)、示波器模块(Scope)4个模块选中并拖拽到"Untitled"模型窗口中。各模块的位置如图8.9所示。

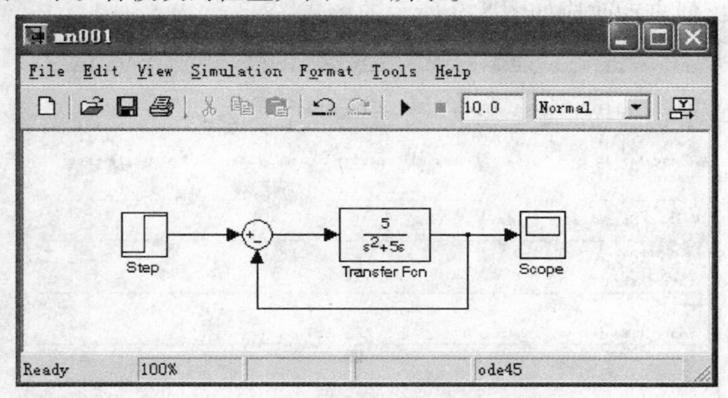

图8.9　二阶线性系统结构图模型

③图8.9中模块间的连线有两类:一类是"直"线;另一类是"折"线。先将模块间连直线,再连折线:把鼠标光标移到传递函数和示波器连线中间附近,点击鼠标右键,光标变为十字,往下拖动鼠标到适当位置松开右键,屏幕上就会出现一条由连线中点引出的带箭头的红色虚线,再从此箭头处开始向左拖拽鼠标左键到适当位置,再松开左键,照此操作,直到整个"折"线画到Sum模块的负反馈端。

④ 用鼠标选中Sum模块并双击左键,打开参数设置对话框,在"List of signs"栏里填入"| + -"字符,即完成绘制。

(2) 对所有模块进行参数设置

① 对Step模块参数的修改。用鼠标左键选中并双击Step模块,就会出现如图8.10所示的对话框。对话框中参数设置有4个:"Step time"为阶跃信号产生的时间;"Initial value"为阶

跃信号的初始值;“Final value”为阶跃信号的终值;“Sample time”为采样时间。可以填入数据如图 8.10 所示。再点击【OK】按钮,即完成参数的设定。

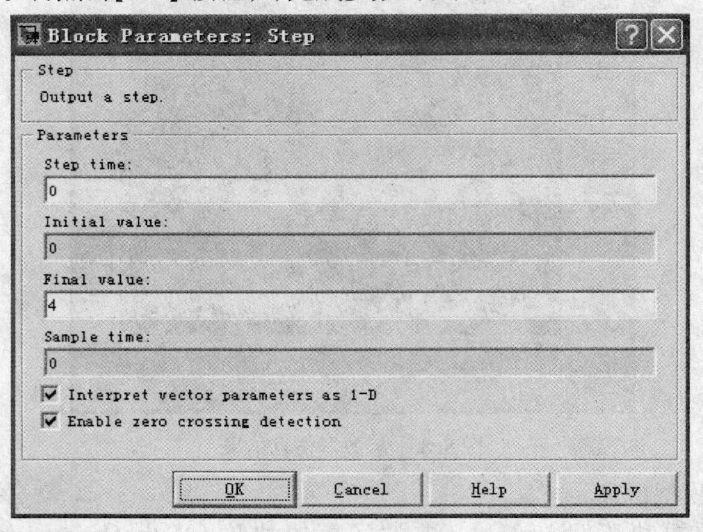

图 8.10　阶跃信号“Step”模块参数设置

②对求和输入极性的修改。用鼠标双击求和块(Sum),弹出如图 8.11 所示的对话框。把“List of signs”栏中的缺省极性改为“| + -”,在“Icon shape”栏选择“round”,再点击【OK】按钮,原求和模块图标便自动改成如图 8.9 所示的形式。

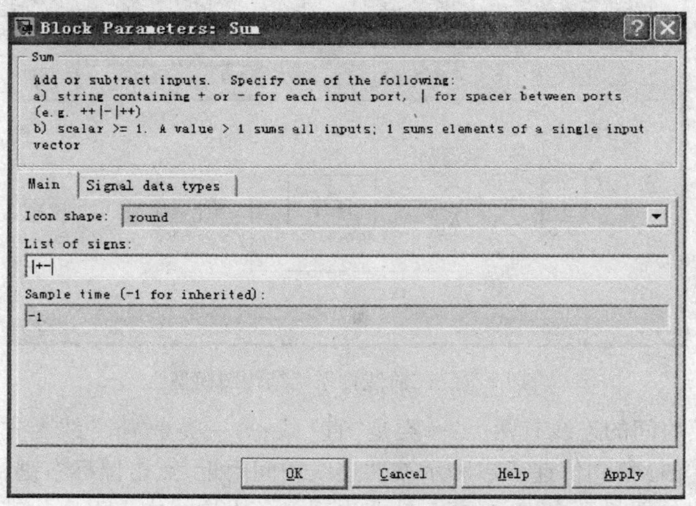

图 8.11　信号综合“Sum”模块参数设置

③对传递函数模块参数的修改。用鼠标双击传递函数的模块图标,弹出如图 8.12 所示的对话框。“Numerator”栏是传递函数分子多项式系数向量;“Denominator”栏是传递函数分母多项式系数向量。把这两栏中的原缺省值改填成图 8.12 所示的行向量,再点击【OK】按钮,原传递函数模块图标中的函数表达式就会自动变成图 8.9 所示的样式。

【注意】

- 传递函数的分子、分母多项式系数行向量的输入,是按降幂排列的顺序从高(左)到低

(右)依次输入,各项系数之间必须输入空格字符。

- 如多项式缺项,则该项对应系数为“0”,不可省略。
- 在参数设置时,任何MATLAB工作内存中已有的变量、合法表达式,MATLAB语句等都可以填写在设置栏中。
- 模块图标的大小是可以用鼠标操作调整的。因此,加入传递函数的表达式太长,原方框容纳不下,可以用鼠标把它拉到适当大小,使整个方框图美观易读。

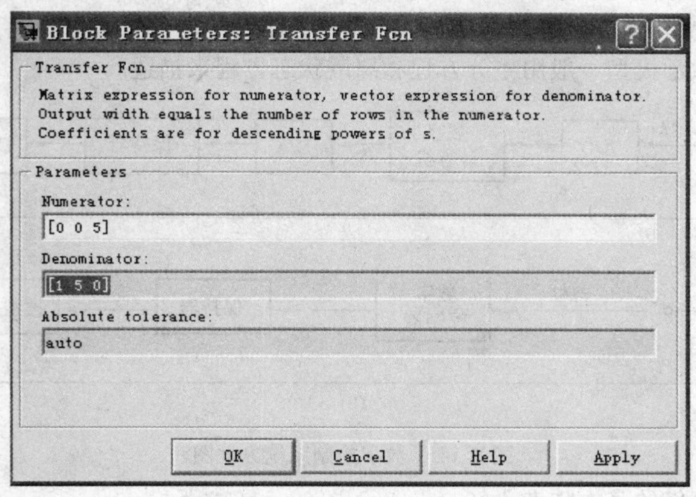

图8.12　传递函数“Transfer Fcn”的参数设置

(3)模型系统的单位阶跃给定响应仿真

打开“mn001”模型窗口(图8.9),选择菜单【Simulation】的【Start】命令,即对模型系统进行阶跃响应仿真,再双击示波器图标即可得仿真结果曲线,如图8.13所示。

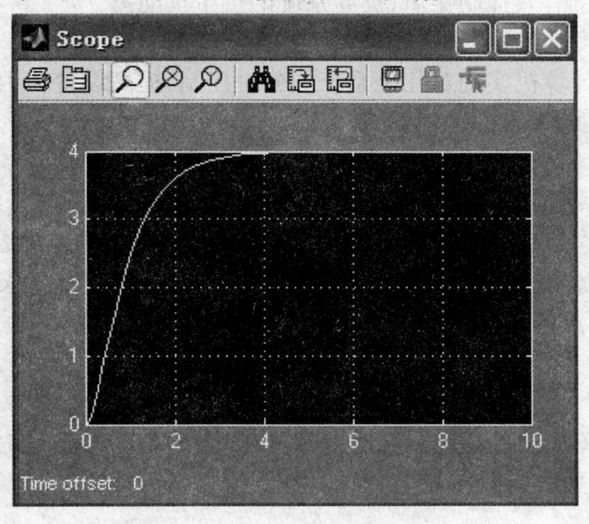

图8.13　给定阶跃输入响应仿真曲线

8.3　离散系统仿真

目前,离散系统的最广泛应用形式是以数字计算机为控制器的数字控制系统,其方框图如图 8.14(a) 所示。模拟信号经过采样开关和 A/D 转换器,按一定的采样周期 T 转换为数字信号,经计算机或其他数字控制器处理后,再经 D/A 转换器和保持器将数字信号转换为模拟信号来控制被控对象,以实现数字控制,图 8.14(b) 是对图 8.14(a) 的简化。

离散系统的数学模型一般用差分方程和离散状态方程来描述。

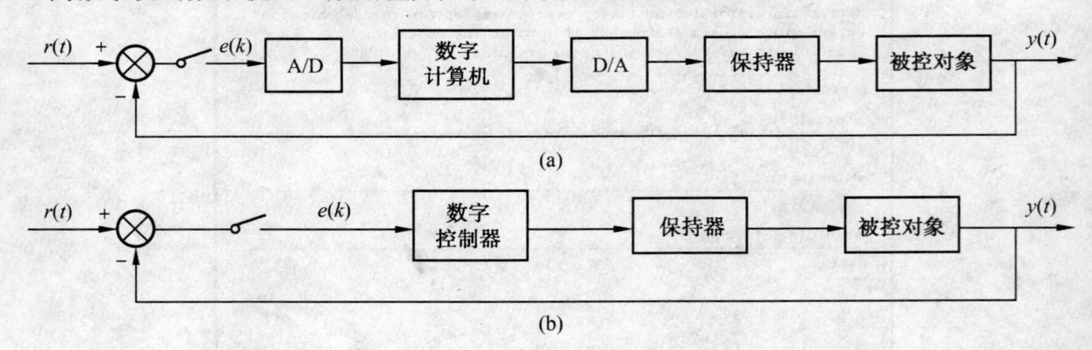

图 8.14　数字控制系统方框图

1. 离散控制系统的基本特点

离散控制系统在自动控制领域中越来越多地被广泛应用,它具有以下基本特点:

① 以数字计算机为核心组成实际的控制器,可实现复杂的控制要求,控制效果好,并可通过软件方式改变控制规律,控制方式灵活。

② 数字信号传输可有效抑制噪声,提高系统的抗干扰能力。

③ 可采用高灵敏度的控制元件,提高系统的控制精度。

④ 可用一台数字计算机实现对几个系统的分时控制,提高设备利用率,经济性好。

⑤ 便于组成功能强大的集散控制系统。

2. z 变换法

大多数离散控制系统可以用线性离散系统的数学模型来描述,对于线性时不变离散系统,人们习惯用线性定常系统差分方程或脉冲传递函数来表示。线性差分方程的解法主要包括迭代法、古典法和变换法。迭代法和古典法的解法比较麻烦,变换法能把复杂的计算变换成简单的代数运算。z 变换方法就是一种常用的变换法,在求解差分方程式时,采用 z 变换能使求解变得十分简便。

(1)z 变换定义

设连续时间函数 $f(t)$ 可进行拉氏变换,其拉氏变换为 $F(s)$。连续时间函数 $f(t)$ 经采样周期为 T 的采样开关后,变成离散信号 $f^*(t)$,其数学模型表示为

$$f^*(t) = f(t)\sum_{k=0}^{\infty}\delta(t - KT) = \sum_{k=0}^{\infty}f(kT)\delta(t - kT) \tag{8.1}$$

对上式进行拉氏变换,得

$$F^*(s) = \sum_{k=0}^{\infty}f(kT)\mathrm{e}^{-kTs} \tag{8.2}$$

上式中各项均含有 e^{-kTs} 因子，复变函数 $-kTs$ 在指数中，且 e^{-kTs} 是超越函数，因此计算很不方便。

可令 $z=e^{Ts}$，其中 T 为采样周期，z 是复数平面上定义的一个复变量，通常称为 z 变换算子，可表示为

$$z=e^{Ts}\Rightarrow s=\frac{1}{T}\ln z \tag{8.3}$$

则可得到以 z 为自变量的函数 $F(z)$：

$$F(z)=\sum_{k=0}^{\infty}f(kT)z^{-k} \tag{8.4}$$

$F(z)$ 是复变量 z 的函数，它表示成一个无穷级数。如果此级数收敛，则序列的 z 变换存在。序列 $\{f(kT),k=0,1,2\cdots\}$ 的 z 变换存在的条件是式(8.4)所定义的级数收敛，以及 $\lim\limits_{N\to\infty}\sum\limits_{0}^{N}f(kT)z^{-k}$ 存在。

若式(8.4)所示级数收敛，则称 $F(z)$ 是 $f^*(t)$ 的 z 变换，记为

$$Z(f^*(t))=F(z) \tag{8.5}$$

$F^*(s)=\frac{1}{T}\sum\limits_{n=-\infty}^{\infty}F[s+\mathrm{j}nw_s]$ 与 $F(z)=\sum\limits_{k=0}^{\infty}f(kT)z^{-k}$ 是相互补充的两种变换形式，前者表示 s 平面上的函数关系，后者表示 z 平面上的函数关系。

$F(z)=\sum\limits_{k=0}^{\infty}f(kT)z^{-k}$ 所表示的 z 变换只适用于离散函数，或者说只能表征连续函数在采样时刻的特性，而不能反映其在采样时刻之间的特性。

连续系统的动态性能是由微分方程组描述的，而离散控制系统 $F(z)$ 是 $f(t)$ 的 z 变换，指的是经过采样后 $f^*(t)$ 的 z 变换。采样函数 $f^*(t)$ 所对应的 z 变换是唯一的，反之亦然。但是一个离散函数 $f^*(t)$ 所对应的连续函数却不是唯一的，而是有无穷多个。从这个意思上说，连续时间函数 $f(t)$ 与对应的离散时间函数 $f^*(t)$ 具有相同的 z 变换，即

$$Z[f(t)]=Z[f^*(t)]=F(z)=\sum_{k=0}^{\infty}f(kT)z^{-k} \tag{8.6}$$

(2)z 变换应用

z 变换是分析设计离散系统的重要工具之一，它在离散系统中的作用与拉氏变换在连续系统中的作用是相似的。

在控制系统中的大部分 MATLAB 命令，在离散控制系统中都有对应，通常以字母 d 开头，其用法与格式与连续控制系统几乎相同。我们采用前面章节对离散系统分析中介绍的函数，直接应用 z 变换法对离散系统进行仿真。

【例8.3】 系统如图8.15所示，试求零初始条件下系统的开环和闭环离散化状态方程，并绘制系统的单位阶跃响应曲线。

解 ①求系统开环和闭环离散化状态方程。

```
num = [1];den = conv([1,0],[1,1]);
[A,B,C,D] = tf2ss(num,den);
g = ss(A,B,C,D);
N = fliplr(eye(2));
```

```
g = ss2ss(g, N);
[A,B,C,D] = ssdata(g);
T = 0.1;[G,H] = c2d(A,B,T),
G = G - H * C,H = H,C = C,D = D;
```

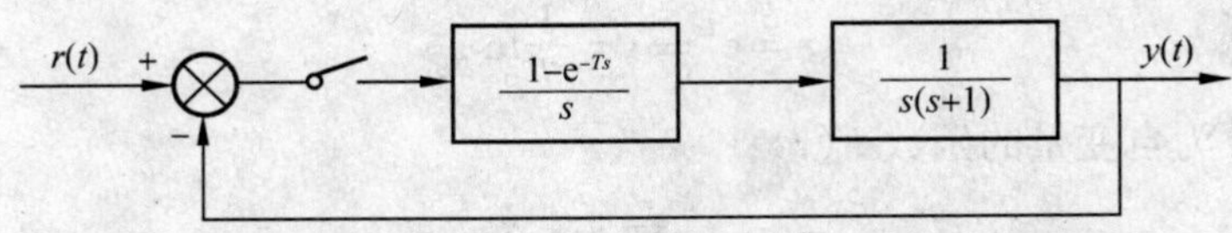

图 8.15　离散系统的方框图

运行结果为

```
G =                                  H =
      1.0000      0.0952                    0.0048
           0      0.9048                    0.0952
G =                                  H =
      0.9952      0.0952                    0.0048
     -0.0952      0.9048                    0.0952
```

即系统的开环离散化状态方程为

$$\boldsymbol{x}(k+1)=\begin{bmatrix}1 & 0.0952\\0 & 0.9048\end{bmatrix}\boldsymbol{x}(k)+\begin{bmatrix}0.0048\\0.0952\end{bmatrix}u(k)$$

系统的闭环离散化状态方程为

$$\boldsymbol{x}(k+1)=\begin{bmatrix}0.9952 & 0.0952\\-0.0952 & 0.9048\end{bmatrix}\boldsymbol{x}(k)+\begin{bmatrix}0.0048\\0.0952\end{bmatrix}\boldsymbol{u}(k)$$

② 绘制闭环离散化系统的仿真曲线

```
dstep(G,H,C,D), grid on
```

得到图像如图 8.16 所示。

3. 差分方程法

离散控制系统对系统中的变量的测量是不连续的,只能测得这些变量在采样时刻 $0,T,2T,3T,\cdots,nT$ 的数值,因此,离散控制系统的动态性能是用差分方程描述的,其系统仿真的步骤如下:

① 根据系统的结构图,在适当位置加设虚拟采样开关和保持器。

② 将原系统转换成状态空间形式,并按指定的采样周期,依照离散化方法,将系统离散化,并得到离散化的状态方程,即系统的差分方程为

$$\begin{cases}\boldsymbol{x}(k+1)=\boldsymbol{G}\boldsymbol{x}(k)+\boldsymbol{H}\boldsymbol{u}(k)\\\boldsymbol{y}(k)=\boldsymbol{C}\boldsymbol{x}(k)+\boldsymbol{D}\boldsymbol{u}(k)\end{cases}\quad k=0,1,2,\cdots \tag{8.7}$$

③ 输入系统初始化参数,并根据差分方程编写仿真程序。

根据式(8.7) 编写了相应的函数,其程序框图见图 8.17。

调用格式:

```
[t, xx] = diffstate(G, H,x0, u0, N, T)
```

【说明】 {G,H} 为差分方程的系统矩阵,x0 为初始状态值,u0 为输入向量,N 为仿真点数,T 为采样周期,t 采样时间序列,xx 为状态向量。

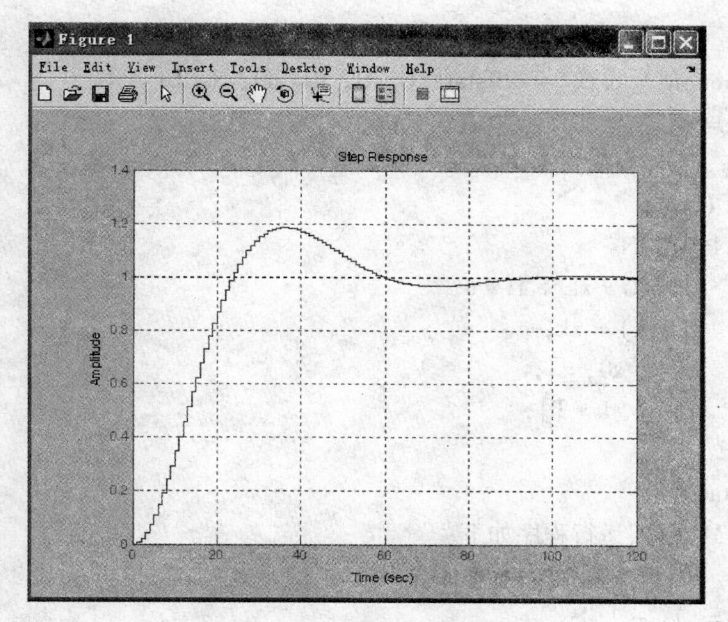

图 8.16 离散系统的仿真曲线

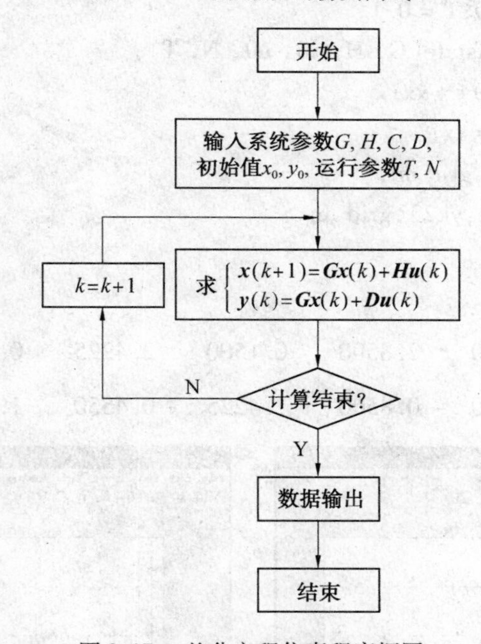

图 8.17 差分方程仿真程序框图

【例 8.4】 定常离散系统的状态方程为

$$\boldsymbol{x}(k+1)=\begin{bmatrix}0 & 1\\ -0.15 & -1\end{bmatrix}\boldsymbol{x}(k)+\begin{bmatrix}1\\1\end{bmatrix}\boldsymbol{u}(k)$$

给定初始状态 $\boldsymbol{u}(k)=1$，$\boldsymbol{x}(0)=\begin{bmatrix}1\\-1\end{bmatrix}$，试求解 $\boldsymbol{x}(k)$，并绘制其仿真曲线。

解 运行下面的程序，并得到离散系统的仿真曲线如图 8.18 所示。

先定义 diffstate 函数

程序如下：

```
function [t,xx] = diffstate(G, H, x0, u0, N, T)
xk = x0;
u = u0;
t = 0
for k = 1:N
    xk = G * xk + H * u;
    x(:,k) = xk;
    xx = [x0, x];
    t = [t, k * T];
end
```

保存为 diffstate.m

再新建一个 M 文件，运行程序如下：

```
G = [0,1; -0.15, -1];H = [1,1]';
x0 = [1, -1]';
u0 = 1;N = 30;T = 0.1;
[t, xx] = diffstate(G, H, x0, u0, N, T);
xx,yk1 = [1,0] * xx;
yk2 = [0,1] * xx;
stairs(t,yk1),grid on,
figure,stairs(t,yk2),grid on
```

运行结果为：

```
xx =

    1.0000         0    2.8500    0.1500    2.4225    0.5550    2.0816…
   -1.0000    1.8500   -0.8500    1.4225   -0.4550    1.0816   -0.1649…
```

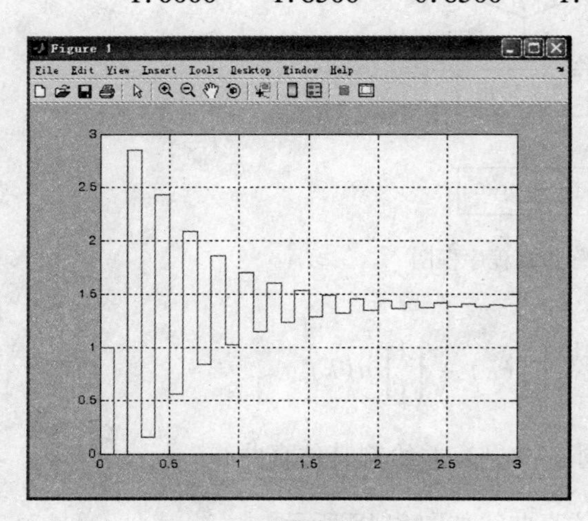

(a) $x_1(k)$ 的仿真曲线

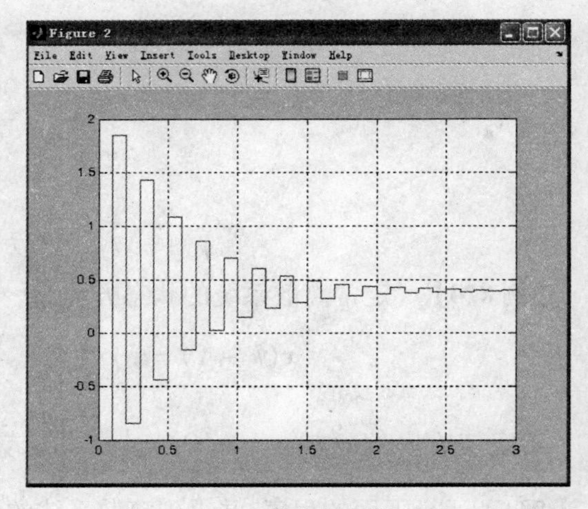

(b) $x_2(k)$ 的仿真曲线

图 8.18　离散系统的仿真曲线

8.4　Simulink 仿真应用

【例 8.5】　已知控制系统如图 8.19 所示。其中 $G_0(s)$ 为 3 个一阶环节 $\frac{1}{s+1}$，$\frac{1}{3s+1}$，$\frac{1}{5s+1}$ 的串联，即 $G_0(s)=\frac{1}{(s+1)(3s+1)(5s+1)}$，$H(s)$ 为单位反馈。而且在第二个和第三个环节之间有累加的扰动输入（在 5 秒时，幅度为 0.2 的阶跃扰动）。对系统采用比例控制，比例控制系数分别为 $k_p=0.8, 2.4, 3.8$，试利用 Simulink 求各比例系数下系统的单位阶跃响应和扰动响应。

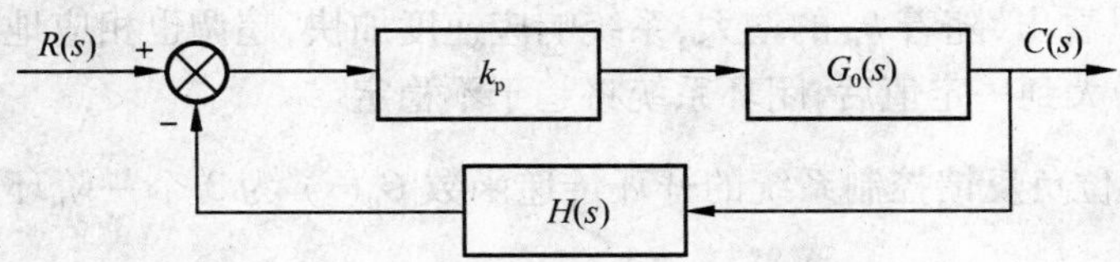

图 8.19　具有比例控制器的系统结构图

解　本题的基本步骤如下：

① 在 Simulink 中建立模型如图 8.20 所示。

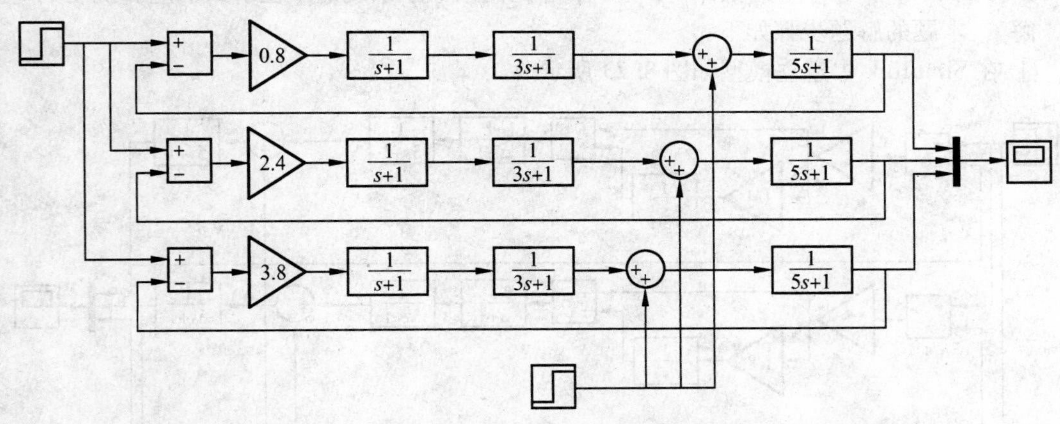

图 8.20　例【8.5】的模型框图

② 运行模型后，双击示波器，得到的单位阶跃响应曲线如图 8.21 所示（第一个波峰处，从上往下 k_p 依次减小）。

③ 置阶跃输入为 0，在 5 s 后，加入幅值为 0.2 的阶跃扰动，得到的扰动响应曲线如图8.22 所示（第一个波峰处，从上往下 k_p 依次增大）。

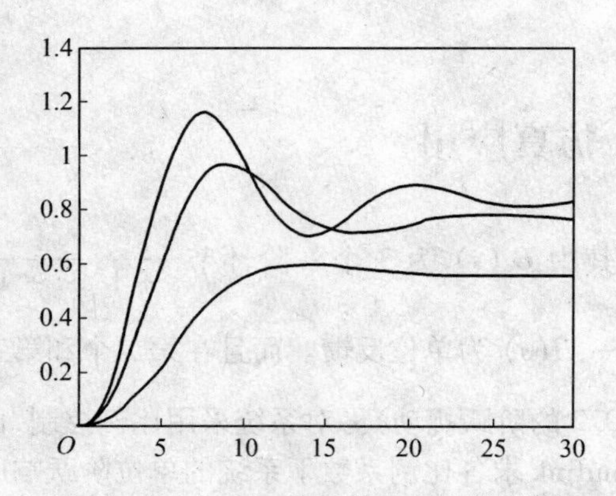

图 8.21 【例 8.7】单位阶跃响应曲线

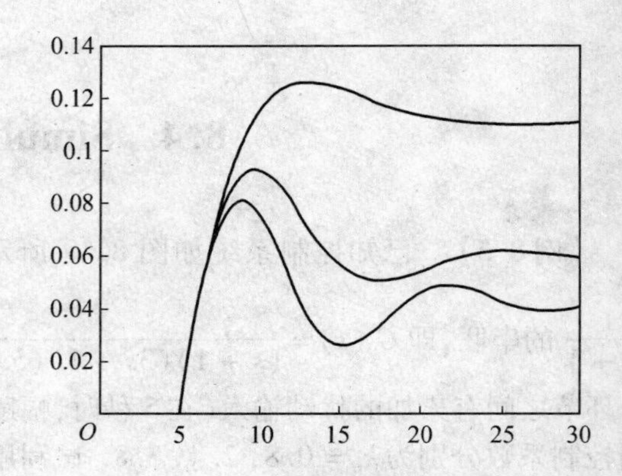

图 8.22 【例 8.7】阶跃扰动响应曲线

从图 8.21 可以看出，随着 k_p 的增大，系统响应速度加快，超调也相应地增加，调节时间也随之增长。但 k_p 增大到一定值后，闭环系统将趋于不稳定。

【例 8.6】 单位负反馈控制系统的开环传递函数 $G_0(s)$ 为 3 个一阶环节 $\frac{1}{s+1}$，$\frac{1}{3s+1}$ 和 $\frac{1}{5s+1}$ 的串联，即 $G_0(s)=\frac{1}{(s+1)(3s+1)(5s+1)}$，而且在第二个和第三个环节之间有累加的扰动输入（在 5 秒时，幅度为 0.2 的阶跃扰动）。采用比例积分控制，比例系数 $k_p=2$，积分时间常数分别取 $T_i=4,8,12$，利用 Simulink 求各比例系数下系统的单位阶跃响应和扰动响应。

解 本题的解题步骤如下：

① 在 Simulink 中建立模型如图 8.23 所示。

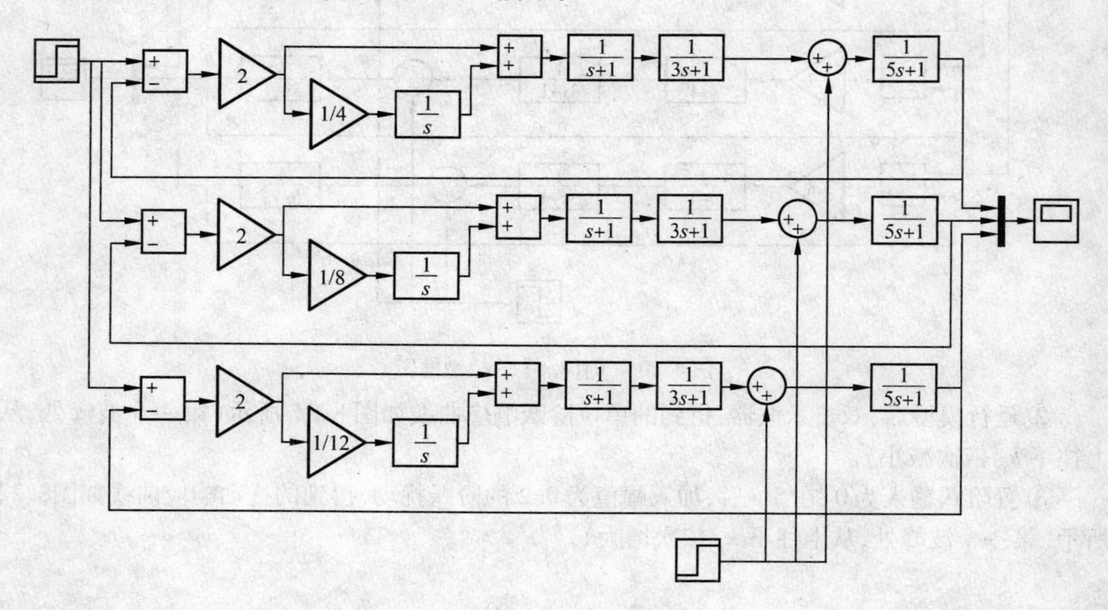

图 8.23 模型框图

② 运行模型后，双击示波器，得到的单位阶跃响应曲线如图 8.24 所示（第一个波峰处，从上往下积分时间依次增大）。

③ 置阶跃输入为 0，在 5 s 时，加入幅值为 0.2 的阶跃扰动，得到的扰动相应曲线如图8.25

所示(第一个波峰处,从上往下积分时间依次减小)。

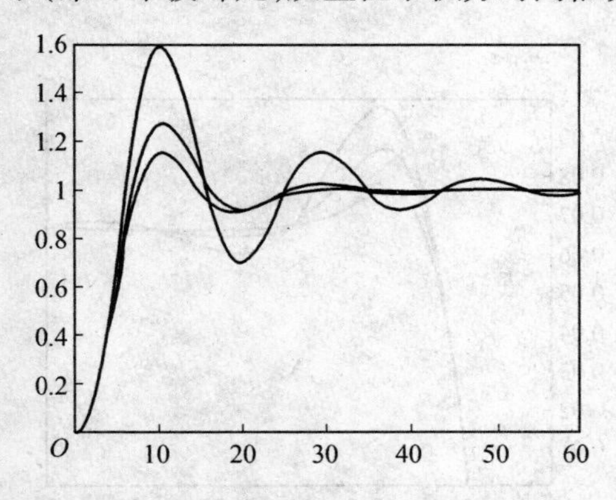

图 8.24 【例 8.6】单位阶跃响应曲线

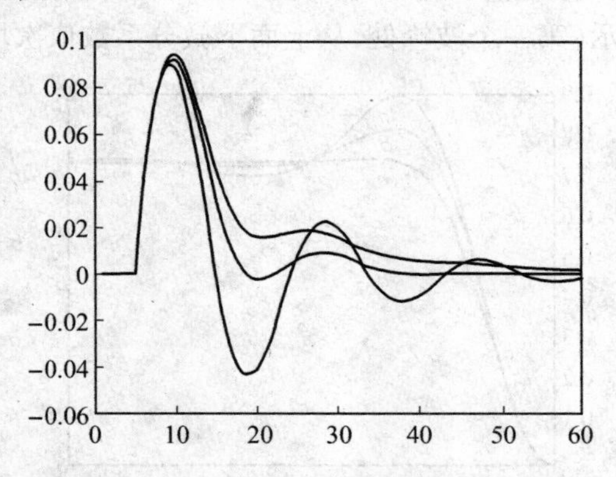

图 8.25 【例 8.6】阶跃扰动响应曲线

从图 8.22 中可以看出,随着积分时间的减小,积分控制作用增强,闭环系统的稳定性变差。

【例 8.7】 单位负反馈控制系统的开环传递函数 $G_0(s)$ 为 3 个一阶环节 $\frac{1}{s+1}$,$\frac{1}{3s+1}$ 和 $\frac{1}{5s+1}$ 的串联,即 $G_0(s)=\frac{1}{(s+1)(3s+1)(5s+1)}$,而且在第二个和第三个环节之间有累加的扰动输入(在 5 秒时,幅度为 0.2 的阶跃扰动)。采用比例微分控制,比例系数 $k_p=2$,微分系数分别取 $\tau=0, 0.9, 2$,试求各比例微分系数下系统的单位阶跃响应,并绘制响应曲线。

解 本题的解题步骤如下:

① 在 Simulink 中建立模型如图 8.26 所示。

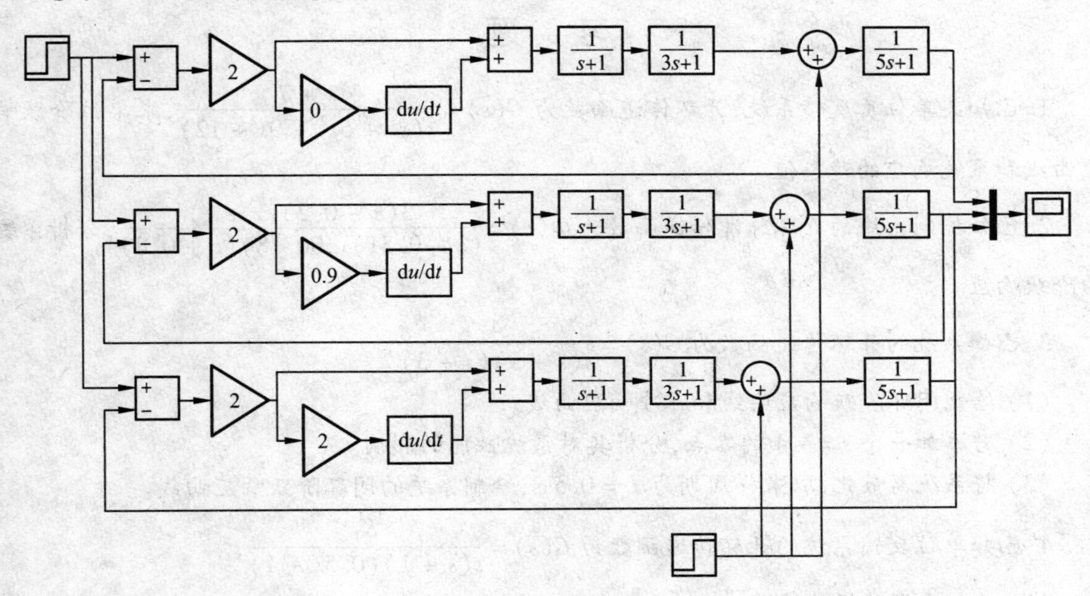

图 8.26 模型框图

② 运行模型后,双击示波器,得到的单位阶跃响应曲线如图 8.27 所示(第一个波峰处,从上而下微分系数依次增大)。

③ 置阶跃输入为0，在5 s时，加入幅值为0.2的阶跃扰动，得到的扰动响应曲线如图8.28所示（第一个波峰处，从上而下微分系数依次增大）。

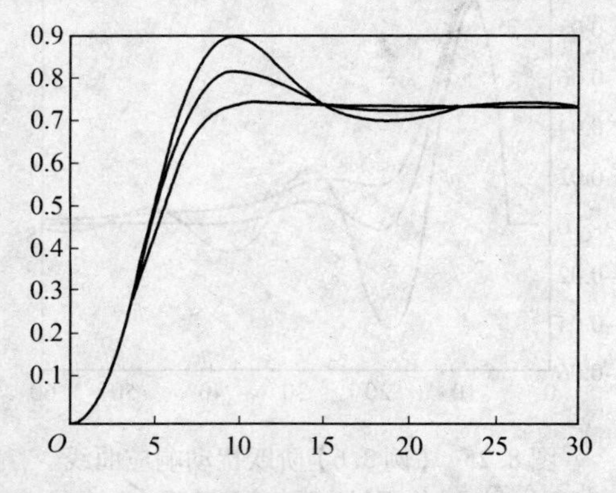

图8.27 【例8.7】的单位阶跃响应曲线

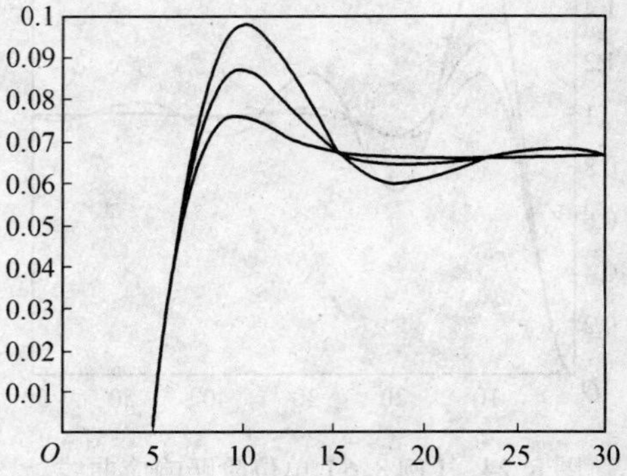

图8.28 【例8.7】的阶跃扰动响应曲线

从图8.27可以看出，仅有比例控制时系统阶跃响应有相当大的超调量和较强烈的振荡，随着微分作用的增强，系统的超调量减小，稳定性提高，上升时间减少，快速性提高。

本章小结

仿真是通过建立系统的数学模型和仿真模型，利用计算机进行仿真以研究和分析控制系统。所以仿真包含了系统、模型和仿真3个方面的内容，其中系统是研究对象，模型是系统的抽象，仿真是通过对模型的实验而达到研究系统的目的。Simulink是MTLAB的扩展，它是用图形化来代替编程语言，完成仿真过程。

习　题

1. 已知某单位负反馈系统，开环传递函数为 $G(s)=\dfrac{s+7}{s(s^3+5s^2+9s+12)}$，求单位阶跃响应曲线和系统响应的稳态值。

2. 已知控制系统的开环脉冲传递函数为 $\Phi(z)=\dfrac{3(z-0.2)(z+1)}{(z-0.51)(z00.18)(z+0.8)}$，分析系统的阶跃响应。

3. 已知系统的开环传递函数为 $G(s)=\dfrac{4}{s(s+5)(s+3)}$，

(1) 绘制闭环阶跃响应曲线和脉冲响应曲线。

(2) 若添加一个 $s=-4$ 的零点，分析其对系统性能的影响。

(3) 将系统离散化，取采样周期为 $T=0.5$ s，绘制系统的闭环阶跃响应曲线。

4. 已知单位反馈系统的开环传递函数为 $G(s)=\dfrac{K_1}{s(s+1)(0.5s+1)}$，

(1) 绘制系统的根轨迹图。

(2) 用根轨迹法确定使系统阶跃响应不出现超调时的 K_1 值的范围。

5. 设被控对象为 $G_p(s)=\dfrac{e^{-0.8s}}{0.5s+1}$，系统采样时间为0.5 s，期望的闭环响应设计为 $\Phi(s)=$

$\dfrac{Y(s)}{R(s)}=\dfrac{e^{-0.8s}}{0.15s+1}$，分别设计大林算法和 PID 控制算法，比较它们的阶跃响应。

6. 设被控对象为 $G_p(s)=\dfrac{e^{-s}}{s^2+0.8s+1}$，采样时间为 0.5 s，期望的闭环响应设计为 $\Phi(s)=\dfrac{Y(s)}{R(s)}=\dfrac{e^{-s}}{0.1s+1}$，设计大林算法并比较阶跃响应。

7. 线性系统 $\begin{cases}\dot{\boldsymbol{x}}=\begin{bmatrix}0 & 1\\ -2 & -3\end{bmatrix}\boldsymbol{x}+\begin{bmatrix}0\\1\end{bmatrix}\boldsymbol{u}\\ \boldsymbol{y}=[2\quad 0]\boldsymbol{x}\end{cases}$，观测器极点为 $\boldsymbol{\lambda}_{1,2}=-10$，计算观测器反馈矩阵 $\boldsymbol{G}$。

8. 已知系统的状态方程为 $\dot{\boldsymbol{x}}=\begin{bmatrix}1 & -1 & 1\\ 0 & 1 & 1\\ 1 & 0 & 1\end{bmatrix}\boldsymbol{x}+\begin{bmatrix}0\\0\\1\end{bmatrix}\boldsymbol{u}$，设计状态反馈使闭环系统极点配置为(-1，-2，-3)。

第9章　计算机控制系统的可靠性与抗干扰技术

本章重点：了解可靠性的基本概念及相关的技术指标；系统可靠性的计算方法；系统接地对系统运行的影响；重点掌握计算机硬件抗干扰技术和计算机软件抗干扰技术。

本章难点：计算机控制系统的可靠性分析；硬件抗干扰技术的理解和合理应用。

计算机控制系统已大量应用于工业生产过程的控制和管理。随着应用规模的不断扩大，生产企业对计算机控制系统的要求也越来越高。其中，高可靠性要求是主要方面之一。本章将主要围绕计算机控制系统的可靠性问题进行阐述。

9.1　可靠性的基本概念

在实际的生产领域，很多的地方都涉及可靠性的问题。对于可靠性的概念和含义，是使用数理统计的方法，利用大量的统计数据计算得出的。因此，计算机控制系统的可靠性数据依赖于大量的样本采集，需要在长期的生产实践中总结得出。

9.1.1　可靠性的含义

计算机控制系统由很多的元器件组成。在可靠性分析中，元器件不能再分解，但是元器件与系统是相对的概念，如电动机驱动控制系统中的晶闸管可以作为控制系统的一个元器件进行可靠性分析，也可把晶闸管及驱动电路作为计算机控制系统的一个执行元件进行可靠性分析。

可靠性定义为元件、设备或系统在规定的条件下和预定的时间内，完成规定功能的概率。可靠性被定义为一个概率，使得通常使用的模糊不清的可靠性概念有了一个可以测量及计算的定量尺度。对于计算机控制系统来讲，也就是在规定的工作条件下和预定的时间内，完成预期功能的概率。其预定的功能可根据一般的判据来衡量。根据具体的情况和要求，判断计算机控制系统完成规定功能和丧失某些规定功能的概率。判据越多，越接近工程实际情况，其可靠性计算也越复杂，甚至无法计算。所以，判据的选择应根据计算机控制系统的实际应用场合以及系统的经济效益等实际情况权衡而定。

9.1.2　可靠性的主要指标

传统上元件可分为可修复元件和不可修复元件。可修复元件指的是元件经过工作一段时间后，发生了故障，经过修理能再次回复到原来的工作状态，这种元件就称为可修复元件；如果元件工作一段时间后发生了故障，不能修理，或虽能修复但不经济，这种元件被称为不可修复元件。在计算机控制系统当中，可修复元件和不可修复元件都有。如各种输入输出接口芯片都属于不可修复元件，如果把一台计算机看成为一个元件，则计算机是可修复元件。

(1) 不可修复元件的可靠性指标

不可修复元件常用的可靠性指标有可靠度、不可靠度、故障率和平均无故障工作时间等。

可靠度为一个元件在预定时间 t 内和规定条件下执行规定功能的概率，记作 $R(t)$，它是关于时间的函数。不可靠度为元件在预定时间 t 内发生故障的概率，记作 $F(t)$，它也是关于时间的函数。

设总共有 n 个相同的元件，运行 t 时间以后，有 $n_f(t)$ 个元件损坏，还剩余 $n_s(t)$ 个元件完好，则有

$$\frac{n_s(t)}{n}+\frac{n_f(t)}{n}=1 \tag{9.1}$$

或

$$R(t)+F(t)=1 \tag{9.2}$$

其中 $$R(t)=\frac{n_s(t)}{n},F(t)=\frac{n_f(t)}{n}$$

由上式可见，元件的可靠度和不可靠度是对立事件，其概率之和等于1，所以

$$R(t)=1-F(t) \tag{9.3}$$

当 $t=0$ 时，$R(t)=1$，$t=\infty$ 时，$R(t)=0$。元件在开始运行时是完好的，可靠度 $R(0)=1$，但是在工作无穷大时间以后，元件必然发生故障(失效)，故 $R(\infty)=0$。

定义 $f(t)$ 为 $F(t)$ 关于时间的导数，表示单位时间内发生故障的概率，成为故障密度函数，可得

$$f(t)=\frac{\mathrm{d}F(t)}{\mathrm{d}t}=-\frac{\mathrm{d}R(t)}{\mathrm{d}t} \tag{9.4}$$

$$F(t)=\int_0^t f(t)\mathrm{d}t \tag{9.5}$$

令 $$\lambda(t)=\frac{f(t)}{R(t)} \tag{9.6}$$

则 $\lambda(t)$ 被称为故障率函数，它表示元件已正常工作到 t 时刻，在 t 时刻后的下一个时间间隔 Δt 内发生故障的条件概率，所以有

$$\lambda(t)=\frac{f(t)}{R(t)}=\frac{f(t)}{1-F(t)}=-\frac{1}{R(t)}\frac{\mathrm{d}R(t)}{\mathrm{d}t} \tag{9.7}$$

上式表明可靠度、不可靠度和故障率三者的关系，对元件的大量观测统计，可以找出 $R(t)$ 和 $F(t)$，求得 $\lambda(t)$。

由复合函数微分法则，有

$$\frac{\mathrm{d}}{\mathrm{d}t}\ln R(t)=\frac{1}{R(t)}\frac{\mathrm{d}R(t)}{\mathrm{d}t} \tag{9.8}$$

所以

$$\lambda(t)=\frac{f(t)}{R(t)}=-\frac{1}{R(t)}\frac{\mathrm{d}R(t)}{\mathrm{d}t}=\frac{\mathrm{d}}{\mathrm{d}t}\ln R(t) \tag{9.9}$$

$$R(t)=e^{-\int_0^t \lambda(t)\,dt} \tag{9.10}$$

由此可见,设备可靠度 $R(t)$ 是以故障率 $\lambda(t)$ 对时间积分为指数的指数函数。通过大量的实验与长期观测以及理论分析,由多个零件构成的设备,其故障率典型形态如图 9.1 所示。此曲线形似浴盆,故称为浴盆曲线。

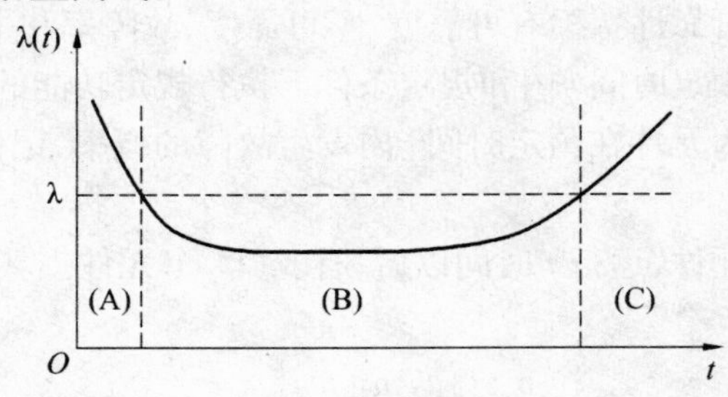

图 9.1　设备的典型故障率曲线

图 9.1 中,(A) 段为早发故障期,(B) 段为偶发故障期,(C) 段为损耗故障期,λ 是设备规定故障率。根据设备的使用寿命,故障率 $\lambda(t)$ 大致分为 3 个阶段,设备故障期内的初期故障阶段,称为早期故障期,故障率随时间增加而下降,故障一般是由设计制造和安装调试方法的原因引起的,如设计上的疏忽和生产工艺的质量问题引起的故障。这时期的主要任务是严格进行试运转和验收,并加强管理,找出不可靠的原因,使故障率迅速趋于稳定。早期故障期结束后,进入第二阶段称为偶发故障期。此时期故障的发生是随机的,偶发的故障多是由运行操作上的失误造成的,这就要求严格按照规程正确操作。这期间设备的故障率较低而且稳定,大致为常数,是设备的最佳状态时期。这个时期的长度,称为设备的有效使用寿命。最后,第三阶段称为耗损故障期,发生在设备寿命期末,故障率再度上升,引起故障的主要原因是设备长期运行带来的老化和磨损。如能预知耗损开始时间,而实现进行预防、改善、维修和更换,就可以使上升的故障率降低,以延长设备的使用寿命。

在偶发故障期内,绝大多数的设备故障率保持稳定,与时间无关,为一常数,即

$$\lambda(t)=\lambda=\text{常数}$$

此时有

$$R(t)=e^{-\lambda t} \tag{9.11}$$

$$F(t)=1-R(t)=1-e^{-\lambda t} \tag{9.12}$$

$$f(t)=\lambda e^{-\lambda t} \tag{9.13}$$

不可修复元件的平均无故障工作时间是元件寿命时间的数学期望,记为 T_U,其计算表达式为

$$T_U=\int_0^\infty tf(t)\,dt \tag{9.14}$$

当 $f(t)=\lambda e^{-\lambda t}$,故障率 $\lambda(t)=\lambda$ 时,即

$$T_U=\int_0^\infty t\lambda e^{-\lambda t}dt=\frac{1}{\lambda} \tag{9.15}$$

可以看出在上述条件下平均无故障工作时间 T_U 和该设备的故障率 λ 互为倒数。当故障率为常数 λ 时,设备的平均无故障工作时间 $T_U=\dfrac{1}{\lambda}$ 也是一个常数。

(2) 可修复元件的主要指标

由于元件是可修复的,需要从两个方面考虑其可靠性,既要反映元件故障状态下的指标,又要有标识其修复过程的指标。

可靠度:可修复元件的可靠度 $R(t)$ 是指元件在起始时刻正常运行条件下,在时间区间 $[0,t]$ 范围内不发生故障的概率,对可修复元件主要指从起始时刻到首次故障的时间。

不可靠度:可修复元件的不可靠度 $F(t)$ 是指元件在起始时刻正常运行条件下,在时间 $[0,t]$ 区间范围内发生首次故障的概率。

故障密度函数 $f(t)$ 是指元件在时间区间 $[t,\Delta t]$ 内发生第一次故障的概率,即

$$f(t) = \frac{\mathrm{d}F(t)}{\mathrm{d}t} = -\frac{\mathrm{d}R(t)}{\mathrm{d}t} \tag{9.16}$$

故障率:故障率 $\lambda(t)$ 时元件从起始时间直至 t 时刻完好的条件下,在 t 时刻以后单位时间里发生故障的次数。平均故障率 λ 为

$$\lambda = \frac{\sum \text{故障次数}}{\text{故障次数}} \tag{9.17}$$

式中:λ 为设备平均故障率(次/年);n 为运行设备年平均台数。

修复率:元件由停运状态转向运行状态,主要靠修理,表示修理能力指标是修复率 $\mu(t)$。修复率表示在现有检修能力和维修组织安排的条件下,平均单位时间内能修复设备的台数。在设备正常寿命期内,λ 和 μ 都是常数,可通过对同类型设备长期运行的观察记录,运用数理统计的方法得到。 在可靠性分析计算中,故障率和修复率通常为已知数据。

平均修复时间:平均修复时间也称为平均停运时间,记为 T_D,为设备每次连续检修所用时间的平均值,是元件连续停运时间随机变量的数学期望。当修复率为常数,修复时间服从指数分布时,可得

$$T_D = \int_0^{\infty} t\mu e^{-\mu t}\mathrm{d}t = \frac{1}{\mu} \tag{9.18}$$

上式表明,在上述条件下平均修复时间 T_D 和修复率 μ 互为倒数。平均修复时间常以每次故障的平均小时数表示,即

$$\text{平均停运时间} = \frac{\sum \text{故障停运小时数}}{\sum \text{故障次数}} \tag{9.19}$$

平均运行周期:可修复元件的平均故障间隔时间成为平均运行周期,记为 T_S,则

$$T_S = T_U + T_D \tag{9.20}$$

可用度:可用度又称可用率、有效度,常用符号 A 表示,是指稳态下元件或系统处于正常运行状态的概率。可用度与可靠度的不同在于,可靠度的定义中要求元件在时间区间 $[0,t]$ 连续的处于工作状态,而可用度则无此要求。如果一个元件在时刻 t 以前发生过故障但经过修复而在时刻 t 处于正常状态,那么对于可用度有贡献,而对可靠度没有贡献,因此可用度更能确切的描述可修复元件的有效程度。对于可修复元件,$A(t) \geqslant R(t)$,对于不可修复元件,则 $A(t) = R(t)$。

设备在长期运行中,由于其寿命处于“运行”与“停运”两种状态的交迭中,则可用度应为

$$A=\frac{T_U}{T_S}=\frac{T_U}{T_U+T_D}=\frac{\frac{1}{\lambda}}{\frac{1}{\lambda}+\frac{1}{\mu}}=\frac{\mu}{\lambda+\mu} \tag{9.21}$$

不可用度:不可用度又称不可用率、无效度,常用符号 $\bar{A}$ 来表示,是可用度的对立事件,它是指稳态下元件或系统失去规定功能而处于停运状态的概率,由 $A+\bar{A}=1$ 得

$$\bar{A}=1-A=\frac{T_D}{T_U+T_D}=\frac{\lambda}{\lambda+\mu} \tag{9.22}$$

元件的不可用度常用一个无量纲的因数来表示,称为强迫停运率(FOR),即

$$\mathrm{FOR}=\frac{\text{强迫停运时间}}{\text{运行时间}+\text{强迫停运时间}}\times 100\% \tag{9.23}$$

故障频率:故障频率表示设备在长期运行条件下,每年平均故障次数,用符号 f 表示,为平均运行周期 T_S 的倒数,即

$$f=\frac{1}{T_S}=\frac{1}{T_D+T_U}=\frac{\lambda\mu}{\lambda+\mu}=\lambda A=\mu\bar{A} \tag{9.24}$$

【例 9.1】 某计算机控制系统的年故障率为 $\lambda=1.25$ 次/年,修复率 $\mu=350$ 次/年。试求稳定状态下该系统的可靠性指标。

可用度为

$$A=\frac{\mu}{\lambda+\mu}=\frac{350}{1.25+350}=0.996\ 44$$

不可用度为

$$\bar{A}=1-A=1-0.996=0.003\ 56$$

平均无故障工作时间为

$$T_U/\text{年}=\frac{1}{\lambda}=0.8$$

平均修复时间为

$$T_D/\text{年}=\frac{1}{\mu}=\frac{1}{350}=0.002\ 86$$

平均运行周期为

$$T_S/\text{年}=T_U+T_D=0.8+0.002\ 86=0.802\ 86$$

故障频率为

$$f/(\text{次}\cdot\text{年}^{-1})=\frac{1}{T_S}=\frac{1}{0.802\ 86}=1.245\ 55$$

9.1.3 系统可靠性的计算方法

工业上的系统一般由很多元件构成。若每一个元件的可靠性已知,则整个系统的可靠性指标可以计算得出。其计算结果和元器件之间的连接方式有关。下面从基本的元器件连接方法入手分析系统的可靠性求取方法。

电路上元器件间的基本连接方式主要有并联、串联和混联。多个元件的混联可分解为串联、并联的多个支路,进行电路分析和计算。在可靠性分析中,可以把系统分为串联系统可靠性分析、并联系统可靠性分析和混联系统可靠性分析。其中混联系统可分解为串联子系统和

并联子系统进行可靠性分析。当然,可靠性分析中的串联和并联和电路中的串联、并联并不是一个概念,可靠性分析中是从可靠性的角度描述元件间的关系,和电路中的概念有不同的地方,也有相同的地方。

(1) 串联系统

如果系统中任何一个元件故障,将构成系统故障,这种系统称为串联系统。由 n 个元件组成的串联系统,以 $R_1, R_2, \cdots, R_n$ 和 R_S 分别表示各元件和系统的可靠度,$\lambda_1, \lambda_2, \cdots, \lambda_n$ 和 λ_S 分别表示各元件和系统的故障率,依概率乘法定律,串联系统可靠度 R_S 为

$$R_S = R_1 + R_2 + \cdots + R_n \tag{9.25}$$

当各元件故障率为常数时,有

$$R_S = e^{-\lambda_1 t} + e^{-\lambda_2 t} + \cdots + e^{-\lambda_n t} \tag{9.26}$$

$$e^{-\sum_{i=1}^{n} \lambda_i t} = e^{-\lambda_S t} \tag{9.27}$$

所以有

$$\lambda_S = \lambda_1 + \lambda_2 + \cdots + \lambda_n = \sum_{i=1}^{n} \lambda_i \tag{9.28}$$

上式表明,串联系统的可靠度等于各元件可靠度的乘积,而串联系统的故障率等于各元件故障率之和。由于 $R_i < 1$,故 $R_S < R_i < 1$,而串联系统的可靠度比任何一个元件的可靠度都小,也就是系统的可靠度要低于最弱元件的可靠度。如果要提高串联系统的可靠度,首先要提高系统中可靠度最弱元件的可靠度。如果要得到较高可靠度的系统,则不宜采用多元件的串联系统。

串联系统的平均寿命 $T_{US}(i = 1,2,\cdots,n)$ 有如下关系,即

$$T_{US} = \frac{1}{\sum_{i=1}^{n} \frac{1}{T_{Ui}}} \tag{9.29}$$

由上式可以看出,串联系统的寿命比最差元件的寿命还短,因此要想延长整个系统的寿命,首先要延长最差元件的寿命。

以上讨论的是不可修复元件组成的系统,对于可修复元件组成的串联系统,在稳定的条件下的可靠度和故障率的计算仍然适用。串联系统的可用度为

$$A_S = \prod_{i=1}^{n} A_i = \prod_{i=1}^{n} \frac{\mu_i}{\lambda_i + \mu_i} \tag{9.30}$$

(2) 并联系统

凡在一个系统中,若所有元件都发生故障时才构成系统故障,这种系统称为并联系统。

若各元件的可靠度为 $R_i(i=1,2,\cdots,n)$,则各元件的不可靠度为 $F_i = 1 - R_i$,由于所有元件都发生故障时系统才发生故障,则系统的不可靠度为

$$F_S = F_1 \cdot F_2 \cdot \cdots \cdot F_n = \prod_{i=1}^{n} F_i \tag{9.31}$$

所以有

$$R_S = 1 - F_S = 1 - \prod_{i=1}^{n} (1 - R_i) \tag{9.32}$$

并联系统的平均寿命为

$$T_{US} = \int_0^{\infty} R_S(t)\,dt = \int_0^{\infty} 1 - \prod_{i=1}^{n}(1 - R(t))\,dt \tag{9.33}$$

上式表明,并联系统的平均寿命比单个元件的寿命长,增加并联元件的个数能增加系统的寿命,但随着并联元件的增加,系统寿命增加程度减小。

对于可修复元件组成的并联系统,系统的不可用度为各并联元件不可用的乘积。即

$$\overline{A}_S = \prod_{i=1}^{n}\overline{A}_i = \prod_{i=1}^{n}\frac{\lambda_i}{\lambda_i + \mu_i} = \frac{\lambda_S}{\lambda_S + \mu_S} \tag{9.34}$$

系统未修复的概率为各元件未修复概率的乘积,即

$$e^{-\mu_S t} = \prod_{i=1}^{n} e^{-\mu_i t} = e^{-\sum_{i=1}^{n}\mu_i t} \tag{9.35}$$

其中

$$\mu_S = \mu_1 + \mu_2 + \cdots + \mu_n = \sum_{i=1}^{n}\mu_i \tag{9.36}$$

可见,并联系统的修复率为各并联元件修复率之和。

9.2 改善计算机控制系统可靠性的方法

计算机控制系统可靠性是影响其应用的主要因素之一,也是计算机控制系统设计的主要难点之一。优秀的计算机控制系统必须具备很高的可靠性,因此,研究并提高计算机控制系统的可靠性是计算机控制系统设计的主要环节之一。计算机控制系统的可靠性受到很多因素制约,如选用设备情况、系统复杂度、使用外部环境等。要想提高计算机控制系统的可靠性,必须深入研究能够影响计算机控制系统可靠性的本身和外部工作条件等各种影响因素,并根据分析的结果采取合适的处理措施,提高整个计算机控制系统的可靠性。实践证明,通过计算机控制系统硬件和软件的可靠性设计可明显的改善计算机控制系统的控制可靠性,下面针对影响可靠性的各个环节进行分析。

9.2.1 影响计算机控制系统可靠性的因素及改善措施

影响计算机控制系统可靠性的因素非常复杂,很难简单的概括全面。它不仅涉及计算机控制系统本身每一个元件的性能,还与整个系统各部分之间的配合关系、系统控制参数调整情况以及软件的编制水平、系统的抗干扰措施等环节有关。优良的计算机控制系统要求设计者要全面考虑在工作中系统面临的各种工况,还要考虑在各种不正常状态下的计算机控制系统工作情况,保证计算机控制系统能可靠、稳定的工作,提高系统的工作稳定性。

① 系统结构。计算机控制系统的结构复杂度直接影响到系统的可靠性指标。整个计算机控制系统由若干个元件组成,每个元件都有自己的故障率,系统结构越复杂,根据串联系统分析原理,系统出现故障的概率也越高。为此,为了提高计算机控制系统的可靠性,在设计计算机控制系统的过程中,我们期望在满足系统功能的基础上,计算机控制系统的结构越简单越好。

② 选择元件的可靠性。任何一个设备和元件都有自己固有的可靠性。元件的可靠性指标受其使用材料、加工制造工艺及现场的使用条件制约。为了提高计算机控制系统的可靠性,可选用高可靠性的元件,保证不因为元件故障率高而导致系统可靠性变差。

③ 计算机弱电控制回路的电磁干扰抑制措施。弱电控制回路在工作中面临着各种各样的干扰因素,这些干扰因素可能会干扰计算机正常的信息采集和控制指令正确执行,甚至会导致计算机程序执行出错,导致计算机程序跑飞、计算机死机等现象。因此计算机的抗干扰措施对提高计算机控制系统的可靠性非常重要。

④ 软件的可靠性。软件的可靠性是影响系统可靠性的主要因素之一。为了提高计算机计算的准确性与合理性,计算机软件必须编制严密,将软件漏洞降到最低,同时软件要有容错功能,能够及时发现采集信息中的错误数据,并采取相关处理措施。为了提高程序执行的可靠性,设置软件陷阱、使用指令复位等。

⑤ 工作环境对计算机工作的影响。计算机工作对周围条件非常敏感,如环境温度和环境湿度的变化都会导致计算机工作性能的改变;设备的机械振动会破坏计算机的运行稳定性,破坏电气设备间的可靠连接,导致计算机控制系统可靠性下降,因此,影响计算机控制系统的可靠性因素当中,环境因素不可忽略。

9.2.2 计算机控制系统的可靠性设计原则

设计计算机控制系统过程中,首先要根据系统的功能要求和技术指标决定系统的结构和形式,确定系统的硬件方案和软件控制方法,因此,系统的设计方案直接决定了系统的可靠性。在系统方案设计时应遵循以下原则:

① 简化方案。由上节分析可知,系统是由很多元件构成的,每个元件都有自己固有的故障率,系统结构越复杂,使用元器件越多,则系统出现故障的可能性越高,可靠性越差。在满足功能的前提下,优先选用结构简单的设计方案。

② 简化功能。简化功能不追求过高的性能指标。过多的功能和过高的性能指标不仅会造成系统造价过高,加大系统的复杂度导致设计和实现的难度增加,而且将导致系统使用元件过多,增加了系统的不可靠因素,导致可靠性下降。

③ 合理设计软硬件功能。方案设计时,合理分配软硬件功能,充分发挥各自的优点。软件的优点是不存在硬件故障问题,执行可靠性高,其缺点也是非常明显的,首先容易出现程序漏洞,其检测手段较少,需要在大量的实践中逐渐完善;其次,干扰问题会影响计算机的软件计算可靠性,严重的干扰很容易造成程序执行出错。由于存在干扰信息,使得程序产生误判断,发出误动作指令,严重时会造成程序跑飞,甚至死机等严重错误的发生。硬件的优点是执行指令可靠,缺点是设备存在故障率问题,有使用寿命。

④ 采用冗余结构设计。根据系统可靠性计算理论,当两个以上元件并联时,随着并联的元件数越多,系统的可靠性越高,因此采用冗余结构设计是提高计算机控制系统可靠性最有效的方法。冗余按冗余部件、装置或系统的工作状态,可分为工作冗余(热后备)和后备冗余(冷后备)两类。按冗余度的不同,可分为双重化冗余和多重化($n:1$)冗余。集散系统的供电系统、通信系统、I/O 插卡部件、上位机可以组成冗余结构。

⑤ 考虑设备热稳定性和电磁环境对元件的工作影响。热稳定方面,考虑温度变化带来的器件温漂的影响,加装散热装置,必要的时候使用恒温控制装置,保证环境温度的稳定。电磁兼容方面,使用必要的手段和方法,通过屏蔽技术和隔离技术减少生产现场恶劣的电磁条件对系统造成的影响。

⑥ 机械防震和电气连接可靠性设计。计算机控制系统往往要安装到调件恶劣的现场,机

械振动较大,容易出现振动带来的电气接线连接不可靠等问题,严重时可能导致设备的变形,甚至断裂。在设计过程中,必须采取相关处理措施,提高系统运行可靠性。

9.3 硬件抗干扰技术

现代计算机控制技术的发展带来了工业生产技术的全面革新以及其他各行业生产的快速进步,但如何提高计算机控制系统的可靠性,改善计算机控制系统的稳定性是技术工作者最难解决的问题之一。提高计算机控制系统的可靠性要从计算机控制系统的不稳定因素分析入手解决。工作现场的各种干扰因素是影响计算机控制系统工作可靠性的最主要因素之一,各种干扰因素的存在严重威胁着计算机控制系统的正常工作。若不能有效地解决干扰问题,将造成计算机控制系统误差过大、出现误动作、甚至程序跑飞、死机等情况,造成计算机控制系统可靠性降低、控制精度变差、稳定性不能保证等问题。因此计算机控制系统必须采用各种抗干扰技术,使各种干扰信息不影响或最低限度影响计算机控制系统的正常工作,提高其性能指标。

9.3.1 干扰的基本概念

工业系统中的干扰是指在设备工作过程中出现的并不代表有用信号且对设备性能或信号传输有害的电气变化现象。这些电气变化现象迫使有用信号的数据发生变化,增大误差,甚至使系统发生失误和故障。

产生这种干扰信号的原因成为干扰源。由于干扰源产生的干扰信号,经过传输途径,被系统中对这种干扰信号敏感的部分所接受,从而对系统造成干扰。因此,干扰源、传输途径及干扰对象是构成干扰的三要素。而且,只有当这个三要素同时存在时才会对系统造成干扰。抑制干扰,首先就要搞清楚这 3 个要素,然后从 3 个方面抑制干扰:抑制干扰源的干扰信号;使被干扰的对象降低对干扰的敏感度;阻滞或切断干扰的传输途径。

9.3.2 干扰的耦合方式

耦合是指电路与电路之间的电的联系,即一个电路的电压或电流通过耦合,使得另一个电路产生相应的电压或电流。耦合起着电磁能量从一个电路传输到另一个电路的作用。干扰的耦合方式主要有以下几种形式。

1. 直接耦合方式

直接耦合又称为传导耦合,是干扰信号经过导线直接传导到被干扰电路中而造成对电路的干扰。它是干扰源与敏感设备之间的主要干扰耦合途径之一。

2. 公共阻抗耦合方式

公共阻抗耦合是当电路的电流流经一个公共阻抗时,一个电路的电流在该公共阻抗上形成的电压就会对另一个电路产生影响。公共阻抗耦合是噪声源和信号源具有公共阻抗时的传导耦合。

3. 电容耦合方式

电容耦合又称静电耦合或电场耦合,是指电位变化在干扰源与干扰对象之间引起的静电感应。计算机控制系统电路的元件之间、导线之间、导线与元件之间都存在着分布电容,如果一个导体上的信号电压(或噪声电压) 通过分布电容使其他导体上的电位受到影响,这样的现象就称为电容性耦合。

4. 电磁感应耦合方式

电磁感应耦合又称磁场耦合。任何载流导体周围空间中都会产生磁场。若磁场是交变的,则对其周围闭合电路产生感应电势。

5. 辐射耦合方式

当高频电流流过导体时,在该导体周围便产生电力线和磁力线,并发生高频变化,从而形成一种在空间传播的电磁波。处于电磁波中的导体便会感应出相应频率的电动势。电磁场辐射干扰是一种无规则的干扰,这种干扰很容易通过电源线传到系统中去。当信号传输线(输入线、输出线、控制线)较长时,它们能辐射干扰波和接受干扰波,称为天线效应。

6. 漏电耦合方式

漏电耦合是电阻性耦合方式。当相邻的元件或导线间的绝缘电阻降低时,有些电信号便通过这个降低了的绝缘电阻耦合到逻辑元件的输入端而形成干扰。

9.3.3　抗干扰的主要技术手段

提高设备的干扰能力必须从设计阶段开始,就要考虑到电磁兼容性的设计。电磁兼容性设计要求所涉及的电子设备在运行时,既不受周围电磁干扰而能正常工作,又不对周围设备产生干扰。常用抑制干扰的措施主要有滤波、接地、屏蔽、隔离、设置干扰吸收网络及合理布线等。其中滤波是从干扰源的角度把干扰信号处理掉,本书在前面已经做了介绍,其他几种措施是阻滞或切断干扰的传输途径实现抗干扰目的。

1. 接地技术

将电路、单元与充作信号公共参考点的一个等位点或等位面实现低阻抗连接,称为接地。接地的目的通常有两个:一是为了安全,即安全接地;二是为了给系统提供一个基准电位,并给高频干扰提供低阻通路,即工作接地。安全系统的基准电位必须是大地电位,工作系统的基准电位可以是大地电位,也可以不是。通常把接地面视作电位为零的等位体,并以此为基准测量信号电压。但是,无论何种接地方式,公共接地面都有一定的电阻,当有电流流过时,地线上要产生电压降,加之地线还可能与其他引线构成环路,从而成为干扰的因素。

(1) 接地种类

按照接地系统的作用,接地可分为保护接地和工作接地两大类。

保护接地也称作安全接地,主要是为了避免操作人员因设备的绝缘损坏或绝缘下降时遭受触电危险,保证人员和的安全。保护接地的做法是使设备机壳与大地等电位,以避免机壳带电而影响人身及设备安全。习惯上把保护接地的地线称为安全地,又称为保护地或机壳地,机壳包括机架、外壳、屏蔽罩等。

工作接地则主要是为了保证计算机控制系统稳定可靠地运行,防止地环路引起的干扰。按照不同的信号形式,工作接地可分为交流地、系统地、安全地、数字地(逻辑地)和模拟地等。

- 交流地:交流地是计算机交流供电电源地,即动力线地。它的地电位很不稳定。
- 系统地:为了给各部分电路提供稳定的基准电位而设计的,是指信号回路的基准导体(如控制电源的零电位)。这时的所谓接地是指将各单元,装置内部各部分电路信号返回线与基准导体之间的连接。对这种接地的要求是尽量减小接地回路中的公共阻抗压降,以减小系统中干扰信号公共阻抗耦合。

- 安全地：其目的是使设备机壳与大地等电位，以避免机壳带电而影响人身及设备安全。通常安全地又称为保护地或机壳地，机壳包括机架、外壳、屏蔽罩等。
- 数字地：作为计算机控制系统中各种数字电路的零电位，应该与模拟地分开，避免模拟信号受数字脉冲的干扰。
- 模拟地：作为传感器、变送器、放大器、A/D 转换器和 D/A 转换器中模拟地的零电位，模拟信号有精度要求，有时信号比较小，而且与生产现场连接。因此，必须认真地对待模拟地。

（2）接地方式

按照地线系统接地点的个数，可分为单点接地和多点接地；按照地线系统与大地之间有无导线连接，可分为浮地系统和接地系统。"保护接地"一般均采用一点接地方式。"工作接地"依工作电流频率不同而分为一点接地和多点接地两种。低频时，因地线上的分布电感并不严重，故往往采用一点接地；高频情况下，由于电感分量大，为减少引线电感，故采用多点接地。频带很宽时，常采用一点接地和多点接地相结合的混合接地方式。

浮地系统是指设备的整个地线系统和大的之间无导体连接，它是以悬浮的地作为系统的参考电平。浮地系统的优点是不受大地电流的影响，系统的参考电平随着高电压的感应而相应提高。机内器件不会因高压感应而击穿。其应用实例较多，如飞机、军舰和宇宙飞船上的电子设备都是浮地的。浮地系统的缺点是对设备与地的绝缘电阻较高，一般要求大于 50 $M\Omega$，否则会导致击穿。另外，当附近有高压设备时，通过寄生电容耦合，外壳带电，不安全。而且外壳也会将外接干扰传输到设备内部，降低系统抗干扰性能。

接地系统是指设备的整个地线系统和大地通过导体直接连接。由于机壳接地，为感应的高频干扰电压提供了泻放的通道，对人员比较安全，也有利于抗干扰。但由于机内器件参考电压不会随感应电压升高而升高，可能会导致器件被击穿。

（3）地线系统的接线原则

地线系统的接线形式较多，在应用中可根据实际情况灵活选取。地线系统接线遵循以下原则：

① 交流地与直流地分开。交流地与直流地分开后，可以避免由于地电阻把交流电力线引进的干扰传输到装置的内部，保证装置内的器件安全和电路工作的可靠性、稳定性。值得注意的是，有的系统中各个设备并不是都能做到交、直流分开，补救的办法是加隔离变压器等措施。

② 模拟地与数字地分开。由于数字地悬浮于机柜，增加了对有模拟量放大器的干扰感应，同时为避免脉冲逻辑电路工作时的突变电流通过地线对模拟量的共模干扰，应将模拟电路的地和数字电路的地分开，接在各自的地线汇流排上，然后再将模拟地的汇流排通过2 ~ 4 μF 的电容在一点接到安全地的接地点。对模拟量来说，实际是一个直流浮地交流共地的系统。

③ 在安排印刷板地线时，首先要尽可能地加宽地线，以降低地线阻抗。其次，要充分利用地线的屏蔽作用。在印刷板边缘用较粗的印刷地线环包整块板子，自板子边向板中央延伸，用其隔离信号线，这样既可减少信号间串扰，也便于板中元器件就近接地。

④ 在低频电路中，信号的工作频率小于1 MHz 时，它的布线和元器件间的电感影响小，屏蔽线采用一点接地；但信号工作频率大于10 MHz 时，地线阻抗变得很大，此时，应采用就近多点接地法。

2. 屏蔽技术

屏蔽是指用屏蔽体把通过空间进行电场、磁场或电磁场耦合的部分隔离开来,隔断其空间场的耦合通道。良好的屏蔽是和接地紧密相连的,可以大大降低干扰耦合,取得较好的抗干扰效果。

(1) 屏蔽原理

对于电磁辐射干扰和电磁感应干扰,切断或削弱它们的传播途径是最有效的措施。按干扰源的性质,屏蔽可分为电场屏蔽、电磁屏蔽和磁场屏蔽 3 种。

① 电场屏蔽。电场屏蔽的作用是抑制电路之间由于分布电容的耦合而产生的电场干扰。电场屏蔽一般是利用低电阻金属材料的屏蔽层和外罩,使其内部的信号传输不到外面,同时外部的传输线也不影响其内部。

② 电磁屏蔽。电磁屏蔽主要用来防止高频电磁场对电路的影响。电磁屏蔽包括对电磁感应干扰及电磁辐射干扰的屏蔽。它是采用低电阻的金属材料作为屏蔽层。电磁屏蔽就是利用屏蔽罩在高频磁场的作用下,会产生反方向的涡流磁场与原磁场抵消而削弱高频磁场的干扰;又因屏蔽罩接地,也可实现电场屏蔽。由于电磁屏蔽是利用了屏蔽罩上的感生涡流,因而屏蔽罩的厚度对于屏蔽效果的影响不大,而屏蔽罩是否连续却直接影响到感生涡流的大小,也即影响屏蔽效果的好坏。

③ 磁场屏蔽。对于低频磁场干扰,用上述电磁屏蔽方法难以奏效,一般采用高导磁率材料作屏蔽体,利用其磁阻较小的特点,给干扰磁场提供一个低磁阻通路,使其限制在屏蔽体内。

(2) 屏蔽方法

为了达到屏蔽的效果,目前主要使用的方法是在设备或原件的表面装设屏蔽罩、屏蔽层,使用屏蔽导线作为信号传输的载体等,其核心思想是在屏蔽体的作用下,使空间上的各种干扰信息不能和有用信号与信息相耦合,有效防止空间上的各种干扰量破坏各种有用信息的有效性。图9.2 所示为一种浮空 - 保护屏蔽层 - 机壳接地方案。

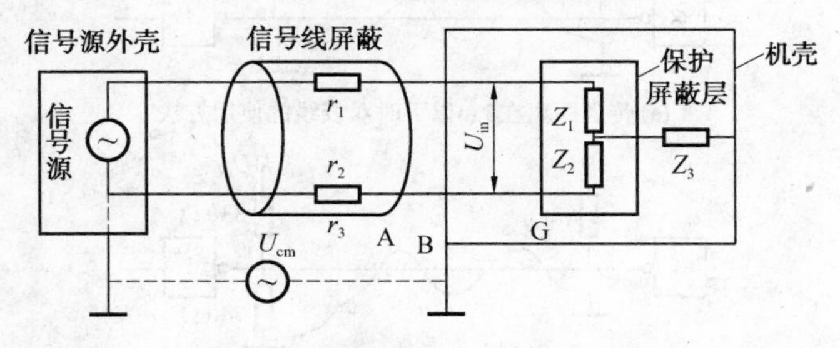

图 9.2　浮空 - 保护屏蔽层 - 机壳接地方案

这种方案的特点是将电子部件外围附加保护屏蔽层,且与机壳浮空;信号采用三线传输方式,即屏蔽电缆中的两根芯线和电缆屏蔽外皮线;机壳接地。图中信号线的屏蔽外皮 A 点接附加保护屏蔽层的 G 点,但不接机壳 B。假设系统采用差动测量放大器,信号源信号采用双芯信号屏蔽线传送,r_3 为电缆屏蔽外皮的电阻,Z_3 为附加保护屏蔽层相对机壳的绝缘电阻,Z_1、Z_2 为二信号线对保护层的阻抗,则有

$$U_{in} = \frac{r_3}{Z_3}\left[\frac{r_1 Z_2 - r_2 Z_1}{(r_1 + Z_1)(r_2 + Z_2)}\right] \cdot U_{cm} \tag{9.37}$$

印刷电路板上若有高增益放大器,为了降低干扰对放大器的影响,要用金属罩将高增益放大器屏蔽起来。为了消除放大器与屏蔽层之间的寄生电容影响,应将屏蔽体与放大器的公共端连接起来。当系统中有一个不接地的信号源和一个接地的放大器相连时,输入端的屏蔽应接到放大器的公共端,反之,当接地的信号源与不接地的放大器相连时,应把放大器的输入端接到信号源的公共端。

屏蔽技术的另外一种典型应用是采用双绞线作信号线。使双绞线中一根用作屏蔽线,另一根用作信号传输线,这样可以抑制电磁感应干扰。在使用过程中,把信号输出线和返回线两根导线拧和,其扭绞节距与该导线的线径有关。线径越细,节距越短,抑制感应噪声的效果越明显。实际上,节距越短,所用的导线长度就越长,从而增加了导线的成本。一般节距以5 cm左右为宜。表9.1列出了双绞线的节距与噪声衰减率的关系。

表9.1　双绞线的节距与噪声衰减率

导　线	节距/cm	噪声衰减率	抑制噪声效果/dB
空气中平行导线	—	1∶1	0
双绞线	10	14∶1	23
双绞线	7.5	71∶1	37
双绞线	5	112∶1	41
双绞线	2.5	141∶1	43
钢管中平行导线	—	22∶1	27

在数字信号的长线传输中,除了对双绞线的接地与节距有一定要求外,根据传送的距离不同,双绞线使用方法也不同。图9.3所示为传送的距离不同时,双绞线的不同使用方法。

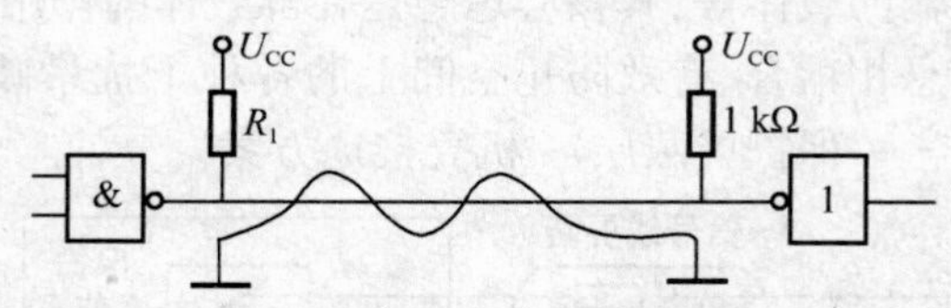

(a) 传送距离在5 m以下时双绞线的使用方法

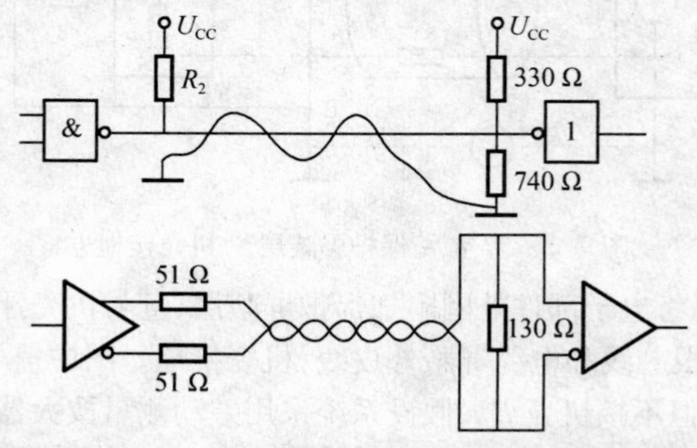

(b) 传送距离在10 m以上使用平衡输出的驱动器和平衡输入的接收器

图9.3　双绞线屏蔽使用方法

为了增强其抗干扰能力,可以将双绞线与光电耦合器联合使用,如图9.4所示。

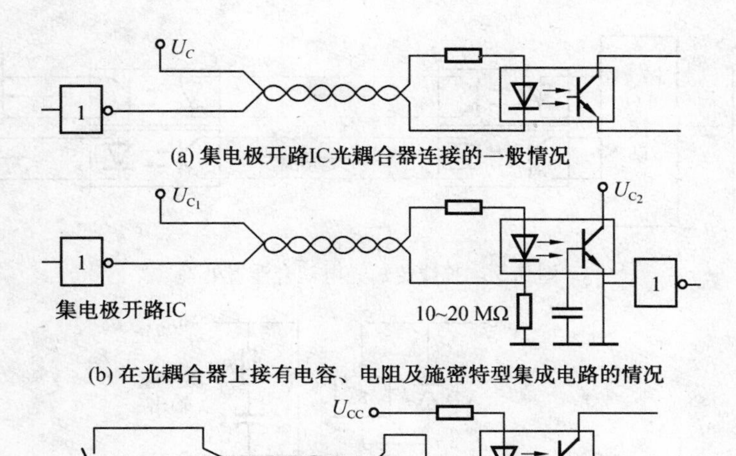

图 9.4　双绞线与光电耦合器联合使用方法

3. 隔离技术

隔离的实质是切断共地耦合通道，抑制因地环路引入的干扰。隔离是将电气信号转变为电、磁、光及其他物理量作为中间量，使两侧的电流回路相对隔离又能实现信号的传递。

(1) 光电隔离

光电隔离是由光电耦合器来完成的。采用光电耦合器可以切断主机与过程通道以及其他主机部分电路的电联系，能有效地防止干扰从过程通道串入主机，如图 9.5 所示。光电耦合器能够抑制干扰信号，主要是因为它具有以下几个特点：

① 以光作为中间媒介传输信号的，其输入和输出在电气上是隔离的。

② 光电耦合部分是在一个密封的管壳内进行的，因而不会受到外界光的干扰。

③ 光电耦合器的输入阻抗很低，而干扰源内阻一般都很大，传送到光电耦合器输入端的干扰电压就变得很小了。

④ 一般干扰噪声源的内阻很大，可供出的能量很小，只能形成很微弱的电流。由于没有足够的能量，也不能使二极管发光，显然，干扰就被抑制掉了。

⑤ 输入回路与输出回路之间分布电容极小，而且绝缘电阻很大，因此，在回路中，一端的干扰很难通过光电耦合器馈送到另一端去。

在传输线较长、现场干扰十分强烈时，通过光电耦合器将长线完全"浮置"起来，如图 9.5 所示。

(2) 继电器隔离

继电器的线圈和触点之间没有电气上的联系，因此，可利用继电器的线圈接受电气信号，从而避免强电和弱电信号之间的直接接触，实现了抗干扰隔离，常用于开关量输出，以驱动执行机构，如图 9.6 所示。

(3) 变压器隔离

脉冲变压器可实现数字信号的隔离。图 9.7 所示电路外部的输入信号经 RC 滤波电路和双向稳压管抑制常模噪声干扰，然后输入脉冲变压器的一次侧。为了防止过高的对称信号击

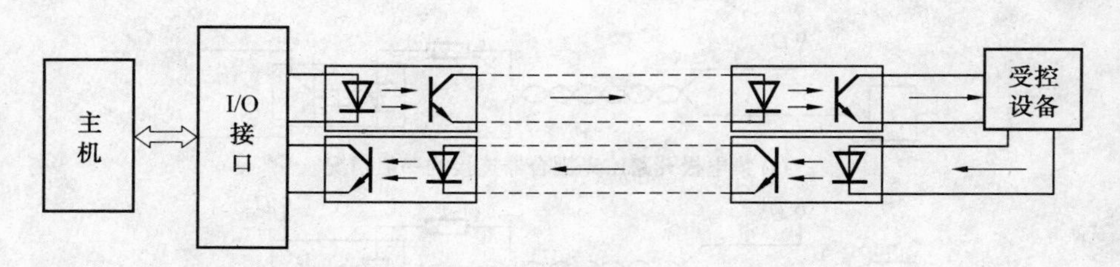

图 9.5　长线传输光电耦合浮置处理

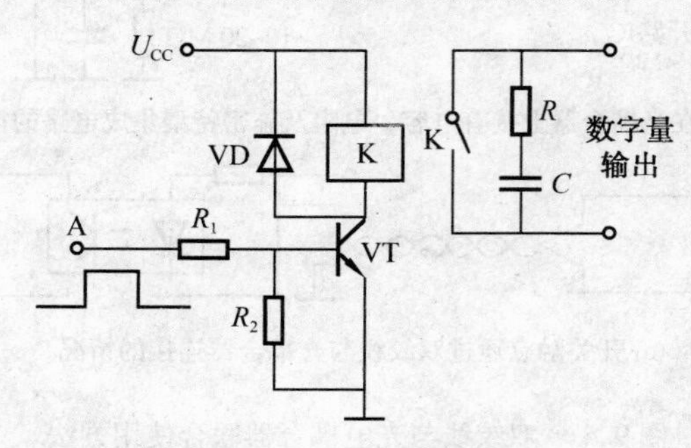

图 9.6　继电器隔离

穿电路元件，脉冲变压器的二次侧输出电压被稳压管限幅后进入计算机控制系统内部。

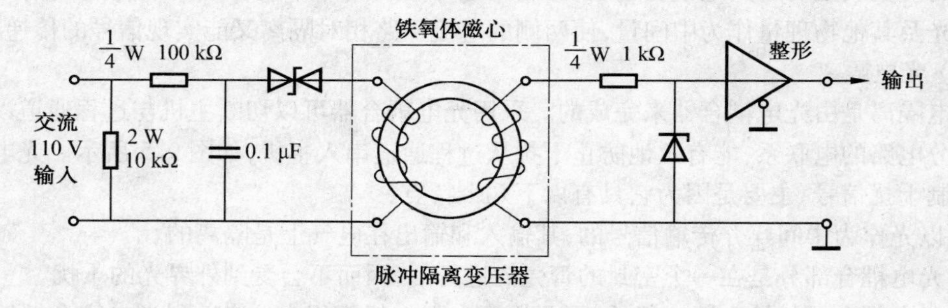

图 9.7　脉冲变压器实现数字信号隔离接线图

对于一般的交流信号，可以用普通变压器实现隔离。图 9.8 表明了一个由 CMOS 集成电路完成的电平检测电路。

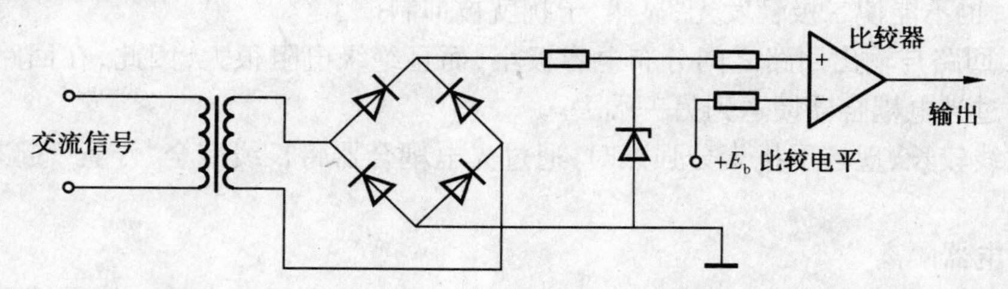

图 9.8　由 CMOS 集成电路完成的电平检测电路

9.3.4　串模干扰与共模干扰

1. 串模干扰

串模干扰是指串联于信号回路之中的干扰。串模干扰主要包括内部串扰和外部串扰两种形式，其具体表现形式如图9.9所示。

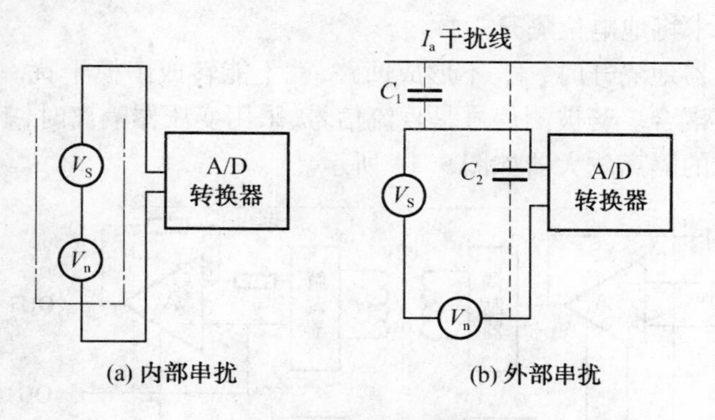

图9.9　串模干扰示意图

其中V_S为信号源，V_n为叠加在V_S上的串联干扰信号。干扰可能来自信号源内部如图9.9(a)所示，也可能来自邻近的导线（干扰线）如图9.9(b)所示，如果邻近的导线（干扰线）中有交变电流I_a流过，那么由I_a产生的电磁干扰信号就会通过分布电容C_1和C_2的耦合，引入A/D转换器的输入端。

串模干扰主要来自于电源、长线传输中的分布电感和分布电容以及设备噪声等，对串模干扰的抑制措施主要有：

① 合理选用信号线。应采用金属屏蔽线、双绞线或屏蔽双绞线做信号线，以抑制由于分布电感和分布电容引起的串模干扰。

② 在信号电路中加装滤波器。通过滤波器，可以将有用的信号从各种干扰信号中分离出来，达到抑制干扰效果。

③ 选择合适的A/D转换器。

2. 共模干扰

计算机控制系统中，被控对象往往比较分散，一般都有很长的引线将现场信号源、信号放大器、主机等连接起来。引线长在几十米以至几百米，两地之间往往存在着一个电位差V_C，如图9.10所示。这个V_C对放大器产生的干扰，称为共模干扰。

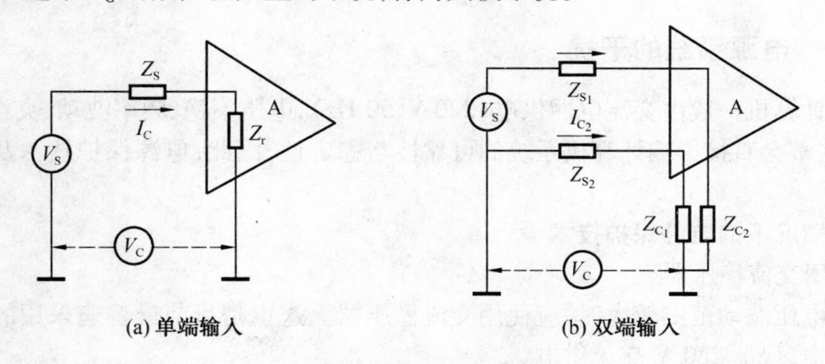

图9.10　共模干扰示意图

其中V_S为信号源，V_C为共模电压。这种干扰可以是直流电压，也可以是交流电压，其幅值可达几伏甚至更高，取决于现场产生干扰的环境条件和计算机等设备的接地情况。

抑制共模干扰的措施有：

(1) 采用差分放大器做信号前置放大

(2) 采用隔离技术将地电位隔开

当信号地与放大器地隔开时，V_C 不形成回路，就不能转成串模干扰。常用的隔离方法是使用变压耦合或光电耦合。若被测信号是直流信号，采用变压器隔离时，就必须采用调制解调技术。由变压器构成的隔离放大器如图 9.11 所示。

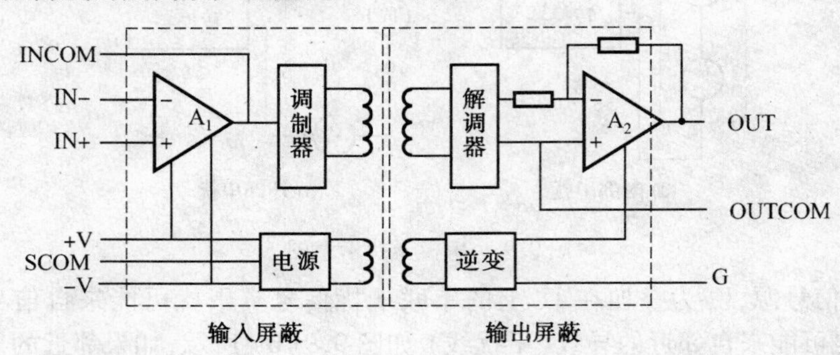

图 9.11　隔离放大器

(3) 利用浮地屏蔽

采用双层屏蔽三线采样(S_1,S_2,S_3) 浮地隔离放大器来抑制共模干扰电压。

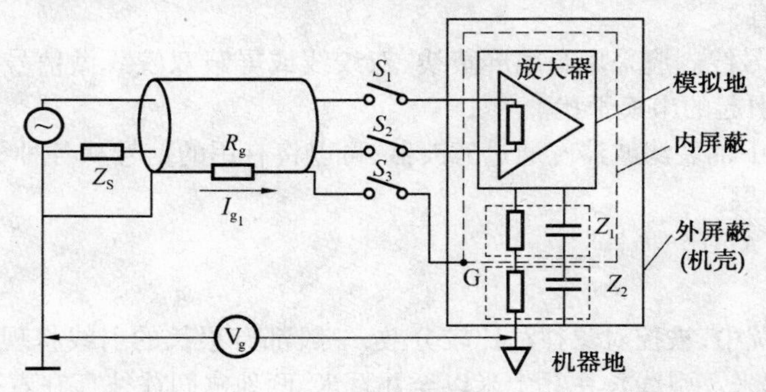

图 9.12　双层浮地屏蔽保护原理图

9.3.5　电源系统的干扰

控制用计算机一般由交流电网供电(220 V,50 Hz)，电压不稳、频率波动、突然掉电事故难免发生，这些都会直接影响计算机系统的可靠性与稳定性，因此，电源保护技术及其应用必不可少。

1. 正常情况下的电源保护技术

(1) 采用交流稳压器

当电网电压波动范围较大时，应使用交流稳压器。这也是目前最普遍采用的抑制电网电压波动的方案，保证 220 V 交流供电。

(2) 采用电源滤波器

交流电源引线上的滤波器可以抑制输入端的瞬态干扰。直流电源的输出也接入电容滤波器，以使输出电压的纹波限制在一定范围内，并能抑制数字信号产生的脉冲干扰。

(3) 电源变压器采取屏蔽措施

利用几 mm 厚的高导磁材料将变压器严密的屏蔽起来,以减小漏磁通的影响。

(4) 采用分布式独立供电

整个系统不是统一变压、滤波、稳压后供各单元电路使用,而是变压后直接送给各单元电路的整流、滤波、稳压。这样可以有效地消除各单元电路间的电源线、地线间的耦合干扰,又提高了供电质量,增大了散热面积。

(5) 分类供电方式

把空调、照明、动力设备分为一类供电方式,把计算机及其外设分为一类供电方式,以避免强电设备工作时对计算机系统的干扰。

2. 电源异常的保护措施

(1) 采用静止式备用交流电源

当交流电网出现故障时,利用备用交流电源能够及时供电,保证系统安全可靠地运行。

(2) 采用不间断电源 UPS

不间断电源 UPS 的基本结构分为两大类:一部分是将交流市电变为直流电的整流、充电装置,另一部分是把直流电再度转变为交流电的 PWM 逆变器。

UPS 电源按其操作方式可分为后备式和在线式的 UPS 电源。

① 后备式 UPS 电源的原理图如图 9.13 所示。

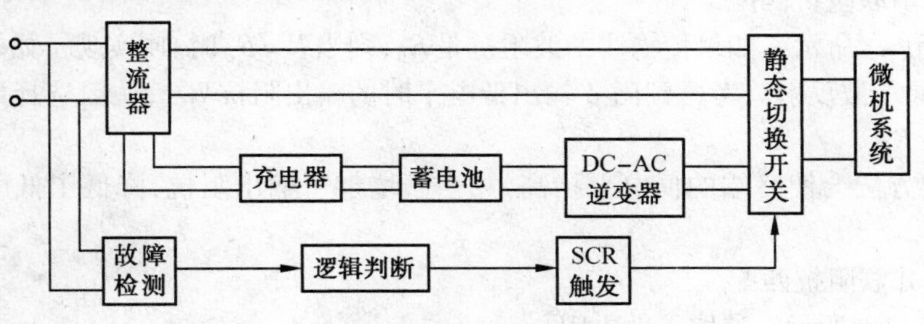

图 9.13　后备式 UPS 电源方框图

② 在线式 UPS 电源的原理图如图 9.14 所示。

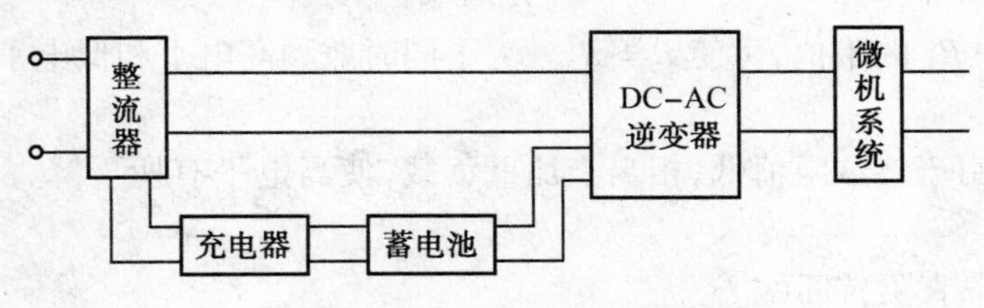

图 9.14　在线式 UPS 电源框图

9.3.6　反射波的干扰

电信号(电流、电压) 在沿导线传输过程中,由于分布电容、电感和电阻的存在,导线上各点的电信号并不能马上建立,而是有一定的滞后,离起点越远,电压波和电流波到达的时间越晚。这样,电波在线路上以一定的速度传播开来,从而形成行波。如果传输线的终端阻抗与传输线的波阻抗不匹配,那么当入射波到达终端时,便会引起反射。同样,反射波到达传输线始端时,如果始端阻抗也不匹配,也会引起新的反射。这种信号的多次反射现象,使信号波形严重地畸变,并且引起干扰脉冲。

影响反射波干扰的因素有两个:其一是信号频率,传输信号频率越高,越容易产生反射波干扰,因此在满足系统功能的前提下,尽量降低传输信号的频率;其二是传输线的阻抗,合理配置传输线的阻抗,可以抑制反射波干扰或大大削弱反射次数。

1. 传输线的特性阻抗 R_p 的测定

根据反射理论,当传输线的特性阻抗 R_p 与负载电阻 R 相等(匹配)时,将不发生反射。特性阻抗的测定方法如图 9. 15 所示。调节可变电阻 R,当 $R = R_p$ 时,A 门的输出波形畸变最小,反射波几乎消失,这时的 R 值可以认为该传输线的特性阻抗 R_p。

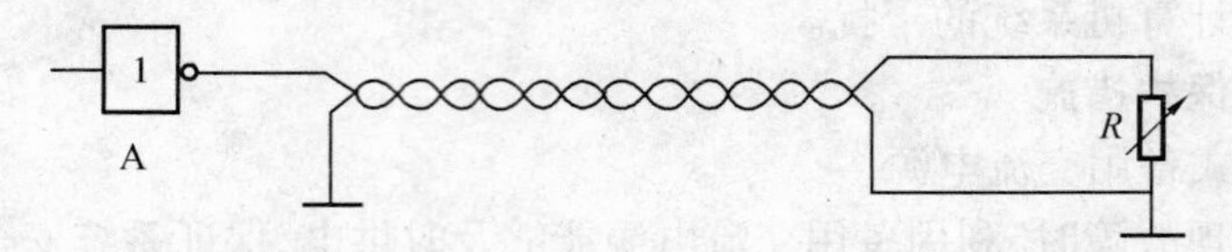

图 9. 15　R_p 与 R 相等时,特性阻抗的测定方法

2. 阻抗匹配的方法

阻抗匹配的方法一般分为 4 种,即始端串联阻抗匹配、终端并联阻抗匹配、终端并联隔直阻抗匹配和终端钳位二极管匹配。

(1) 始端串联阻抗匹配

如图9. 16(a) 所示。如果传输线的波阻抗是 R_p,则当 $R = R_p$ 时,便实现了始端串联阻抗匹配,基本上消除了波反射。考虑到门 A 输出低电平时的输出阻抗 Rsc,一般选择始端匹配电阻 R 为 $R = R_p - R\text{sc}$。

这种匹配方法会使终端的低电平抬高,相当于增加了输出阻抗,降低了低电平的抗干扰能力。

(2) 终端并联阻抗匹配

如图 9. 16(b) 所示。选取等效电阻

$$R = \frac{R_1 R_2}{R_1 + R_2} \tag{9.38}$$

适当调整 R_1 和 R_2 的阻值,可使 $R = R_p$。为了同时兼顾高电平和低电平两种情况,可选取 $R_1 = R_2 = 2R_p$。

这种匹配方法由于终端阻值低,相当于加重负载,使高电平有所下降,故高电平的抗干扰能力有所下降。

(3) 终端并联隔直阻抗匹配

如图 9. 16(c) 所示。把电容 C 串入匹配电路中,当 C 较大时,其阻抗接近于零,只起隔直流作用,不会影响阻抗匹配,只要使 $R = R_p$ 就可以了。它不会引起输出高电平的降低,故增加了高电平的抗干扰能力。

(4) 终端钳位二极管匹配

如图9. 16(d) 所示。利用二极管 D 把 B 门输入端低电平钳位在0. 3 V以下,可以减少波的反射和振荡,提高动态抗干扰能力。

3. 输入输出驱动法

如图 9. 17 所示,当 A 点为低电平时,电压波从 B 向 A 传输。由于此时驱动器 SN7406 的输出呈现近于零的低阻抗,反射信号一到达该门的输出端就有相当部分被吸收掉,只剩下很少部

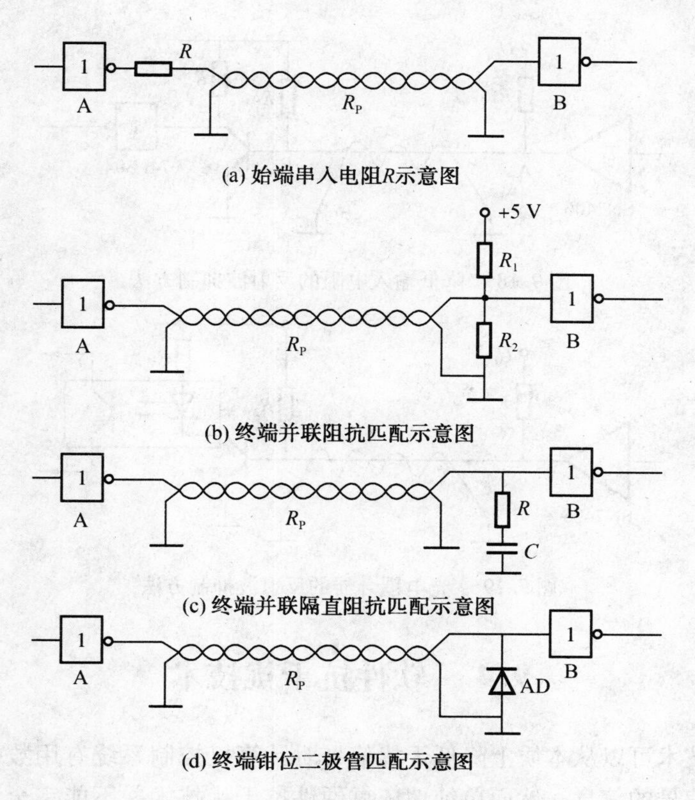

图 9.16　传输线的阻抗匹配法

分继续反射。这就是说，由于反射信号遇到的是低阻抗，它的衰减速度很快，反射能力大大地减弱了。当 A 点为高电平时，发送器 T_1 的输出端对地阻抗很大，可视为开路。为了降低接收器 T_2 的输入阻抗，接入一个负载电阻 $R = 1\ \text{k}\Omega$，这样大大削弱了反射波的干扰。

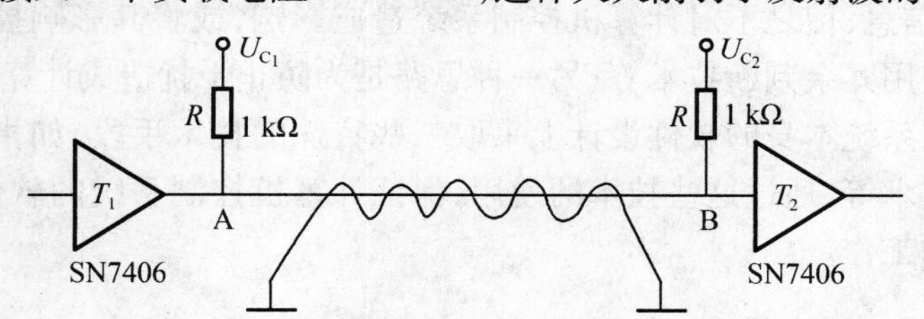

图 9.17　应用双驱动器的反射波抑制方法

4. 降低输入阻抗法

如图 9.18 所示，当驱动器输出低电平时，A 点对地阻抗很低；当驱动器输出高电平时，B 点对地阻抗也很低。由此可见，无论是输出高电平还是低电平，反射波都将很快衰减。

5. 光电耦合器

如图 9.19 所示，该方法除了有效抑制反射波干扰外，还有效地实现了信号的隔离。

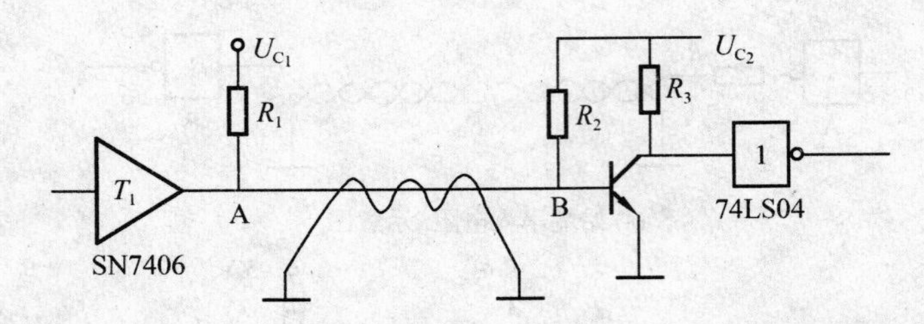

图 9.18　降低输入电阻的反射波抑制方法

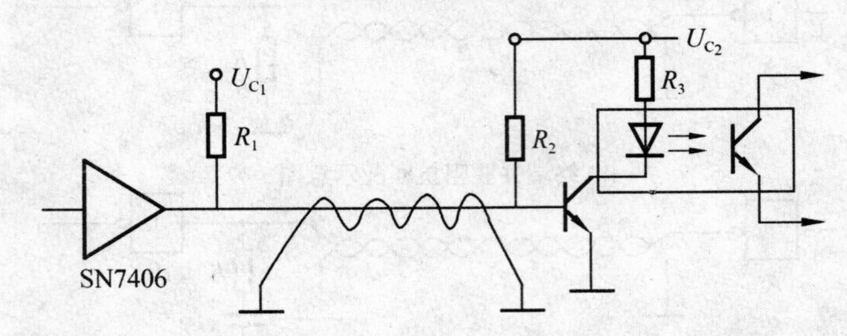

图 9.19　光电耦合器的反射波抑制方法

9.4　软件抗干扰技术

硬件抗干扰技术可以从本质上降低干扰信号对计算机控制系统有用数据信息的影响,在物理上改善各种信号的信息。然而单纯地依靠硬件抗干扰技术并不能完全消除干扰,在很多时候,处理过的信息中仍然包含很多的干扰信息,因此软件上要想准确分析系统的各种数据,做出正确判断和控制,必须有完备的软件抗干扰手段。

软件抗干扰技术包含了很多的方法和手段,主要思路有两种:一种是通过一定的技术手段滤除信号中的干扰信息,使之不对计算机控制系统造成影响,或将其影响控制到一定范围内,如数字滤波技术、使用冗余判断技术等;另一种思路是为防止干扰造成计算机控制系统非正常工作,在计算机控制系统本身的软件设计上采取一些特殊的技术手段,如指令冗余技术、软件陷阱技术、看门狗技术等,通过这些技术的使用,保证计算机控制系统的软件在复杂的电磁环境下能稳定、可靠的工作。

9.4.1　指令冗余技术

所谓指令冗余技术是指在程序的关键地方人为加入一些“空操作”,如单片机系统经常使用单字节指令 NOP,或将有效单字节指令重写,当程序“跑飞”到某条单字节指令上,就不会发生将操作数当作指令来执行的错误,使程序迅速纳入正轨。

常用的指令冗余技术有两种:NOP 指令的使用和重要指令冗余。

1. NOP 指令的使用

通常是在双字节指令和 3 字节指令之后插入两个单字节 NOP 指令。这样,即使因为“跑飞”使程序落到操作数上,由于两个空操作指令 NOP 的存在,不会将其后的指令当操作数执行,从而使程序纳入正轨。

通常,一些对程序流向起重要作用的指令(如 RET、RETI、ACALL、LCALL、LJMP、SJMP、

JZ、JNZ、JC、JNC、JB、JBC、DJNZ等)和某些对系统工作状态起重要作用的指令(如SETB等)的前面插入两条NOP指令,以保证跑飞的程序迅速纳入轨道,确保这些指令的正确执行。

2. 重要指令冗余

通常在那些对于程序流向起决定作用或对系统工作状态有重要作用的指令的后边(如前文所列举的一些指令),可重复写上这些指令,以确保这些指令的正确执行。

值得注意的是,虽然加入冗余指令,能提高软件系统的可靠性,但却降低了程序的执行效率,所以在一个程序中,"指令冗余"不能过多,否则会降低程序的执行效率。

9.4.2　软件陷阱技术

若"跑飞"的程序进入非程序区(如EPROM未使用的空间或某些数据表格区),则采用指令冗余技术就不能使"跑飞"的程序恢复正常,这时可以设定软件陷阱。

1. 软件陷阱

所谓软件陷阱,就是当PC失控,造成程序"乱飞"而进入非程序区时,在非程序区设置一些拦截程序,将失控的程序引至复位入口地址0000H或处理错误程序的入口地址ERR,在此处将程序转向专门对程序出错进行处理的程序,使程序纳入正轨。

软件陷阱可以采用3种形式,如表9.2所示。

表9.2　软件陷阱形式

程序形式	软件陷阱形式	对应入口形式
形式之一	NOP NOP LJMP　0000H	0000H:LJMP　MAIN;运行程序 ⋮
形式之二	LJMP　0202H LJMP　0000H	0000H:LJMP　MAIN;运行主程序 ⋮ 0202H:LJMP　0000H ⋮
形式之三	LJMP　ERR	ERR:……;错误处理程序 ⋮

2. 软件陷阱的安排

(1) 未使用的中断向量区

80C51单片机的中断向量区为0003H ~ 002FH,当未使用的中断因干扰而开放时,在对应的中断服务程序中设置软件陷阱,就能及时截获错误的中断。在中断服务程序中返回指令用RETI也可以用LJMP。

比如:某系统未使用两个外部中断,它们的中断服务子程序入口地址分别为SINT0和SINT1。在系统未使用的中断由于干扰而误开中断时,则可以在对应的中断服务程序中,首先弹出错误的断点,然后使程序无条件跳转到主程序的入口0000H处重新开始执行,而不是用RETI指令返回到错误的断点处。其软件陷阱程序如下:

```
ORG  0000H
START:LJMP MAIN;引向主程序入口
```

```
ORG   0003H
LJMP SINT0;中断服务程序入口
ORG   0013H
LJMP SINT1;中断服务程序入口
ORG   0080H
MAIN:;            主程序
SINT0:NOP
NOP
POP direct1;将断点弹出堆栈区
POP direct2
LJMP 0000H;转到 0000H 处
SINT1:NOP
NOP
POP direct1;将原先的断点弹出
POP direct2
PUSH 00H;断点地址改为 0000H
PUSH 00H
RETI
```

注:中断服务程序中的 direct1 和 direct2 为主程序中非使用单元。

(2) 未使用的 EPROM 空间

对于未使用完的 EPROM 空间,即其内容为 0FFH,0FFH 对于 80C51 单片机来说是一条单字节指令"MOV R7, A"。如果程序"跑飞"到这一区域,则将顺利向下执行,不再跳跃(除非又受到新的干扰),因此在非程序区内用 0000020000 或 020202020000 数据填满。注意,最后一条填入数据必须为 020000。当"乱飞"程序进入此区后,读到的数据为 0202H,这是一条转移指令,使 PC 转入 0202H 入口,在主程序 0202H 设有出错处理程序,或转到程序的入口地址 0000H 执行程序。

(3) 表格

单片机程序设计中一般会遇到两种表格:一类是数据表格,供"MOV A, @ A + PC"指令或"MOVC A, @ A + DPTR"指令使用;另一类是散转表格,供"JMP @ A + DPTR"指令使用。

由于表格的内容与检索值是一一对应的关系,在表格中安排陷阱会破坏表格的连续性和对应关系,因此只能在表格的最后安排陷阱。如果表格区较长,则安排的陷阱不能保证一定能够捕捉到"跑飞"的程序,这时只能借助于别的软件陷阱或冗余指令来使程序恢复正常。

(4) 运行程序区

在进行单片机系统程序设计时常采用模块化设计,单片机按照程序的要求一个模块、一个模块地执行。所以可以将陷阱指令分散放置在用户程序各模块之间空余的单元里。在正常程序中不执行这些陷阱指令,保证用户程序正常运行。但当程序"乱飞"一旦落入这些陷阱区,马上将"乱飞"的程序拉到正确轨道。这个方法很有效,陷阱的多少一般依据用户程序大小而定,一般每 1K 字节有几个陷阱就够了。

(5)RAM 数据保护的条件陷阱

单片机受到严重的干扰时,可能不能正确地读写外部的 RAM 区。为解决这个问题,可以在进行 RAM 的数据读写之前,测试 RAM 读写通道的畅通性,这可以通过编写陷阱实现,当读写正常时,不会进入陷阱,若不正常,则会进入陷阱,且形成死循环。实现程序为

```
MOV A, #NNH;NN 是任意的
MOV DPTR, #XXXXH
MOV 6EH, #55H
MOV 6FH, #0AAH
NOP
NOP
CJNE 6EH, #55H, XJ;  6EH 中不为 55H 则落入死循环
CJNE 6FH, #0AAH, XJ;  6FH 中不为 AAH 则落入死循环
MOVX @DPTR, A;       A 中数据写入 RAM 的 XXXXH 单元中
NOP
NOP
MOV 6EH, #00H
MOV 6FH, #00H
RET
XJ:NOP;              死循环
NOP
SJMP XJ
```

9.4.3 故障自动恢复处理程序

1. 辨别上电方式

所谓辨别上电方式,就是根据某些信息来确定是以何种方式进入0000H单元的,是上电复位还是故障复位。通常以软件设置上电标志的方式来判定。

软件设置上电标志是以单片机上电复位后某些寄存器的值、RAM 中预先设定的标志位或程序计数器 PC 的值作为上电标志。在程序开始处检测这些标志位,若改变了,即可认为是上电复位;若未改变,则认为是故障复位。

可以利用 PSW、SP 和 RAM 中特定的单元设置软件上电标志。SP 的上电复位值是07H,可以将 SP 设置为其他大于 07H 的值作为上电标志;PSW 中的第五位 PSW.5 可以由用户自行设定,若系统是上电复位,则 PSW 的内容为 00H,程序开始后,通过将 PSW.5 置 1 来作为上电标志;

下面是用 PSW.5 作为上电标志的程序清单:

```
ORG 0000H
AJMP START
START:MOV C, PSW.5;      判别标志位 PSW.5
JC LOOP;                 PSW.5 = 1 转向出错程序处理
SETB PSW.5;              置 PSW.5 = 1
```

```
LJMP START0;              转向系统初始化入口
LOOP:LJMP ERR;            转向出错程序处理
```

2. 系统的复位处理

用软件抗干扰措施来使失控的系统恢复到正常状态,重新进行彻底的初始化使系统的状态进行修复或有选择地进行部分初始化,这种操作也被称之为"热启动"。热启动首先要对系统进行复位,也就是使各种专用寄存器达到与硬件复位时同样的状态,但是需要注意的是清除中断激活标志是非常重要的。

下面给出了一段系统复位处理的程序。

```
ORG 0080H
ERR:CLR EA;                    关中断
MOV DPTR, #ERR1;               准备返回地址
PUSH DPL
PUSH DPH
RETI;                          清除高优先级中断激活标志
ERR1:MOV50H, #0AAH;            重置上电复位标志
MOV 51H, #55H
MOV DPTR, #ERR2;               返回出错处理程序入口地址
PUSH DPL
PUSH DPH
RETI;                          清除低优先级中断激活标志
```

3. RAM 数据的备份与纠错

在编程时,应将一些重要的数据多作备份。备份时,各备份数据间应远离且分散设置,以防同时被破坏,此外备份数据区应远离堆栈,避免堆栈操作对数据的更改。对于重要的数据,在条件允许的情况下,应多作备份。

纠错是根据备份的数据来进行的。将原始数据与各备份数据的对应单元逐一比较,若这一组单元数据中大多数都是同一个值,只有少数单元的值显示了较大的差异,说明某些单元遭到破坏,则把同一值的数据作为正确数据,并将那些存在差异的单元存储值设置成与大多数单元相同的值,完成数据的纠错,这样几份数据又保持一致,从而避免了数据的丢失。备份不得少于两份,因为少于两份,当数据丢失后就不能判断哪份数据是正确的了。

4. 程序失控后系统信息的恢复

一般来说,主程序总是由若干功能模块组成,每个功能模块入口设置一个标志。系统故障复位后,可根据这些标志选择进入相应的功能模块。

例如,某系统有两个功能模块,当系统进入第一个模块时,在该单元写上该模块的编码值0AAH,系统退出该模块,进入第二个模块后,即将该单元写上第二个模块的编码值55H。这样,故障后通过直接读取该单元就可以知道故障前程序运行至何处。

9.4.4 Watchdog 技术

Watchdog 技术,又称"看门狗(Watchdog)"技术,其主要作用是使程序脱离"死循环"。

为保证计算机控制系统可靠工作,必须保证其程序正常运行。在计算机控制系统工作过

程中,为了保证其可靠工作,往往在系统中加入监视系统,当系统出现不正常,如计算机死机、程序跑飞时能够及时发现,并纳入到正常的轨道保证系统工作正常。对于单片机控制系统,应用程序往往采用循环运行方式,每一次循环的时间基本固定。“看门狗”技术就是不断监视程序循环运行时间,若发现时间超过已知的循环设定时间,则认为系统陷入了“死循环”,然后强迫程序返回到 0000H 入口,在 0000H 处安排一段出错处理程序,使系统运行纳入正轨。

本章小结

可靠性设计是系统设计的重要一环。计算机控制系统的特点是既有硬件电路,又有软件程序。因此可靠性设计就要从硬件和软件两个方面去考虑。实际工作中,常常是硬件和软件抗干扰措施相结合,以保证系统更可靠工作。上面介绍的方法和措施对实际工作都有很好的指导意义。

习　题

1. 什么是计算机控制系统的可靠度?什么是计算机控制系统的故障率?试推导二者的关系。

2. 为什么计算机控制系统的结构越复杂,系统的可靠性越差?

3. 怎样能够提高计算机控制系统的可靠性?

4. 为了提高计算机控制系统的可靠性,应采取哪些措施?

5. 计算机控制系统的硬件抗干扰措施有哪些?

6. 简要分析串模干扰和共模干扰的不同,并分析针对两种干扰需要使用的技术手段。

7. 简要总结电磁屏蔽技术的主要方法。

8. 什么是接地技术?工作接地和保护接地的各自作用是什么?

9. 反射波抗干扰技术有哪些?

10. 软件抗干扰技术有哪些?

11. 什么是冗余技术?简述软件冗余技术的手段。

12. 什么是软件陷阱?使用软件陷阱带来的好处是什么?

参考文献

[1] 何克忠,李伟. 计算机控制系统[M]. 北京:清华大学出版社,1998.
[2] 李元春. 微型计算机控制技术[M]. 长春:吉林大学出版社,1998.
[3] 潘新民,王燕芳. 微型计算机控制技术[M]. 北京:高等教育出版社,2001.
[4] 胡寿松. 自动控制原理[M]. 4 版. 北京:科学出版社,2001.
[5] 李明学,周广兴. 计算机控制技术[M]. 哈尔滨:哈尔滨工业大学出版社,2001.
[6] 姜学军. 计算机控制技术[M]. 北京:清华大学出版社,2005.
[7] 陈炳和. 计算机控制原理和应用[M]. 北京:北京航空航天大学出版社,2008.
[8] 李嗣福. 计算机控制基础[M]. 合肥:中国科学技术大学出版社,2006.
[9] 裴润,宋申民. 自动控制原理[M]. 哈尔滨:哈尔滨工业大学出版社,2006.
[10] 黄忠林. 自动控制原理的 MATLAB 实现[M]. 北京:国防工业出版社,2007.
[11] [美]H F 范兰丁汉. 数字控制系统导论[M]. 王岩,译. 北京:宇航出版社,1989.
[12] 王冀. 离散控制系统[M]. 北京:科学出版社,1987.
[13] 解学书. 最优控制理论与应用[M]. 北京:清华大学出版社,1986.
[14] 于海生. 微型计算机控制技术[M]. 北京:清华大学出版社,1999.
[15] 赖寿宏. 微型计算机控制技术[M]. 北京:机械工业出版社,2001.
[16] 康波,李云霞. 计算机控制系统[M]. 北京:电子工业出版社,2011.
[17] 周严. 测控系统电子技术[M]. 北京:科学出版社,2007.